古代歷史文化 研究輯刊

三編

王明蓀 主編

第9冊

中國中古時期之陰山戰爭
及其對北邊戰略環境變動與歷史發展影響（下）

何世同 著

國家圖書館出版品預行編目資料

中國中古時期之陰山戰爭及其對北邊戰略環境變動與歷史發
展影響（下）／何世同 著—初版—台北縣永和市：花木蘭
文化出版社，2010〔民99〕
目 4+188 面；19×26 公分
（古代歷史文化研究輯刊 三編；第9冊）
ISBN：978-986-254-094-7（精裝）
1.戰爭 2.戰略 3.中古史 4.中國史
592.92   99001366

ISBN - 978-986-2540-94-7

9 789862 540947

古代歷史文化研究輯刊
三 編 第九 冊   ISBN：978-986-254-094-7

中國中古時期之陰山戰爭
及其對北邊戰略環境變動與歷史發展影響（下）

作　　　者　何世同
主　　　編　王明蓀
總 編 輯　杜潔祥
出　　　版　花木蘭文化出版社
發 行 所　花木蘭文化出版社
發 行 人　高小娟
聯 絡 地 址　台北縣永和市中正路五九五號七樓之三
　　　　　　　電話：02-2923-1455／傳真：02-2923-1452
網　　　址　http://www.huamulan.tw 信箱 sut81518@ms59.hinet.net
印　　　刷　普羅文化出版廣告事業
初　　　版　2010 年 3 月
定　　　價　三編 30 冊（精裝）新台幣 46,000 元

中國中古時期之陰山戰爭
及其對北邊戰略環境變動與歷史發展影響（下）

何世同　著

第五章　兩漢陰山重要戰爭對北邊戰略
環境變動與歷史發展之影響

在中古時期北方游牧民族與南方農業民族長期衝突與互動的過程中，陰山及其以南的「農畜牧咸宜」地區，一直就是此南北兩大勢力交會之所。雙方之間錯綜複雜的戰爭，不但塑造了北中國特有的戰略環境，而且也影響了中華民族、甚至世界歷史的發展。本研究斷限的時間，包括西漢、東漢、魏、晉、南北朝、隋、唐等七個朝代，若以中國統一與分裂之觀點區分，則可概略歸成兩漢（統一）、魏晉南北朝（分裂）與隋唐（統一）三個時期。以下筆者將以每時期一章方式，以各時期之重要陰山戰爭為主題，除研究其相關略術問題外，尤置重點於戰爭對北邊戰略情勢變動與歷史發展影響之析論。本章所論，為兩漢時期的白登之戰、河南之戰、郅居水之戰、稽落山之戰及漢鮮之戰等五場戰爭。

第一節　漢高帝七年「白登之戰」

漢高帝七年（前 200）十月，漢朝開國皇帝劉邦，與統一漠北之匈奴冒頓單于會戰於平城（今山西大同）東北的白登山，是謂「白登之戰」。這是中國歷史上農業帝國與草原帝國在各自領導人親自參與下，第一次的兩軍主力戰場大對決，結果劉邦率領的漢軍先頭部隊陷入匈奴包圍圈中，幾乎被俘，最後漢軍雖突圍而出，但漢初匈奴強勢、中國委曲求全之北邊戰略環境，也由是形成。

包括河套地區及黃河南岸鄂爾多斯高原在內的「河南地」，先秦時期本是游牧民族駐牧之地，「當是之時，冠帶戰國七，而三國邊於匈奴」（註 1）可以

〔註 1〕　《史記》，卷一百十，〈匈奴列傳第五十〉，頁 2286。林幹亦根據考古發現，認為今內蒙古河套及大青山（即陰山）一帶，是匈奴人的發祥地。見前引《匈

證明，但後來爲秦朝所佔。從戰國時代趙武靈王「北破林胡、樓煩，築長城，自代至陰山下，至高闕爲塞」，及至秦始皇「使蒙恬將十萬之眾北擊胡，悉收河南地，因河爲塞」，並「通直道」；陰山地區就形成了當時南方農業民族國家防禦北方游牧民族入侵的國防重心。

後冒頓單于崛起，匈奴逐漸強大，除盡服北夷，統一大漠南北外，並乘秦末楚漢相爭之際，「悉復收秦所奪匈奴地者，與漢關故河南塞，至朝那、膚施，遂侵燕、代……而南與中國爲敵國」；「白登之戰」，就在此背景之下展開（「白登之戰」前之漢匈戰爭，見表一：戰例1～4），《史記‧匈奴列傳》載本戰原因、作戰經過與結果曰：

> 是時漢初定中國，徙韓王信於代，都馬邑。匈奴大攻圍馬邑，韓王信降匈奴。匈奴得信，因引兵南踰句注，攻太原，至晉陽下。高帝自將兵往擊之。會冬大寒雨雪，卒之墮指者十二三，於是冒頓詳敗走，誘漢兵。漢兵遂逐冒頓，冒頓匿其精兵，見其羸弱，於是漢悉兵，多步兵，三十二萬，北逐之。高帝先至平城，步兵未盡到，冒頓縱精兵四十萬騎圍高帝於白登，七日，漢兵中外不得相救餉。
>
> 匈奴騎，其西方盡白馬，東方盡青駹馬，北方盡烏驪馬，南方盡騂馬。
>
> 高帝乃使使間遺閼氏，閼氏乃謂冒頓曰：「兩主不相困。今得漢地，而單于終非所能居也。且漢王有神，單于察之。」冒頓與韓王信之將王黃、趙利期，而黃、利兵又不來，疑其與漢有謀，也取閼氏之言，乃解圍之一角。
>
> 於是高帝令士皆持滿傅矢外鄉，從解角直出，竟與大軍合，而冒頓遂引兵而去。漢亦引兵而罷，使劉敬結和親之約。〔註2〕

本戰，漢軍方面：劉邦親率兵力與機動力均劣勢之步騎混合兵團，不顧嚴寒

〔註2〕　奴通史》，頁5。按，三國是指燕、趙、秦。
《史記》，卷一百十，〈匈奴列傳第五十〉，頁2894。有關匈奴兵力，《漢書》，卷九十四上，〈匈奴列傳第六十四上〉，頁3753。載爲「三十餘萬騎」，當從《史記》。筆者按，兩軍於白登會戰前，曾在馬邑、銅鞮與晉陽等地發生序戰（見表一：戰例2，3，4），而「白登之戰」僅指漢高帝親自參戰部分而言。又，漢高帝北上之原因，據《漢書》，卷三十三，〈魏豹田儋韓〔王〕信傳第三〉，頁1854載，是：「聞冒頓居代谷（今河北蔚縣附近），上（高帝）居晉陽，使人視冒頓。還報曰『可擊』，上遂至平城，上白登……」。另，有關突圍部分，《史記》，卷五十六，〈陳丞相世家第二十六〉，頁2057。載：「高帝用陳平奇計，使單于閼氏，圍以得開」。「閼氏」，音「一ㄢ ㄓ」，單于之妻也。

天候，在敵情不明狀況下，脫離「本隊」而冒進，終於落入匈奴精心設計的陷阱之中，顯然背離用兵原則，犯了極重的戰略錯誤。

　　匈奴方面：冒頓以優勢兵力而以強示弱、誘敵深入的「後退包圍」戰略作為，堪稱卓越，也顯現其智勇雙全之一面，能有如此戰果，非倖致也。「白登之戰」狀況概要，如圖 21 示意：

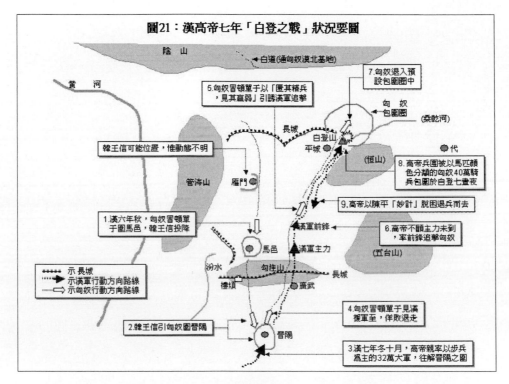

圖21：漢高帝七年「白登之戰」狀況要圖

不過，最後冒頓之解圍一角，讓漢軍退去，固有其理由，但站在論戰觀點，其未能盡殲滅戰之全功，亦似有擊敵半途而廢之憾。而參戰之匈奴四十萬騎兵，以馬匹顏色區分戰鬥編組，就其規模與所顯示的作戰能力言，亦應是歷史上僅見之偉大騎兵兵團。

　　「白登之戰」是漢、匈兩國主力的第一次大會戰，結果漢軍失利，對漢、匈爾後關係發展的影響，非常鉅大。戰後，漢、匈概沿長城之線對峙，長城遂成為兩國之「國境線」，〔註3〕而本戰對北邊戰略情勢與歷史發展的第一個

〔註3〕　因河南地已為匈奴所佔，故日後漢文帝所曰之「長城以北，引弓之國」。此長城，應指秦西段長城、中段長城東半部、及東段長城而言，不包括河套地區段。（秦長城所經路線，見第四章注80）。

影響，就是漢朝承認了匈奴「引弓之國」與中原「冠帶之室」的對等地位，漢朝在北邊之守勢國防政策至此也大致確立。〔註4〕

　　筆者認爲，此亦是中國歷史上農業民族國家與游牧民族國家間，正式建立兩極對立「國際關係」之開始。同時，白登戰後匈奴勢盛而驕，也開啓了農業中國以和親、餽贈與通關市等手段，企圖換取能與游牧民族國家和平相處之外交局面。但是，漢朝委曲求全的和親、餽贈與通關市政策，或只收到減輕匈奴略邊程度之效果，卻未能達到預期之和平目標，甚至還遭致匈奴羞辱，並成爲匈奴在外交運用上與漢朝討價還價的籌碼。《史記‧匈奴傳》載曰：

> 是時匈奴以漢將眾往降，故冒頓常往來侵盜代地。於是漢患之，高帝乃使劉敬奉宗室女公主爲單于閼氏，歲奉匈奴絮繒酒米食物各有數，冒頓乃少止……高祖崩，孝惠、呂太后時，漢初定。故匈奴以驕。冒頓乃爲書遺太后，妄言。高后欲擊之，諸將曰：「以高帝賢武，然尚困於平城」，於是高后乃止，復與匈奴和親。至孝文帝初立，復修和親之事。其三年（前 177）五月，匈奴右賢王入居河南地，侵盜上郡葆塞蠻夷，殺略人民……其明年，單于遺漢書……書至，漢議擊與和親孰便。公卿皆曰：「單于新破月氏，乘勝不可擊。且得匈奴地，澤鹵，非可居也，和親甚便。」漢許之……冒頓死，子稽粥立，號曰老上單于……孝文皇帝復遣宗室女公主爲單于閼氏，使宦者燕人中行說傅公主……漢孝文帝十四年（前 166），匈奴單于十四萬騎入朝那、蕭關，殺北地都尉卬，虜人民畜產甚多……匈奴日已驕，歲入邊，殺略虜人民畜產甚多……漢患之，乃使使遺匈奴書，單于亦使當戶報謝，復言和親事……後四歲（前 161），老上稽粥單于死，子軍臣立爲單于。既立，孝文

〔註4〕　漢初漢匈兩國之對立局勢，及北邊守勢國防策略。可參王家儉〈鼂錯籌邊策形成的時代和歷史意義〉，刊於《簡牘學報》5，台北：民 66 年 1 月。又，漢初在北邊（包括陰山以南的河套地區）屯田，以防禦匈奴攻擊。其構想即出自鼂錯，但發展成爲制度，則爲武帝時期。見管東貴〈漢代的屯田與開邊〉，收入《史語所集刊》45，台北：中研院，民 62 年 10 月。及〈漢代屯田的組織與功能〉，收入《史語所集刊》48，台北：中研院，民 66 年 12 月。由此亦可看出，漢武帝時期雖屢渡漠出擊匈奴，但基本上在北邊還是採取守勢戰略。

皇帝復與匈奴和親……軍臣單于立四歲，匈奴復絕和親，大入上郡、雲中各三萬騎，所殺略甚眾而去……後歲餘，孝文帝崩，孝景帝立……復與匈奴和親，通關市，給遺匈奴，遣公主，如故約。終孝景帝時，時小入盜邊，無大寇。今（武）帝即位，明和親約束，厚遇，通關市，饒給之……〔註5〕

「白登之戰」對北邊戰略環境變化與歷史發展的第二個影響，就是戰後漢朝京師長安持續受到來自西北方面的直接威脅，國家安全亮起紅燈，迫使漢初對匈奴之作戰，只得採取不踰越長城之「消極防禦」國防政策，北邊戰爭主動權操在匈奴手中，顯示戰略態勢上的匈強漢弱。但這種國家安全上所受到的嚴重壓迫，也正是漢朝最後終要訴諸武力，以尋求安全國防線的最大動力。

　　漢初對匈奴作戰時之「消極防禦」國防政策，雖未見史載，但觀察白登戰後的漢軍相關作戰行動，即可瞭解。例如：高帝十二年（前195）十月，「陳豨反，又與韓信合謀擊代，漢使樊噲往擊之，復拔代、鴈門、雲中郡縣，不出塞」（見表一：戰例7）。〔註6〕文帝前元三年（前177）三月，「灌嬰發車騎八萬五千，詣高奴，擊右賢王，右賢王走出塞」，漢軍未追擊（見表一。戰例8）。〔註7〕文帝前元十四年（前166）冬，「大發車騎以擊胡，單于留塞內月餘乃去，漢逐出塞即還」（見表一：戰例9）；〔註8〕文帝後元六年（前158）冬「漢兵至邊，匈奴亦去遠塞，漢兵亦罷」（見表一：戰例10）。〔註9〕

　　在這些戰爭中，造成漢軍「不出塞」之主要原因，可能與匈奴佔領河南地後，對中國形成「戰略包圍」態勢，能從北面的燕山、陰山與西北面的鄂爾多斯高原等方向，向中原取向心攻勢，使漢軍行動受到甚大拘束有關。尤其是前述匈奴對漢都長安的直接威脅，造成漢朝在國家安全上的嚴重危害，

〔註5〕《史記》，卷一百十，〈匈奴列傳第五十〉，頁2895～2904。又，有關冒頓遺呂后書「妄言」內容一節，《漢書》載曰：「孤僨之君，生於沮澤之中，長於平野牛馬之域，數至邊境，願遊中國。陛下獨立，孤僨獨居，兩主不樂，無以自虞，願以所有，易其所無。」見卷九十四上，〈匈奴列傳第六十四上〉，頁3754～55。

〔註6〕《史記》，卷一百十，〈匈奴列傳第五十〉，頁2895。又，由本戰漢軍所攻佔之土地判斷，戰後漢朝應已能控制陰山東段的白道以南地區（即今大黑河流域）。

〔註7〕同上注。

〔註8〕《史記》，卷一百十，〈匈奴列傳第五十〉，頁2901。

〔註9〕《史記》，卷一百十，〈匈奴列傳第五十〉，頁2904。

使漢朝為了保衛京師，更不敢輕易轉移兵力而遠程出擊（匈奴對漢朝之「角形」威脅態勢，如圖22示意）。

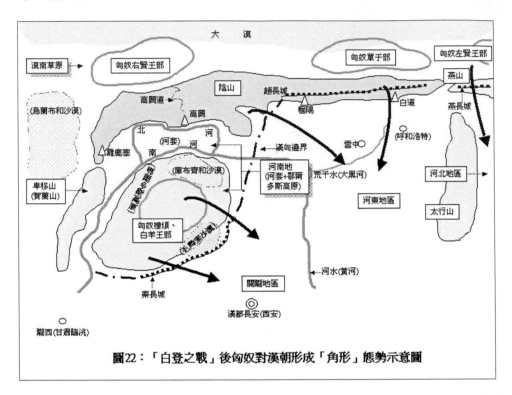

圖22：「白登之戰」後匈奴對漢朝形成「角形」態勢示意圖

漢初，匈奴自冒頓、老上、而軍臣單于，為匈奴帝國的全盛時期。藉著白登戰勝之餘威，及邊境線形狀對其有利之態勢，曾多次深入漢境作戰，甚至震動京師，迫使漢軍倉促沿近邊防禦，並置大軍於長安周邊，「國家安全」狀況頗為緊急。例如：漢文帝前元十四年（前 166），匈奴「使奇兵入燒回中宮，候騎至雍、甘泉，於是文帝以中尉周舍、郎中令張武為將軍，發車千乘，騎十萬，軍長安旁以備胡寇」（見表一：戰例9）。漢文帝後元六年（前144），「漢使三將軍軍屯北地，代屯句注，趙屯飛狐口，緣邊亦各堅守以備胡寇。又置三將軍，軍長安西細柳、渭北棘門、霸上以備胡。胡騎入代、句注邊，烽火通於甘泉、長安」（見表一：戰例10，圖23）。〔註10〕

〔註10〕《史記》，卷一百十，〈匈奴列傳第五十〉，頁2901，2904；及表一：戰例9，10。

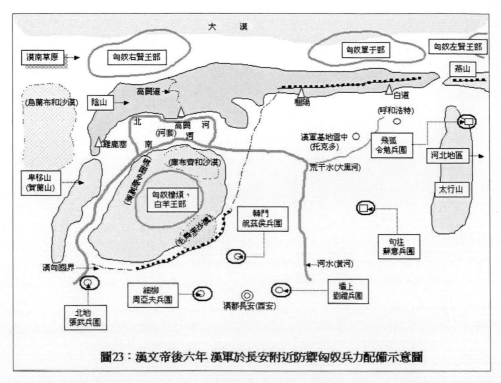

圖23：漢文帝後六年 漢軍於長安附近防禦匈奴兵力配備示意圖

　　「白登之戰」在北邊戰略環境變化與歷史發展中的第三個影響，就是戰後漢朝基於國家安全考量，對匈奴從事戰爭準備，並於漢武帝時在軍事上轉守為攻。吾人由圖23所顯示文帝時漢軍為防禦匈奴，必須分散兵力、行廣正面部署，及經常調動大軍拱衛京師之狀況，可以看出在「白登之戰」後的漢匈兩元對立的北邊戰略環境中，漢朝實居於被動之極不利地位。故漢朝為消除威脅，扭轉不利態勢，於是積極增長國力，相機發動對匈奴之反擊，以尋求能保障京師乃至國家安全的國防線，亦是必然發展。林幹在《匈奴通史》中也認為，河南地距漢都長安較近，漢朝中央政府受到威脅嚴重，故後來漢武帝反擊匈奴，以攻略河南地為優先目標，在戰略上是正確的。〔註11〕

　　換言之，「白登之戰」雖然結束，但因雙方互動不良，漢朝安全備受威脅，因此另一場由漢朝主動發起，以尋求安全國防線為主要目的之更大規模的戰爭，也正在醞釀中，並於漢武帝時全面爆發。吾人可以說，漢朝在文、景以前對匈奴所實施的「消極防禦」國防政策，應是一種一方面暫時避免爆發全面大戰，一方面爭取時間積極整建國力的便宜措施。筆者以為，安全是國家

〔註11〕前引林幹《匈奴通史》，頁54。

生存與發展的根本，漢朝在文、景以前或有消除京師所受威脅之戰略思維，但恐因考量國力不逮而未付諸實現。漢武帝即位之後，挾「文景之治」所累積之豐沛國力，要建立一道以長安爲核心之安全國防線，當然就成了其在國家戰略與軍事戰略上刻不容緩爭取之目標。

元光二年（前 133），漢武帝發動「馬邑伏擊匈奴之戰」（見表一：戰例13），正式開啓與匈奴全面戰爭之序幕，而自「白登之戰」以來，漢軍一共持續了七十餘年「不出塞」之消極防禦國防政策，亦在衛青大軍出擊河南地之下，宣告結束。不過亦有人認爲，從當時匈奴亦收容漢之降臣（如韓王信、盧綰、中行說等），作爲其政治、軍事、文化顧問之狀況看來，漢匈雙方的民族意識似乎並不特別強烈，但由於漢朝對匈奴劫掠無解決之道，也使邊民普遍產生恐懼。

這種既要饋贈、和親，而又不能避免戰爭威脅之狀況若不解決，長此以往，漢朝不但會因物質之不斷北送而影響其自身經濟，而邊境臣民之恐懼亦必日益加深，此結果自然對漢朝極爲不利，甚至可能危及其政權。〔註 12〕在這種情勢下，當漢朝強盛之後，隨之而來者，必然就是由中國主動發起、以消除威脅其國家與政權安全爲著眼的對匈奴戰爭；其第一個目標，當然就是河南地。

第二節　漢武帝元朔二年「河南之戰」

「馬邑事件」發生後，匈奴「絕和親，攻當路塞，往往入盜於漢邊，不可勝數」。〔註 13〕元光六年（129）秋，漢武帝使衛青等四將軍各率萬騎，擊胡關市下，是繼馬邑伏擊不成後，漢朝又一次對匈奴主動展開的反擊行動（見表一：戰例 14）。元朔元年（前 128）秋，「匈奴二萬騎入漢，殺遼西太守，略二千餘人」。二年正月，匈奴「又入敗漁陽太守軍千餘人，圍漢將軍（韓）安國」，後來漢救兵至，匈奴才退去。接著，「匈奴又入鴈門，殺略千餘人」。於是「漢使將軍衛青將三萬騎出鴈門，李息出代郡，擊胡」。〔註 14〕元朔二年（前 127），武帝詔「衛青復出雲中以西至隴西，擊胡之樓煩、白羊王於河南」，

〔註 12〕劉學銚《匈奴史論》，台北：南天書局，民 76 年 10 月，頁 93。
〔註 13〕《史記》，卷一百十，〈匈奴列傳第五十〉，頁 2905。
〔註 14〕《史記》，卷一百十，〈匈奴列傳第五十〉，頁 2905～06；及表一：戰例 13、14、15。

略取「河南地」，〔註15〕此即筆者所曰之「河南之戰」（見表一：戰例 16，圖24）。《史記·衛將軍驃騎列傳》載本作戰之經過與結果曰：

……漢令將軍李息擊之，出代；令車騎將軍青出雲中以西至高闕。遂略河南地，至於隴西，捕首虜數千，畜數十萬，走白羊、樓煩王。遂以河南地爲朔方郡，以三千八百戶封青爲長平侯，青校尉蘇建有功，以千一百戶封建爲平陵侯，使建築朔方城。〔註16〕

同傳又載漢武帝於褒獎衛青時所曰：

今車騎將軍青度西河至高闕，獲首虜二千三百級，車輜畜產畢收爲鹵，已封爲列侯，遂西定河南地，按榆谿舊塞，絕梓嶺，梁北河，

〔註15〕《史記》，卷一百十，〈匈奴列傳第五十〉，頁 2906。

〔註16〕《史記》，卷一百一十一，〈衛將軍驃騎列傳第五十一〉，頁 2923。惟有關作戰時間及過程之記述，《史記·衛將軍驃騎列傳》所載，與同書〈匈奴列傳〉及《漢書，匈奴傳》所記略異。《史記·衛將軍驃騎列傳》載曰：「元朔元年春，衛夫人有男，立爲皇后。其秋，青爲車騎將軍，出雁門，三萬騎擊匈奴，……明年，匈奴入殺遼西太守，……漢令將軍李息擊之，出代。令車騎將軍青出雲中，以西至高闕……」。同書〈匈奴列傳〉載曰：「……其明年秋，匈奴二萬騎入漢，殺遼西太守，……匈奴又入雁門，……於是漢使將軍衛青將三萬騎，出鴈門。李息出代郡，擊胡，……其明年，衛青復出雲中，以西至隴西……」（頁 2906）。前者衛青於元朔元年秋出雁門，元朔二年遼西太守被殺後，出雲中；同一時間，李息出代。後者衛青於元朔二年秋，也是遼西太守被殺後，出雁門；同一時間，李息出代，次年（應是元朔三年）衛青才出雲中，兩者在略取河南之記載上，相差一年。同一事件，《漢書·匈奴傳》（頁 3766）所載，與《史記·匈奴列傳》全同，顯係抄錄後者。但《漢書·衛青傳》則載：「元朔元年春，衛夫人有男，立爲皇后。其秋，青復將三萬騎出雁門，李息出代郡……明年青復出雲中至高闕，……」（頁 2473）與《史記·衛將軍驃騎列傳》有同亦有異；同者，爲衛青於元朔二年出雲中。異者，爲李息之出代時間。惟李息行動與本作戰無關，不作討論（筆者按，根據《漢書》，卷二十五，〈衛青霍去病傳第二十五〉，附〈李息傳〉，頁 2491。之記載，李息似未參與「河南之戰」，但亦可能是漢軍右翼之牽制兵團）。而《通鑑》則將衛青出雲中之時間，列入元朔二年春正月條（頁 603～4）。筆者據此綜合研判認爲：「河南之戰」的時間，應以《史記》衛青本傳所載之元朔二年爲正確，上列不同書傳所載之差異，可能與漢曆以十月爲歲首，七至九月爲秋季有關。以上舉《史記·匈奴列傳》所載：「……秋匈奴二萬騎入漢，殺遼西太守，……匈奴又入雁門，……於是漢使將軍衛青將三萬騎，出鴈門。李息出代郡，擊胡，……其明年，衛青復出雲中……」爲例，衛青出雁門及出雲中兩事件，恐僅相隔數月，也可能是跨年進行的同一事件。至於衛青兵團之兵力，應還是於元朔元年秋出雁門居之未還之「三萬騎」。

　　討蒲泥，破符離……全甲兵而還……〔註17〕

　　根據以上記載，此戰衛青率大軍出雲中，經過西河，向西到達高闕，先截斷駐牧於河南地的白羊、樓煩王與陰山以北匈奴主力的連絡線，造成其南北分離狀況。接著衛青大軍向左翼迴旋，直驅隴西（今甘肅臨洮）一帶，迫使匈奴白羊與樓煩王倉皇向西逃走，漢軍遂佔領了鄂爾多斯高原。衛青於肅清地區內之匈奴後，又揮軍北上，渡過北河，再破匈奴蒲泥、符離兩部；整個陰山以南地區，遂全爲漢朝控制。本戰就野戰戰略而言，是一次成功的「戰略突穿」式內線作戰。而衛青兵團以雲中地區爲基地，向西取攻勢，雖係敵前橫向運動，但漢軍北有陰山作爲右翼依托，南有黃河提供左翼屏障，也頗能符合大軍戰略機動時，「安全原則」之旨趣。

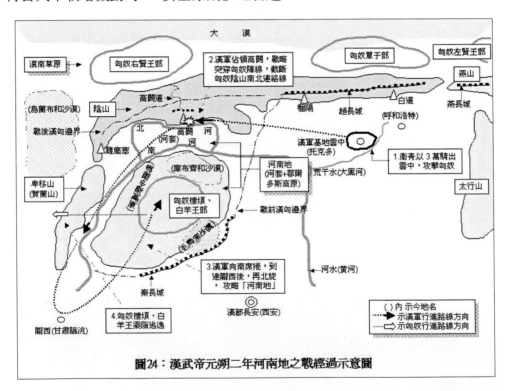

圖24：漢武帝元朔二年河南地之戰經過示意圖

　　「河南之戰」對北邊戰略環境與歷史發展的最大影響，就是改變了漢匈

〔註17〕《史記》，卷一百一十一，〈衛將軍驃騎列傳第五十一〉，頁2924。《漢書》，卷五十五，〈衛青霍去病傳第二十五〉，頁2473。所載全同。又，西河者。：「即雲中郡之西河，今（唐）勝州東河也」（見《史記》，頁2924，注9，引（唐）張守節《史記正義》）。北河者，筆者判斷可能是今內蒙陰山南側之烏加河。

之間自「白登之戰」以來的匈優漢劣態勢，並且開啓了漢朝對匈奴轉守為攻的軍事戰略。筆者以爲，漢朝贏得本戰勝利之最大意義，在於奪取河南地之後，將漢、匈兩國原來沿毛烏素沙漠南緣秦長城爲界的西面邊境，以雲中地區爲軸，向北迴旋推移至陰山之線，使兩國在國境線形狀上，成爲南北對峙、戰略態勢概等之狀況，不但完全消除了匈奴居河南地時所擁有之「角形」優勢（見圖25），也爲漢朝打通河西走廊，開拓了日後經略西域之有利條件。

　　漢朝在這樣的戰略態勢轉變下，西翼國防縱深向北擴展，不但京師無須再部署重兵以備胡，而且復因山南地區具備較易控制陰山諸道之地緣特性，利於漢軍在陰山地區之「跨地障作戰」，使匈奴人於漠南草原駐牧之時，反而暴露在漢軍隨時可能直接攻擊之威脅下（見第三章第三節分析）。

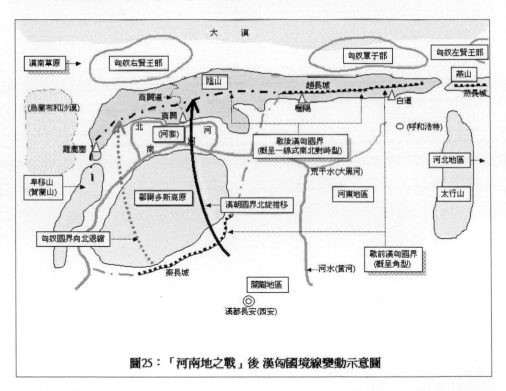

圖25：「河南地之戰」後 漢匈國境線變動示意圖

　　因此吾人以爲，漢武帝於元朔五年（前124）以後的歷次出擊匈奴作戰，可以說完全建立在文、景以來所累積的充沛國力，及「河南之戰」所創造出來利於向北取攻勢的戰略成果上。〔註18〕但由漢武帝於贏得「河南之戰」勝

〔註18〕有關武帝即位初期國力充沛狀況，概可由《史記》，卷三十，〈平準書第八〉，
　　　　頁 1420 所載：「至今上即位數歲，漢興七十餘年之閒，……民則人給家足，

利後，立即令衛青「築朔方，復繕秦時蒙恬所爲塞，因河而爲固」，〔註19〕及其後歷次渡漠出擊均無佔領漠北企圖，也顯示了漢朝在北邊對匈奴所採取的政策，基本上還是延續著過去以守勢爲主軸之戰略思考，只不過由原來「不出塞」的「消極防禦」，調整爲具「遠程反擊」觀念之「積極防禦」而已。

第三節　漢武帝征和三年「郅居水之戰」

「郅居水之戰」是漢武帝駕崩前漢軍最後一次出擊匈奴，尤其是一場對北邊戰略情勢變動及歷史發展具有指標作用的重要戰爭。漢武帝於元朔二年奪取河南地後，開始在軍事上對匈奴採取一連串的攻勢行動，戰場遍及燕山、陰山、河西與西域。在陰山方面，由於居北邊戰線之中央位置，又面對匈奴主力所在，故一直就是漢朝主要用兵地區。

據筆者統計，漢武帝時期漢朝大軍主動出陰山攻擊匈奴的大規模作戰行動，一共有 7 次，平均每 4.86 年 1 次，分別是：元朔五年（前 124）「漠南之戰」、元朔六年（前 123）「衛青兩出定襄擊匈奴之戰」、元狩四年（前 119）「衛青、霍去病出擊漠北之戰」、元鼎六年（前 111）「公孫賀、趙破奴奔襲匈奴之戰」、太初二年（前 103）「匈奴擊滅趙破奴之戰」、天漢四年（前 97）「余吾水之戰」及征和三年（前 90）「郅居水之戰」（見表一：戰例 19，21，22，24，26，28，29）。諸戰，對漢匈兩國皆產生「累積影響」（詳後論），而其「負面」之後遺效應，則總結出現於「郅居水之戰」以後。

自漢武帝即位，一直就對匈奴採取主動積極之作爲，但從元朔五年開始，漢朝大軍雖然數度出陰山越漠攻擊匈奴，軍費花用無度，卻始終無法迫使匈奴屈服，尤其是天漢二年（前 99）騎都尉李陵兵敗居延而投降匈奴之役，似乎證明了匈奴強大戰爭潛力之事實。〔註20〕征和三年，匈奴連續入上谷、五

都鄙廩庾皆滿，而府庫餘貨財。京師之錢累巨萬，貫朽而不可校。太倉之粟陳陳相因，充溢露積於外，至腐敗不可食。眾庶街巷有馬，阡陌之閒成群，而乘字牝者儐而不得聚會。」之狀況得到瞭解。另，管東貴〈漢初經略北疆的國力結構〉（收入《總統 蔣公逝世周年紀念論文集》（中研院院刊），台北：中研院，民65。），亦專論漢初之國力成長、結構及對北疆之經營。

〔註19〕《史記》，卷一百十，〈匈奴列傳第五十〉，頁 2905～06。《漢書》，卷九十四上，〈匈奴傳第六十四上〉，頁 3766，所載全同。

〔註20〕《史記》，卷一百九，〈李將軍列傳第四十九〉，頁 2977～78。及同書卷一百十，〈匈奴列傳第五十〉，頁 2918。另，《漢書》，卷五十四，〈李廣蘇建傳第二十

原、酒泉等地，殺略吏民。〔註21〕於是武帝又派遣其寵姬李夫人之弟「貳師將軍」李廣利等，率大軍分道出擊匈奴，兩軍主力遂於郅居水附近展開會戰（見表一：戰例29，圖26）。《史記·匈奴列傳》載其作戰經過與結果曰：

> （武帝）復使貳師將軍將六萬騎，步兵十萬，出朔方。彊弩都尉路博得將萬騎、步兵三萬人，出雁門。匈奴聞，悉遠其累重於余吾水（今外蒙土拉河）北，而單于以十萬騎待水南，與貳師將軍接戰。貳師乃解而引歸，與單于連戰十餘日。貳師聞其家以巫蠱族滅，因并眾降匈奴，得來還千人一兩人耳。〔註22〕

本戰，是武帝在位時最後一次下令對匈奴出擊，但《史記》所載者，與《漢書·匈奴傳》對照，似乎過於簡略，而內容亦有若干差異。筆者以為，這可能是司馬遷收錄此戰時已接近卒年，未及詳加追蹤查證戰情所致，而班固成書時間離事件不遠，資料猶新，當能於事後瞭解全盤狀況，補其不足之故。〔註23〕《漢書·匈奴傳》載本戰經過曰：

> 於是漢遣貳師將軍七萬人出五原，御史大夫商丘成將三萬餘人出西河，重合侯蔡通將四萬騎出酒泉千餘里。單于聞漢兵大出，悉遣其輜重，徙趙信城北邸郅居水（今外蒙色楞格河）。左賢王驅其人民度余吾水六七百里，居兜銜山。單于自將精兵左安侯度姑且水（今外蒙圖音河）。……貳師將軍將出塞，匈奴使右大都尉與衛律（漢降將）將五千騎擊漢軍於夫羊句山狹（今外蒙達蘭扎達加德附近）。貳師遣屬國胡騎二千與戰，虜兵壞散，死傷者數百人。漢軍乘貳師妻子坐巫蠱收，聞之憂懼。其掾胡亞夫亦避罪從軍，說貳師曰：「夫人室家皆在吏，若還不稱意，適與獄會，郅居以北可復得見乎？」貳師由是狐疑，欲深入要功，遂北至郅居水上。虜已去，貳師遣護軍將二萬騎度郅居之水。一日，逢左賢王左大將，將二萬騎與漢軍合戰一日，漢軍殺左大將，虜死傷甚眾。軍長史與決眭都尉輝渠侯謀曰：「將

四〉，頁2452～2456。義同，但情節記載詳細。又，因本戰不在陰山地區，故未列入第二章之戰爭表中。

〔註21〕《漢書》，卷九十四上，〈匈奴傳第六十四上〉，頁3778。

〔註22〕《史記》，卷一百十，〈匈奴列傳第五十〉，頁2918。

〔註23〕司馬遷之卒年，是歷史上一個懸而難決的問題，但大致應在武帝末年。有關司馬遷卒年，可參施丁《司馬遷行年新考》，西安：陝西人民教育出版社，1995年8月。

軍懷異心，欲危眾求攻，恐必敗。」謀共執貳師。貳師聞之，斬長史，引兵還至速邪烏燕然山。單于知漢軍勞倦，自將五萬騎遮擊貳師，相殺傷甚眾。夜塹漢軍前，深數尺，從後急擊之，軍大亂敗，貳師降。〔註24〕

本戰，七萬漢軍主力兵團因投降匈奴而全軍覆滅，如果加上與貳師同時出擊匈奴之御史大夫商丘成「無所見，還」，及重合侯莽通「無所得失」，〔註25〕漢軍可謂遭受元朔二年「河南之戰」後，對匈奴作戰最大的一次失敗，也意味著漢武帝數十年對匈奴用兵的成果，完全落空。

　　觀察本戰決戰時之狀況，匈奴僅五萬騎，兵力猶較漢軍劣勢，但卻能迫使漢軍全軍投降，其原因當在「貳師聞其家以巫蠱族滅」，憂懼之餘，無心再戰，致軍心離散、士氣瓦解之故，似與匈奴戰力強弱無關。決戰時貳師已至燕然山，只要沿補給線「垂直」（指與作戰線所呈角度）退卻，應能脫離戰場，回到基地；惟當時朝廷「巫蠱」之獄大興，連皇后、太子都不能免禍，〔註26〕其家族既已株連其中，貳師當明瞭自己歸無益且必死之後果，故不如投降而苟活。貳師就是在這種不知「為誰而戰、為何而戰」的狀況下，喪失信念，最後只有選擇了軍人最下策的投降一途；此心理因素影響作戰之例證也。值得注意的是，匈奴在本戰中曾運用夜戰與挖掘溝壕以接敵，說明了匈奴不但長於「運動戰」，似乎也懂得了「陣地戰」。

〔註24〕《漢書》，卷九十四上，〈匈奴傳第六十四上〉，頁 3778～80。
〔註25〕《漢書》，卷九十四上，〈匈奴傳第六十四上〉，頁 3779。
〔註26〕巫蠱者，以巫為蠱以詛人也。漢武帝時方士及諸神巫多聚京師，女巫往來宮中，教美人度厄，埋木人祭祀。見臺灣商務印書館編審委員會《增修辭源》（上冊），台北：台灣商務印書館，民 73 年 8 月，頁 712。按征和二年（前 89）秋七月，武帝病，使者江充恐晏駕後為太子所誅，言疾在巫蠱。掘蠱於太子宮，得桐木人，太子懼，不能自明，乃與皇后謀，收充斬之，以節發兵與丞相劉屈氂大戰長安，死者數萬。後太子與皇后自殺，屈氂下獄腰斬。見《漢書》，卷六，〈武帝紀第六〉，頁 208～10；及卷四十五，〈蒯伍江息夫傳第十五〉，頁 2178～79。又，李廣利將兵出擊匈奴前，丞相劉屈氂曾送至渭橋，與廣利辭決：《漢書》，卷六十六，〈公孫劉田王楊蔡陳鄭傳第三十六〉，頁 2883，載兩人臨別對話及爾後之狀況曰：「……廣利曰：『願君侯早請昌邑王為太子，如立為帝，君侯長何憂乎？』屈氂許諾。昌邑王者，貳師將軍女弟李夫人子也，貳師女為屈氂子妻，故共欲立焉。是時巫蠱獄急，內者令郭穰告丞相夫人以丞相數有譴，使巫祠社，祝詛主上，有惡言，及與貳師共禱祠，欲令昌邑為帝。有司奏請案驗，罪至大逆不道。有詔載屈氂廚車以徇，要（腰）斬東市，妻梟首華陽街。貳師將軍妻子亦收，貳師聞之，降匈奴，宗族遂滅。」

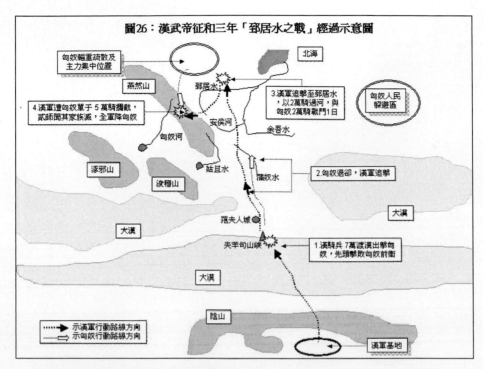

圖26：漢武帝征和三年「郅居水之戰」經過示意圖

「郅居水之戰」結束後，漢朝對匈奴「不復出兵」，未幾武帝崩；〔註27〕由其後雙方戰爭次數明顯減少之狀況看來，漢匈關係進入一個較爲和緩的局面。筆者統計，從漢昭帝元鳳元年（前80）至王莽天鳳二年（15）的95年當中，漢匈之間只發生過戰爭7次（見表一；戰例30～36），平均15.8年1次，而由漢朝（包括王莽）主動向匈奴出擊者，亦僅有3次（見表一：戰例33、34、36），是中古時期北邊事端最少的一段時間；漢匈緊張關係之降低與改善，「郅居水之戰」似乎是一個關鍵。

筆者研究本戰爭發現，戰爭之損失（以下簡稱「戰損」）具有「累積」作用，若「累積」損失超過國力忍受極限，就必須調整國家戰略，否則即可能出現國力衰竭狀況，嚴重時亦難免危及政權。因此，本戰之所以成爲北邊戰略環境由緊張到和緩之轉捩點，應是出於前述歷次漢匈戰爭對雙方「累積效應」之總結現象所致。也就是說，「郅居水之戰」是自漢武帝發動對匈奴戰爭以來，雙方所能忍受戰損之「臨界點」；超過此點，漢朝既不能迫使匈奴屈服，匈奴亦無力大舉入漢邊作戰，顯示雙方在過去三十餘年之戰爭中，均無具體戰果可言，是應該休兵養息的時候了。「郅居水之戰」對漢、匈兩國此下發展

〔註27〕《漢書》，卷九十四上，〈匈奴傳第六十四上〉，頁3781。

影響重大，筆者就「累積效應」觀點，分別析論如下：

一、漢朝方面

（一）經濟上

自漢武帝元朔六年（前 123）衛青第一次入漠攻擊匈奴開始，漢軍對匈奴之作戰，採取的似乎就是一種「尋求決戰」與「相對消耗」併用之戰略。以元狩四年（前 119）「漠北之戰」為例（見表一：戰例 22），漢軍雖在漠北地區戰勝了匈奴，但由於漢軍既未殲滅匈奴主力，亦無長期佔領漠北地區的計畫，因此漢軍一退，匈奴又重返漠北，所以漢軍在漠北之勝，除了宣揚漢威及暫時削弱匈奴戰力外，其實並無太大的戰略意義。

更負面的是，這場戰爭造成了漢朝國力之巨大折損，據《史記·衛將軍驃騎列傳》記載：「兩軍之出塞，塞閱官及私馬凡十四萬匹，而復入塞者不滿三萬匹」，[註28] 而戰後扣除對有功將士之獎賞撫卹，漢朝居然陷入「漢軍之士馬死者十餘萬，……賦稅既竭，猶不足以奉戰士」之困境，[註29] 經濟戰略顯已無法支持軍事戰略。為了籌措龐大軍費支出，朝廷只有「興鹽鐵，設酒榷，置均輸，蓄貨長財，以佐助邊費」。[註30] 如果說，經此一役即能降服匈奴，使北邊獲得安寧，上述國力的消耗尚有價值；但如果說，帶甲十萬，千里饋糧，收到的只是一次暫時驅逐敵人的威力搜索效果，為此虛耗國力，那就沒有意義了。

上述還是戰勝時的例子，至於因戰敗折兵破軍與丟棄輜重而蒙受的損失，及因青壯戰損致生產力降低而造成的經濟衰退後果，那就更難以計算了。太初二年（前 103）趙破奴率二萬騎出朔方，全軍覆滅；天漢二年（前 99）李陵兵敗居延，損兵五千；天漢四年（前 97）漢軍二十餘萬出擊匈奴，無功而退，且韓說兵團（步騎三萬）「亡所得」（以上戰爭，見表一：戰例 26～28）。再加上「郅居水之戰」七萬騎兵投降匈奴，漢軍短期內連續戰敗四次，總損失之兵力與馬匹都應在十萬以上，後勤輜重更可能因戰敗而拋棄無算，此與衛青、霍去

〔註28〕《史記》，卷一百一十一，〈衛將軍驃騎列傳第五十一〉，頁 2938。

〔註29〕《史記》，卷三十，〈平準書第八〉，頁 1422。

〔註30〕桓寬《鹽鐵論》，〈本議第一〉，台北：台灣商務印書館，1956 年 4 月，頁 1。又，武帝之興鹽鐵，完全在補邊用不足：朱禮（元）《漢唐事箋》，上海：江蘇廣陵古籍刻印社影本，1990 年 12 月，頁 221 載：「然考之於史，鹽鐵官之置，多見於西北，而東南之郡特少。」可旁證。

病時期之「漢軍之士馬死者十餘萬」比較，折損之國力，恐猶過之。

及至貳師之全軍降敵，終於「累積」超出漢朝國力忍受程度，故而迫使武帝不得不調整對匈奴之政策，並下詔罪己。經濟力量是國家戰略之重要環節，軍事戰略賴其支持；因此郅居水敗後，武帝對匈奴不復出兵，此後百年亦少再北擊，則恐非主政者選擇和平，而應是漢朝經濟「累積」消耗，已無法負荷遠程作戰軍費的原因。

（二）政治上

由於不斷的對匈奴用兵，到了武帝末年，漢朝在其「奢侈餘敝師旅之後」，早已是一個「海內虛耗，戶口減半」的虛幻盛世了，〔註31〕再不復見文景時代「天下殷富，財力有餘」〔註32〕之治世景況。這時候，武帝才開始有「悔遠征伐」之意，興起與民休息之心，而其間政策轉折，即是在貳師將軍李廣利郅居水一戰「以軍降匈奴」的震撼。〔註33〕

此外，「巫蠱事件」迫使李廣利投降匈奴，也造成京師大戰、皇室骨肉相殘、朝官人人自危之混亂局面，相當程度地顯示了漢王朝統治權力之不穩，此當時漢朝政治上之「內部環境」也。際此，優先鞏固皇權，恐怕就成了朝廷的頭等大事；而鞏固皇權靠軍隊，故皇帝須掌控「南、北軍」〔註34〕於京

〔註31〕《漢書》，卷七，〈昭帝紀第七〉，史臣曰，頁233；及卷九十六下，〈西域傳第六十六下〉，頁3912，亦載有「海內虛耗」狀況。

〔註32〕《漢書》，卷九十六下，〈西域傳第六十六下〉，頁3928。

〔註33〕《漢書》，卷九十六下，〈西域傳第六十六下〉，頁3912。

〔註34〕筆者按，漢朝全國軍隊，分爲中央軍、郡國軍與邊防軍三大類；其設計之精神在於外衛郡國，內實京師，以爲強幹弱枝之勢。（見孫金銘《中國兵制史》，實踐叢刊，台北：陽明山莊印，民49年1月，頁38）中央軍包括京師諸軍與戰略要地的屯兵；後者在緊急情況下抽調地方部隊臨時組成，事息即罷，不常置。京師諸軍在西漢中期以前，分爲三個部分：一是皇帝的近身「侍衛部隊」，歸郎中令統領，平時負責宮中殿內警衛，把守宮殿門戶，朝會時立於殿際兩旁，皇帝外出時則充任隨行車騎。（見《漢書》，卷十九上，〈百官公卿表第七上〉，頁727）二是「禁衛部隊」，由衛士組成，歸衛尉指揮，駐衛未央及長樂兩宮，保護朝廷機構安全。又因其居住在京師南部，也稱之爲「南軍」，由各郡選調進京的「正卒」充任。（見《漢書》，卷十九上，〈百官公卿表第七上〉，頁728；及同書，卷二十三，〈刑法志第三〉，頁1090）三爲京師「警衛部隊」，由中尉統領，負責宮中以外的警衛任務，其駐地多在京城之北，又稱「北軍」，兵員由三輔地區正卒充任，一歲一輪換。（見《漢書》，卷十九上，〈百官公卿表第七上〉，頁732；及同書，卷二十三，〈刑法志第三〉，頁1090）。南、北軍制度是秦、漢軍制的一大特色，這兩支由皇帝親自掌握的精銳部隊，不但拱衛京師安全，更是皇帝嚇阻郡縣王國、應付突發事件的快速打擊兵力。吾人從孝惠帝

師周邊以應變，不宜用於其他戰爭或方面，也是必然考量，尤其當一些將領與朝官對皇帝忠誠度難測之時。因此筆者認爲，漢朝因「巫蠱事件」所產生的「內部環境」不安，影響了大軍在外的作戰，而大軍在外作戰的失利，又「反饋」（feedback）影響了漢朝的「內部環境」，迫使漢朝必須調整其政策，其中最明顯者，恐怕就是貳師沒於匈奴後，對漠北的不復出兵了。

（三）人口上

人口是有形國力的另一要素，爲軍隊成員之來源。據《漢書·地理志》所載，西漢平帝元始二年(2)時，中國人口數爲 59,594,978，戶數爲 12,233,062，〔註35〕平均每戶 4.87 人，但史籍並無漢興時的人口資料。葛劍雄在《西漢人口地理》中，推算漢初人口應在一千五百萬以上。〔註36〕不過，葛氏是據《史記·諸侯年表》推算人口年增率，再以此年增率對照《漢書·地理志》上人口，推算漢書人口數，其方法恐有問題。又，管東貴在〈戰國至漢初的人口變遷〉中，應用中國歷史上幾次改朝換代導致急降之狀況，推斷戰國中葉約有二千五百萬人，漢初降至八百八十萬人，〔註37〕亦似含混不可據。但兩氏之推斷，也共同說明了漢武帝末年人口蕭條的事實。因此，所謂的「戶口減半」，應是大略語，意指當時人口數目之不如前後時期；班固認爲，此皆「承孝武奢侈餘敝師旅之後」所致。

兵凶戰危，既有戰爭，就有戰損。郅居水一戰，漢軍折失七萬人，自「漠北之戰」至此，漢軍戰損累積已達三十萬。而此因戰爭而折損之三十萬人，當均是適婚年齡層之強健男性，故其對兩性平衡人口結構衝擊之嚴重，可想而知，此或許就是造成漢武帝後期予人「戶口減半」印象之原因所在；而「戶口減半」最直接的反映，應即是男丁之明顯缺乏。筆者認爲，「郅居水之戰」後，漢軍少再出擊匈奴，恐也是受到累積戰損所產生的兵員不足問題影響。

崩後，呂后以諸呂「將兵居南北軍」而心安，（見《史記》，卷九，〈呂太后本紀第九〉，頁 399）可知當時的南北軍，實是漢政權的保證。武帝時期，對南北兩軍加以調整，強化了近身侍衛力量，並增置「八校衛軍」，皇帝直接指揮。除中壘校尉外，其餘七校尉常屯京師，均爲選募精勇所組成，兵員無復更代，是一支比正卒更精銳、更具戰鬥力的職業軍隊。其平時守護京師，戰時則奉命出征。（見《漢書》，卷十九上，〈百官公卿表第七上〉，頁 737～38）。

〔註35〕《漢書》，卷二十八下，〈地理志第八下〉，頁 1640。
〔註36〕葛劍雄《西漢人口地理》，北京：人民出版社，1986。
〔註37〕管東貴〈戰國至漢初的人口變遷〉，收入《中研院史語所集刊》，50，民 68 年12 月。

（四）社會上

西漢因受秦人遺風及秦律遺留之影響，以「核心家庭」（即小家庭）爲多。〔註38〕「郅居水之戰」一次損失七萬青壯男子，加上自「漠北之戰」以來累積損失的三十萬軍隊，理論上應來自三十萬個家庭，也就是說，漢匈戰爭使三十萬個家庭因喪失男丁而破碎。如每個家庭以 4.87 人計，則失去家人的「標的人口」（target population），更多達 146.1 萬人；如此高比率之戰爭受難家屬，其對社會秩序所造成的負面效應，亦可想而知。而漢代繇役本重，「農夫五口之家，其服役者不下二人」，〔註39〕如今戰爭又大量折損壯丁，人力資源更形缺乏，除造成社會整體生產力降低，衝擊經濟發展外，也必然妨害政府正常機制之運作，進而影響整體國力之發揮；投射到國家與軍事戰略上，就是必須減少或停止對外戰爭，以避免「內部環境」之進一步惡化。

（五）心理上

漢朝在心理上受「郅居水之戰」累積效應影響，對匈奴用兵態度的改變，主要有兩方面。一方面是漢武帝時期對匈奴作戰三十年，匈患未除而本身戰損慘重，致「海內虛耗，戶口減半」，民間恐有畏戰與反戰聲浪，武帝也可能喪失信心，故在悔征伐之餘，才有「方今之務，在於力農」之詔，〔註40〕顯示了漢朝在「郅居水之戰」後國策的轉變，開始以思富養民，替代往日對匈奴的深入窮追。另一方面，是「巫蠱事件」使漢軍遠征大軍主帥居然率全軍敵前投降，說明了軍人因對本身所屬政權的恐懼，而產生信念鬆動現象，寧可拋棄氣節、屈辱降敵。武帝對此長痛在心，耿耿於懷，故在未完全掌握軍人效忠信念之前，當不敢再派大軍實施遠程作戰。

（六）軍事上

「郅居水之戰」漢軍損失七萬騎兵，此七萬人組成漢朝遠征大軍之主力兵團，故應是當時漢軍中最有戰力與作戰經驗的精銳之師，相當於匈奴「控弦之士」。就軍事角度言，兵不貴多而貴精，建軍之困難，即在培養有作戰經驗之成員不易。今貳師兵團之覆沒，表面上是漢軍折損了七萬軍隊，但更深一層的涵義，卻是漢朝喪失了有寶貴作戰經驗的七萬「種能部隊」，這種建軍

〔註38〕 許倬雲〈漢代家庭的大小〉，收入《清華學報慶祝李濟先生七十歲論文集》，新竹：清華大學，民 56 年。
〔註39〕 《漢書》，卷二十四上，〈食貨志第四上〉，頁 1132。
〔註40〕 《漢書》，卷二十四上，〈食貨志第四上〉，頁 1138。

軟體層面上的創傷，短時間無論如何也無法彌補。如果再加上最近以來漢軍連續四次戰敗所累積之十餘萬人損失，此時漢朝恐已無可戰之兵。

其次，馬爲甲兵之母，機動作戰之泉源。漢朝在對匈奴的作戰中，惟騎兵是賴。漢時牧師諸苑三十六所，養馬三十萬頭，〔註41〕除提供作戰需求外，也作後方行政與運輸之用。但自太初二年（前103）趙破奴被俘，至本戰貳師投降，漢軍已累積損失戰馬十餘萬匹，超過牧師諸苑養馬總頭數的三分之一以上，漢朝經此損失，其遂行機動作戰之能力，當大受限制，故其停止對匈奴作戰，一部分應是受限於缺乏戰馬，不得不耳。

總之，本戰累積前此戰損，造成了漢朝對匈奴政策的改變。征和四年（前89），搜粟都尉桑弘羊與丞相御史奏請朝廷「遣卒屯輪臺（今新疆輪臺）」，但武帝「深陳既往之悔」，於是決定「不復出軍」。《漢書・西域傳》載漢武帝之詔曰：

> ……乃者貳師敗，軍士死略離散，悲痛常在朕心。今請遠田輪臺，欲起亭隧，是擾勞天下，非所以優民也。今朕不忍聞……當今務在禁苛暴，止擅賦，力本農，脩馬復令……〔註42〕

貳師的兵敗投降，在漢武帝心中居然產生如此激烈震盪，不但休兵罪己，而且其由窮兵黷武轉變爲思富養民，經由上述分析，吾人已能瞭解此非單一「郅居水之戰」所能影響，而是本戰使漢軍自元朔五年第一次出陰山攻擊匈奴以來，不但無功，且其所累積的國力耗損，達於飽和所致。此種受到長期戰爭影響，而其效應在最後一次戰爭才顯現出來之現象，筆者姑稱爲「累積影響」，藉以與白登、河南等戰對北邊戰略情勢與歷史發展之「立即影響」相區別。

二、匈奴方面

「郅居水之戰」除對漢朝造成「累積影響」外，對匈奴似乎也產生相同效應，《漢書・匈奴傳》載「郅居水之戰」後之匈奴狀況曰：

> 前此者，漢兵深入窮追二十餘年，匈奴孕重墮殰，罷極苦之，自單于以下常有欲和親計。〔註43〕

匈奴在漢武帝太初二年（前103）以後，連續戰勝漢軍四次，戰果豐碩，尤其

〔註41〕《漢書》，卷十九上，〈百官公卿表第七上〉，頁729，注三，師古曰。
〔註42〕《漢書》，卷九十六下，〈西域傳第六十六下〉，頁3912～14。
〔註43〕《漢書》，卷九十四上，〈匈奴傳第六十四上〉，頁3781。

是郅居水一戰，消滅了漢軍七萬精銳騎兵部隊，更迫使漢朝不再出兵對匈奴作戰。但匈奴卻未乘機擴張戰果，反在這時盼望和平，此即「郅居水之戰」對匈奴所產生的負面「累積效應」所致。茲析論如下：

（一）人口與軍力上

在漢匈戰爭中，匈奴人口與軍力同樣損失慘重。史料之中無載漢初匈奴人口資料，但《史記・匈奴列傳》曰：「匈奴人眾不能當漢之一郡」，〔註44〕《鹽鐵論・論功》亦曰：「匈奴不當漢家之巨郡」，〔註45〕吾人或可由此概知匈奴之人口狀況。根據《漢書・地理志》記載，漢平帝元始二年（2）時，豫州汝南郡人口 2,596,148，潁川郡人口 2,210,973，〔註46〕應為當時之巨郡，匈奴人口當不超過此數。但此漢郡人口資料時間為西漢末，與《史記》等書記載匈奴狀況之時間相差百餘年，人口變遷甚大，恐不能以此論定。又，「白登之戰」時，匈奴有「控弦之士」四十萬，林幹以此引賈誼《新書・匈奴》中，匈奴「五口而出介卒一人」的說法，估計漢初匈奴約有二百萬人口。〔註47〕筆者認為此應是較接近事實之判斷。

有關漢匈戰爭中匈奴之損失，僅自漢武帝元光六年（匈奴軍臣單于三十三年，前 129）「漢擊胡關市之戰」，至元狩四年（匈奴伊稚邪單于八年，前 119）的十一年間，匈奴被擒或降漢之王、將、相國、當戶等一共二三四人，士兵約在六萬人以上，為漢軍所斬殺者，則當有十五萬人之多，合計損失約在二十萬人以上，超過匈奴「控弦之士」半數。〔註48〕換言之，匈奴之整體戰力已去其半。若匈奴人口以二百萬計，則在此十一年中，約損失了十分之一人口，而匈奴「士力能彎弓者，盡為甲騎」，〔註49〕又顯示匈奴所損失的這十分之一人口，是其國力的精華。匈奴以併吞他族而興起壯大，強大軍力是其生存發展與維持政權穩定的保證，如果匈奴軍力衰退，不足以鎮懾內部時，帝

〔註44〕《史記》，卷一百十，〈匈奴列傳第五十〉，頁 2899。又，《漢書》，卷四十八，〈賈誼傳第十八〉，頁 2241～42，載賈誼對文帝曰：「匈奴之眾不能當漢一大縣，以天下之大困於一縣之眾，甚為執事者羞之」。或以多報少，有激文帝之意。

〔註45〕《鹽鐵論》，卷五十二，〈論功〉，頁 173。

〔註46〕《漢書》，卷二十八上，〈地理志第八上〉，頁 1560～61。筆者按，此為正史中最早記載郡縣人口數者。

〔註47〕前引林幹《匈奴史》，頁 16。

〔註48〕前引劉學銚《匈奴史論》，頁 224～25。前引林幹《匈奴通史》，頁 62，所載略同。

〔註49〕《史記》，卷一百十，〈匈奴列傳第五十〉，頁 2879。

國就會解體，而上述戰損恐已到達其忍受極限，超此臨界點，政權即有崩倒之虞。因此，匈奴雖有郅居水等戰連續之勝，但同時累積損失亦已不堪負荷，故始有「單于以下常有欲和親計」之狀況，配合漢朝之不復出兵，北邊戰略環境才得出現緩和局面。

（二）經濟生產上

匈奴在上述十一年戰爭中，所失畜產，估計超過兩百萬頭。〔註50〕筆者判斷，此數目可能尚未包括孕墮之幼畜，這對一個以畜牧經濟為主之游牧民族國家而言，其損失是十分巨大的。除此之外，匈奴在對漢朝作戰的過程中，勢力範圍亦逐次向北退縮。筆者認為，累積有「正」、「負」兩種面向，此一過程反映了漢軍「正」累積的戰果；但反過來看，這也正顯現了匈奴在戰爭中「負」累積的一面。如：元朔二年（前 127）「河南之戰」失去河套及鄂爾多斯地區，元朔五年（前 124）「漠南之戰」退出陰山北麓西半部草場，元朔六年（前 123）「衛青出定襄之戰」又放棄陰山北麓東半部草場，元狩四年（前 119）「漠北之戰」更使漠南無王庭（以上戰爭，見表一：戰例 16，19，21，22）。

這一連串戰爭的「負」累積，匈奴不但喪失廣大山南及漠南牧場，甚至在漢軍「深入窮追」下，連駐牧漠北時都不安全，其游牧經濟顯已陷入困境，無法再長期支撐戰爭。尤其當漢軍仍控制陰山，具「跨地障作戰」條件之時，匈奴難以立足漠南草場，故太初二年以後之勝，除削弱漢軍戰力外，就匈奴畜牧經濟立場而言，其實並無太大意義。而如何恢復經濟、重整國力、穩固權力，恐怕才是郅居水戰後匈奴面對長期累積戰損的當務之急。

因此，漢朝不復出兵與匈奴暫時止戰之北邊戰略情勢，似乎就成了漢匈雙方俱罷疲下的必然發展。吾人從昭帝元鳳二年（前 79）匈奴以九千騎屯陰山北麓之受降城以備漢，並在余吾水上架橋為退路之狀況，大致看出匈奴對漢朝的戰略，已經有了以守勢為考量的重大轉變（見表一：戰例 31）；此一轉變，其源頭即應來自「郅居水之戰」的「負」累積效應影響。

（三）政治組織上

匈奴雖由眾多部族組成，但其權力結構與指揮層級均簡單，又因領導劫掠作戰的需求，部族長的地位非常重要。惟自前述漢武帝元光六年「漢擊胡關市之戰」，至元狩四年的十一年間，匈奴被擒或降漢之王、將、相國、當戶

〔註50〕同注48。

等一共二三四人，由其職稱看來，這些人均爲匈奴權力結構中的領導人物，並可能兼任某一部族之酋長，故其折損，對匈奴統治權力之運作，應已構成甚大傷害，直接削弱其整體戰力。又因長期面對漢軍「深入窮追」的軍事行動，匈奴必須忍受「孕重墮殰，罷極苦之」的顛沛生活；而一次戰爭的失敗，往往又會造成氏族人口的大量傷亡離散和組織的嚴重破壞，甚至整個氏族部落被打散；〔註51〕危害其游牧政權，恐莫此爲甚。筆者認爲，這也可能是匈奴人在對漢朝戰爭中最感痛苦的事情。是故，在郅居水戰後，「中國罷耗，匈奴亦創艾」〔註52〕兩相受傷的狀況下，匈奴雖勝，但仍渴望能與漢朝和親，其強烈意願，應能理解。

不過本戰之後，雖然漢軍少再主動向北出擊，匈奴亦有和平之意，北方戰略環境出現和緩氣氛，但前此漢軍「深入窮追二十餘年」對匈奴所造成的戰爭傷害後遺症（即「負累積效應」），在其後幾次天災的推波助瀾下，也正逐漸浮現並擴大。最明顯者，就是匈奴國力退化與內部權力鬆動，其後果，即是接下來的分裂與衰落，使匈奴由草原帝國一度淪爲中國屬國，東漢時期再降爲一般邊疆少數民族。而漢朝自武帝末年國力之由盛轉衰，也正是長期對匈奴作戰「負累積效應」之總結。有關匈奴之後續狀況，下節再作討論。

第四節　東漢和帝永元元年「稽落山之戰」

東漢和帝永元元年（89）「稽落山之戰」，爲垂三百年的漢匈戰爭劃下句點。其結果，不但直接影響了中國的歷史發展，也因爲北匈奴戰敗後向西遷移，間接影響了歐洲與世界的歷史發展，是一場無比重要的戰爭。

「郅居水之戰」所引發的戰爭「累積效應」，使「白登之戰」以來的漢匈兩元緊張對立關係，演變成一個較爲和緩的局面，但匈奴之「內部環境」也由這個時期開始變化，從而遷動漢匈新關係之調整。有關兩漢與匈奴關係的變動，雷家驥師在〈從漢匈關係的演變略論屠各集團復國的問題〉論文中，曾將其劃分爲四個階段，前兩者屬於西漢時期，後兩者屬於東漢時期；曰：〔註53〕

〔註51〕前引林幹《匈奴通史》，頁10。
〔註52〕此王莽將嚴尤評漢武帝對匈奴用兵時所曰。見《漢書》，卷九十四下，〈匈奴傳第六十四下〉，頁3824。
〔註53〕雷家驥師〈從漢匈關係的演變略論屠各集團復國的問題〉，收入《東吳大學文史學報》（慶祝九十周年校慶特輯），台北：1990年3月，頁50。

（一）兩國對等競爭階段：蓋由冒頓之興起，以至於呼韓邪一世時代的分裂；是匈奴首次大分裂，造成下一階段的國格淪降。

（二）南匈奴第一帝國向漢稱臣階段：從西元前五十一年（甘露三年）呼韓邪入朝漢宣帝，在漢監護之下復國統一，以至新莽之亂。

（三）國格恢復階段：從西元九年（新，建國元年），因王莽貶抑外國地位引起單于交戰始，匈奴（已恢復統一的原南匈奴）要求恢復對等國格；但尋因單于繼承權之爭，造成二次大分裂，南匈奴第二帝國稱臣附塞而止。

（四）南匈奴第二帝國稱臣附塞階段：由西元五十年（建武二十六年）呼韓邪二世單于入居塞內，以至漢末被分化。

筆者試就上述階段爲準，析論武帝以後漢匈關係之發展。昭、宣兩帝時期，漢朝爲了恢復國力、與民休息，基本上維持北邊現況，不再主動對匈奴用兵。漢宣帝本始三年（前71），匈奴兵敗烏孫，同時又遭遇天災，力量大衰，於是「諸國羈屬者皆瓦解，攻盜不能理」，〔註54〕此爲匈奴衰落與分裂的開始。匈奴第一次分裂而向漢稱臣，是在中國「昭宣之治」時代；宣帝神爵二年（前60），匈奴虛閭權渠單于死，內部爲爭奪單于位，造成「五單于并立」的分裂局面。〔註55〕

其後，南單于呼韓邪兼併其他單于，勢力漸盛，但宣帝甘露元年（前53），又被北單于郅支所敗，呼韓邪單于乃於同年南下降漢。〔註56〕甘露二年（前52），南單于呼韓邪「款五原塞，願奉國珍朝三年正月」，〔註57〕甘露三年（前51）來朝時，對漢帝「贊謁稱蕃臣而不名」，〔註58〕「單于自請願留居光祿塞下，有急保漢受降城」，並接受漢軍監護與給贍，〔註59〕正式結束了漢匈兩國自冒頓單于以降的對等競爭階段，也開始了南匈奴的第一次向漢稱臣階段。

郅支單于方面，則西遷堅昆（今新疆伊犁河一帶），但於元帝建昭三年（前36）爲西域都護所殺，匈奴北政權遂亡。呼韓邪單于聞訊「且喜且懼」，上書

〔註54〕《漢書》，卷九十四上，〈匈奴傳第六十四上〉，頁3786～87。
〔註55〕《漢書》，卷九十四下，〈匈奴傳第六十四下〉，頁3795。
〔註56〕《漢書》，卷九十四下，〈匈奴傳第六十四下〉，頁3797。
〔註57〕《漢書》，卷8，〈宣帝紀第8〉，頁270；同頁引師古注：「欲於甘露三年正月行朝禮」。
〔註58〕《漢書》，卷8，〈宣帝紀第8〉，頁271。
〔註59〕《漢書》，卷九十四下，〈匈奴傳第六十四下〉，頁3798。

「願入朝見」，並「自言願婿漢氏以自親」，元帝以王昭君妻之。後來呼韓邪又願爲漢保塞，但元帝因郎中侯應提出十點理由而作罷。〔註60〕稍早，南匈奴「民眾益盛」，漢使韓昌與張猛「聞其（單于）大臣多勸單于北歸者，恐北去後難約束」，遂與呼韓邪訂下「盟約」。《漢書·匈奴傳》載其狀況曰：

> 昌、猛即與爲盟約曰：「自今以來，漢與匈奴合爲一家，世世毋得相詐相攻。有竊盜者，相報，行其誅，償其物；有寇，發兵相助。漢與匈奴敢先背約者，受天不祥，令其世世子孫盡如盟。」昌、猛與單于與大臣俱登匈奴諾水（即諾眞水，唐李勣擊薛延陀之地，今內蒙百靈廟）東山，刑白馬……共飲血盟。昌、猛還奏事……上薄其過，有詔昌、猛以贖論，勿解盟。其後呼韓邪竟北歸庭，人眾稍稍歸之，國中遂定。〔註61〕

此盟約的訂定，規範了此後三十餘年及東漢建國以後的漢匈關係，也影響日後呼韓邪二世內附的發展，及劉淵復國初期之不敢自稱「漢皇帝」。〔註62〕及至新莽建立後，因更換璽綬印信，引發與匈奴單于之衝突，南匈奴第一次向漢稱臣之階段乃告結束，開始了匈奴國格恢復的階段。

　　當時王莽「恃府庫之富欲立威」，曾「議滿三十萬眾，齎三百日糧，同時十道並出，窮追匈奴，內之於丁令（即丁零），因分其地，立呼韓邪十五子」。〔註63〕從此匈奴分成了十五個單于，爲其日後的眞正分裂，埋下種因；惟新朝祚短旋亡，中原陷入戰亂，匈奴似又脫離中國控制。更始二年（24），中國遣使授匈奴單于舊制璽綬，但匈奴單于輿驕傲地向漢使要求「當復我尊」！說明匈奴對國格恢復的強烈態度。不過，漢使第二年夏回到京師時，會赤眉入長安，更始敗亡，本案亦因此而終。〔註64〕

　　惟在此階段，除王莽時期雙方短暫互相攻戰、邦交破裂外，漢匈關係大致尚能維持和平局面約八十年。一直到東漢光武帝建武五年（29），匈奴利用中國內戰，擁立三水人盧芳爲帝，割據河套地區，兩者聯結寇邊，北邊才再度陷入戰亂（見表二：戰例1～8）。

　　建武六年（30），光武帝再遣使與匈奴修舊好，而「單于驕踞，自比冒頓，

〔註60〕　《漢書》，卷九十四下，〈匈奴傳第六十四下〉，頁3803～05。
〔註61〕　《漢書》，卷九十四下，〈匈奴傳第六十四下〉，頁3801。
〔註62〕　前引雷家驥師〈從漢匈關係的演變略論屠各集團復國的問題〉，頁55。
〔註63〕　《漢書》，卷九十四下，〈匈奴傳第六十四下〉，頁3820～24。
〔註64〕　《漢書》，卷九十四下，〈匈奴傳第六十四下〉，頁3829。

對使者辭與悖慢」，光武雖善待之，但匈奴與盧芳連兵，鈔暴日增，漢匈關係
又趨緊張。〔註65〕直到建武二十二年（46），蒲奴單于立，值匈奴「連年旱蝗，
赤地數千里，草木盡枯，人畜飢疫，死耗太半。單于畏漢乘其敝，乃遣使詣
漁陽求和親」，雙方關係才再和緩。〔註66〕其後，因匈奴國內不服蒲奴，爆發
內戰，漢匈關係自此急轉直下，結束南匈奴國格恢復階段，進入其再度稱臣
附塞的第四階段。〔註67〕

　　建武二十四年（48），匈奴薁鞬日逐王比，取西漢呼韓邪單于故事，遣使
款五原塞，向漢皇帝表示「願永爲蕃蔽，求扞禦北虜」，當然不敢再提「當復
我尊」要求。是年冬十月，比自立爲呼韓邪單于，匈奴正式分裂爲南、北兩
部，南匈奴南下附漢，並與北匈奴互相攻擊；北匈奴佔有漠北及西域之地，
亦經常南下鈔掠（見表二：戰例9～13）。

　　建武二十五年（49），遼西烏桓大人郝旦率眾來歸，東漢准其居塞內，「爲
漢偵候，助擊匈奴、鮮卑」，並復置護烏桓校尉於上谷甯城（今河北張北南），
開營府，并領鮮卑，賞賜質子，歲時互市。〔註68〕建武二十六年（50），光武帝
派遣中郎將段郴授南單于璽綬，單于「乃伏稱臣」，並奉詔入居雲中。〔註69〕

　　在此之前，當呼韓邪單于欲歸附東漢之時，朝廷曾爲是否准許南匈奴入
塞而引發激辯，議者皆以「天下初定，中國空虛，夷狄情僞難知，不可許」
爲理由，反對呼韓邪入居塞內，獨有五官中郎將耿國認爲可應效法漢宣帝作
法，令南匈奴「東扞鮮卑，北拒（北）匈奴，率屬四夷，完復邊郡」，〔註70〕
如此較爲符合國家利益。最後，光武帝接受了耿國的意見，准許南匈奴入居
陰山以南地區，並遷其單于庭於西河美稷。

〔註65〕《後漢書》，卷八十九，〈南匈奴列傳第七十九〉，頁2940。
〔註66〕《後漢書》，卷八十九，〈南匈奴列傳第七十九〉，頁2942。
〔註67〕前引雷家驥師〈從漢匈關係的演變略論屠各集團復國的問題〉，頁56。
〔註68〕《後漢書》，卷九十，〈烏桓鮮卑列傳第八十〉，頁2982。
〔註69〕《後漢書》，卷一下，〈光武帝紀第一下〉，頁76～78；及卷八十九，〈南匈奴
　　　　列傳第七十九〉，頁2943。筆者按，南匈奴於光武帝建武二十四年（48）降漢
　　　　後，南單于先奉詔入居雲中，漢設「使中郎將」監護之（此與西漢宣帝時匈
　　　　奴之稱臣來朝不同），匈奴復奉詔徙於西河美稷（今內蒙准格爾旗北）；而漢
　　　　朝爲安置其諸部王，又「使韓氏骨都侯屯北地（今寧夏寧武南），右賢王屯朔
　　　　方。當于骨都侯屯五原，呼衍骨都侯屯雲中，郎氏骨都侯屯定襄，……」概
　　　　沿陰山南麓、賀蘭山東麓，一線安置。見《後漢書》，卷八十九，〈南匈奴列
　　　　傳第七十九〉，頁2945。
〔註70〕《通鑑》，卷四十四，〈漢紀三十六〉，光武帝建武二十四年正月條，頁1407。

　　吾人由此階段漢匈關係發展中，東漢對南匈奴與烏桓之處置，概可瞭解東漢初期在北邊之戰略構想，是以利用匈奴分裂，控制入居山南地區之南匈奴爲手段，一方面使其牽制北匈奴，並監視東北方向的鮮卑，確保北邊戰略平衡。一方面又掌握徙於燕山一帶之烏桓，使其擔任漢之北邊偵候，必要時協力漢朝出擊北匈奴與鮮卑，以穩固東北方面之國防。由當時狀況看來，東漢控制與支援南匈奴，維持匈奴分裂狀態，應是最符合其國家利益的戰略構想；對北匈奴與鮮卑而言，東漢所採取者，似乎是一種「以夷制夷」的「圍堵政策」。而在此「圍堵政策」下，北匈奴顯然是東漢的主目標，而鮮卑則是次目標。

　　明帝時，東漢爲消除北匈奴威脅，乃效法漢武帝當年「斷匈奴右臂」〔註71〕之構想，於永平十五（72）至十七年（74），遣奉車將軍竇固出擊北匈奴，並「破白山，降車師」，因襲西漢舊制，置西域都護及戊己校尉，以羈縻統治西域各國。〔註72〕章帝章和元年（87），鮮卑人進入匈奴左地，擊殺北匈奴優留單于，造成北匈奴兄弟爭立，北庭大亂，加以蝗饑，許多北匈奴人歸降了漢朝。次年（88）七月，南匈奴上言漢朝，請乘機共擊北匈奴。〔註73〕時章帝甫崩，年僅十歲之和帝初繼位，議郎樂恢數上書反對，惟秉政之竇太后卻不顧朝臣諫爭，以其犯罪被囚之兄長竇憲統兵出擊北匈奴。〔註74〕因此，東漢此次對北匈奴出兵之原因，表面上是應南匈奴之請兵北伐，實施上恐怕是竇憲犯罪，求擊匈奴以贖死；竇太后爲讓其兄立功贖罪而開戰，東漢在陰山方面的軍事戰略，也由此轉取攻勢。

　　和帝永元元年（89），竇憲率「多民族聯軍」擊北匈奴於稽落山（今外蒙古爾連察汗嶺一帶），筆者姑稱其爲「稽落山之戰」（見表二：戰例14，圖27）。《後漢書・竇憲傳》載其狀況曰：

　　　　……憲懼誅，自求擊匈奴以贖死。會南單于請兵北伐，乃拜憲車騎將軍，金印紫綬，官屬依司空，以執金吾耿秉爲副，發北軍五校、

〔註71〕《漢書》，卷六十一，〈張騫李廣利傳第三十一〉，頁2692。

〔註72〕《後漢書》，卷二十三，〈竇融列傳第十三〉，附〈竇固傳〉，頁810；《通鑑》，卷四十五，〈漢紀三十七〉，明帝永平十七年冬十一月條，頁1466。筆者按，東漢對西域的經略，時斷時續，其間大致經歷了三次由絕到通的過程，史謂「三絕三通」；這是第一次的由絕到通。見《後漢書》，卷八十八，〈西域傳第七十八〉，頁2912。

〔註73〕《後漢書》，卷八十九，〈南匈奴列傳第七十九〉，頁2951～52。

〔註74〕《後漢書》，卷四十三，〈朱樂何列傳第三十三〉，頁1478。樂恢所諫內容，見《東觀漢記》，卷下，〈陳奏〉，頁31，收入《後漢書》，鼎文書局版本，冊六。

黎陽、雍營、緣邊十二郡騎士，及羌胡兵出塞。明年（永元元年），
憲與秉各將四千騎及南匈奴左谷蠡王師子萬騎出朔方雞鹿塞，南單
于屯屠何將萬餘騎出滿夷谷（今內蒙包頭與固陽之間），度遼將軍鄧
鴻及緣邊義從羌胡八千騎，與左賢王安國萬騎出稒陽塞，皆會涿邪
山（今外蒙阿爾泰山東支）。憲分遣副校尉閻盤、司馬耿夔、耿譚將
左谷蠡王師子、右呼衍王須訾等，精騎萬餘，與北單于戰於稽落山，
大破之，虜眾崩潰，單于遁走，追擊諸部，遂臨私渠比鞮海（今外
蒙邦察干湖）。斬名王已下萬三千級，獲生口馬牛羊橐駝百餘萬頭，
於是溫犢須、日逐、溫吾、夫渠王柳鞮等八十一部率眾降者，前後
二十餘萬人。憲、秉遂登燕然山（今外蒙杭愛山），去塞三千餘里，
刻石勒功，紀漢威德，令班固作銘……〔註75〕

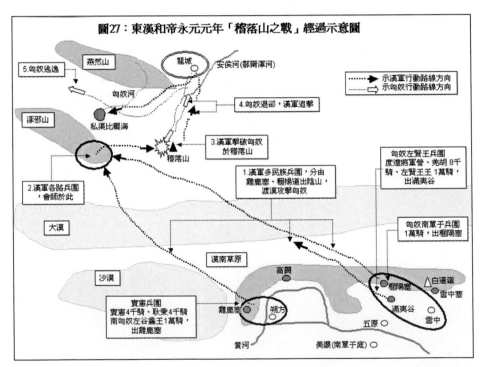

圖27：東漢和帝永元元年「稽落山之戰」經過示意圖

執金吾「掌宮外戒司非常水火之事」。〔註76〕所謂北軍，指由五營兵組成
的京師屯兵，爲沿襲西漢七校尉軍而來，分別歸屯騎、越騎、步兵、長水、

〔註75〕《後漢書》，卷二十三，〈竇融列傳第十三〉，附〈竇憲傳〉，頁814。本戰，東
漢大軍曾至安侯及龍城；見〈燕然山碑〉載，前引〈竇憲傳〉，頁815。
〔註76〕《後漢書》，志二十五，〈百官四〉，頁3605。

射聲校尉統轄，置北軍中侯以監之。〔註77〕黎陽、雍營爲地方常屯軍。〔註78〕換言之，本作戰漢軍動用了京師諸軍、地方屯軍與邊防軍。

當時《漢書》的作者班固在竇憲軍中擔任幕府中護軍，參與戰爭全過程，並在其〈封燕然山銘〉中，以「一勞而久逸，暫費而永寧」爲「稽落山之戰」的戰果作下結論。〔註79〕不過，根據《後漢書‧南匈奴列傳》所載：「（元和）二年正月，北匈奴大人車利、涿兵等亡來入塞，凡七十三輩。時北虜衰耗，黨眾離畔，南部攻其前，丁零寇其後，鮮卑擊其左，西域侵其右，不復自立，乃遠引而去」之狀況，〔註80〕可知北匈奴在當時，顯已陷入「內外交迫」之困境。而在其「遠引」之過程中，更是迭遭攻擊，故在「稽落山之戰」時，北匈奴面對東漢及南匈奴、氐、羌所組成之「多民族聯軍」，戰力應有甚大差距。〔註81〕

而「稽落山之戰」使北匈奴蒙受重大損失，戰力幾已殘破，故永元三年（91）「北單于復爲校尉耿夔所破，逃亡不知所在」之「金微山之戰」〔註82〕（今外蒙阿爾泰山），則更只能看成一次對匈奴殘部廓清戰場式的威力掃蕩。

從野戰戰略觀點看，本作戰自章和二年（88）十月竇憲受命討伐北匈奴，大軍向陰山地區實施「戰略集中」開始，至永元元年六月，各路兵團通過陰山正式出擊爲止，聯軍從事戰役準備工作的時間長達九個月，這可能是受到任務部隊編組複雜、戰力統合不易的影響。但由於當時東漢遠征大軍使用多條道路通過陰山，又在戰略集中與展開位置上的長時間停留，除顯示無敵情

〔註77〕　《後漢書》，志二十五，〈百官四〉，頁3612～13。
〔註78〕　《後漢書》，卷二十三，〈竇融列傳第十三〉，附〈竇憲傳〉，注三漢官儀曰，頁814。
〔註79〕　《後漢書》，卷二十三，〈竇融列傳第十三〉，附〈竇憲傳〉，頁815～17。
〔註80〕　《後漢書》，卷八十九，〈南匈奴列傳第七十九〉，頁2950。
〔註81〕　本戰亦可看出東漢之倚重胡兵，此與光武帝出自關東並重視儒術有關，應爲東漢兵制上之缺陷。見邢義田〈東漢的胡兵〉（刊於《政大學報》，28期，台北：政治大學，民62年12月）本作戰胡人軍隊參戰狀況，除《後漢書》，卷二十三，〈竇融列傳第十三〉，附〈竇憲傳〉頁814所載，南匈奴左谷蠡王師子萬騎、南單于屯屠何萬騎、左賢王安國萬騎（度遼將軍隨軍監視）及羌胡（傭兵）八千騎外，另據〈封燕然山銘〉載，尚有「東烏桓、西戎、氐、羌侯王君長之羣，驍騎三萬」。
〔註82〕　《後漢書》，卷八十九，〈南匈奴列傳第七十九〉，頁2950～54；及同書卷二十三，〈竇融列傳第十三〉，附〈竇憲傳〉，頁818；卷十九，〈耿弇列傳第九〉，附〈耿夔傳〉，頁718～19。本戰因不在陰山地區範圍之內，故未列入第二章之戰爭表中。

上的壓力與顧慮，及陰山各道應完全在東漢控制之下外，亦旁證東漢爲滿足作戰需求，在陰山以南地區擁有多個戰略集中與戰備整備位置之事實。而東漢遠征大軍出陰山時，能有自由選擇戰略通路的權力，主力（竇憲）兵團更使用最靠近預想會戰地（單于庭所在）之雞鹿塞道，也在在顯示「跨地障」作戰時，控制所有通道的重要性。

本次作戰，雖然可稱爲結束漢匈戰爭三百年的關鍵戰役，但吾人觀察漢軍各路兵團會師於涿邪山後，又回師右旋至稽落山尋求與匈奴主力決戰之狀況，發現漢軍似乎並未確實掌握匈奴動向，故僅「潰」敵而未能「殲」敵，這也許是永元三年東漢須再度派遣大軍出擊北匈奴之原因。

不過，「稽落山之戰」對歷史發展的影響，卻是非常鉅大的。首先就是本戰之後，匈奴再從屬國地位淪落爲北邊失根飄零的少數民族，大漠一度空虛，而後由鮮卑接替匈奴，成爲大漠地區的新強權，徹底改變了北中國的戰略環境，歷史發展也因此出現了新方向。在竇憲出擊北匈奴之前，東漢對南匈奴之政策，明顯是在貫徹前述以東漢「國家利益」爲基礎的「以夷制夷」戰略，本戰勝利正是此戰略收效的結果。至於章帝章和二年（88），朝廷否決了南匈奴休蘭尸逐侯鞮單于上書「破北成南，并爲一國」之請求；〔註83〕不許南匈奴復歸統一，則應是另一種以羈縻與控制爲主要著眼之國家戰略思考。

筆者觀察東漢對南匈奴的羈縻與控制，除在後勤補給上的贍給外，尙「令中郎將置安集掾（吏）〔史〕將弛刑五十人，持兵弩隨單于所處，參辭訟，察動靜」，〔註84〕片刻不離，隨時準備與南單于同歸於盡，使南單于不敢稍有叛意。而明帝永平八年（65），東漢爲了防止南、北匈奴交通，又設置了「度遼營」，「將黎陽虎牙營士屯五原曼柏（曼柏在今內蒙準格爾旗西北，屬五原

〔註83〕《後漢書》，卷八十九，〈南匈奴列傳第七十九〉，頁 2952～53。在此之前，有關東漢對匈奴政策，吾人約可從以下事件觀察其發展與變動：1. 光武時欲「安南定北」（袁安語），故立南單于，北匈奴則遣使求親（見《後漢書》，卷四十五，〈袁張韓周列傳第三十五〉，頁 1520 及卷八十九，〈南匈奴列傳第七十九〉，頁 2945～46）。2. 建武二十八年（52）班彪答北匈奴：「今旣未獲助南，則亦不宜絕北」（見《後漢書》，卷八十九，〈南匈奴列傳第七十九〉，頁 2946）。3. 永平八年（65）明帝與北匈奴來往，致南匈奴密謀結北匈奴叛漢，漢因設「度遼將軍」等機制以因應之（見《後漢書》，卷八十九，〈南匈奴列傳第七十九〉，頁 2949）。4. 永平十六年（73）漢與南匈奴攻擊北匈奴，有「破北成南」之戰略思考（見《後漢書》，卷八十九，〈南匈奴列傳第七十九〉，頁 2952）。

〔註84〕《後漢書》，卷八十九，〈南匈奴列傳第七十九〉，頁 2944。

郡，離美稷南單于庭不遠）」，進一步監控南單于。〔註85〕「稽落山之戰」漢軍獲得大勝，其後「金微山之戰」，北單于「逃亡不知所在」；照理說，南匈奴從征有功，理應給予酬庸，讓其統一北庭，重建匈奴國家。但東漢政府顯然無意重蹈當年呼韓邪一世的舊轍，似乎寧願讓無立國經驗的鮮卑人填補漠北的權力真空，也不願讓曾經建立過草原大帝國的南匈奴北還復國。而這種國家戰略思考，吾人或許可由班固之〈封燕然山銘〉中，獲得答案。班固作此銘，應受竇憲授權，而銘中所言，當屬官方立場，故其內容除描述戰爭經過與「紀漢威德」外，亦表達了東漢政府欲透過本戰，使北邊得以「一勞而久逸，暫費而永寧」之戰略目的與所望效果。而如何才能在北邊實現此戰略目的與所望效果？筆者以為，當時的東漢主政者，似乎將此一戰略目標的達成，建立在「以夷制夷」及不許南匈奴重回大漠的基礎上。「稽落山之戰」的兵力結構、過程與戰後對南匈奴的態度，都說明了東漢在北邊戰略上的堅持與一貫。

本戰之後，南匈奴力量漸散，而北邊一直到靈帝熹平六年（177）爆發「漢鮮戰爭」為止，除若干小規模區域衝突外，八十餘年並無大戰發生，這應是中國中古歷史上北邊和平維持最久的一段時間。此顯示當時東漢在北邊所採取「牢牢控制」南單于之決策，不但正確，而且也是一項重大的戰略成就。

「稽落山之戰」為多民族聯合作戰創下新例，也是東漢前期北邊戰略環境變遷與區域權力重組之指標。它除徹底擊潰北匈奴主力，結束垂三百年之漢匈戰爭外，更明白宣示南匈奴已成漢朝附屬，須受中國監護。而南匈奴本身也於失掉土地與大部分人民後，地位日削，最後降為邊郡的編戶部民，只有長期忍受亡國屈辱。在這樣的環境背景下，「稽落山之戰」及其後續戰略構想對東漢爾後的歷史發展，遂產生了下列深遠的影響：其一，導致晉惠帝永興元年（304）劉淵屠各集團的「復國運動」，揭開「五胡亂華」序幕。〔註86〕

〔註85〕《後漢書》，卷八十九，〈南匈奴列傳第七十九〉，頁2949。有關「度遼將軍」之設立，廖伯源師有專論。見氏著〈東漢將軍制度之演變〉，收入《歷史與制度──漢代政治制度試釋》，台北：台灣商務印書館，民87年5月，頁214～30。

〔註86〕本戰之後，游牧民族大規模內遷。金發根〈東漢至西晉初期中國境內游牧民族的活動〉（刊於《食貨復刊》，13期，9、10卷，台北：民73年1月）曾就兩漢征伐游牧民族之邊疆政策，東漢中葉以降之邊患，及漢末至三國時期匈奴、鮮卑、烏桓、西羌等民族之內徙和分布，作整體性之分析敘述。又，「五

其二，鮮卑取代匈奴，逐漸在陰山地區立足，成爲北邊新的勢力，日後並建立起北魏王朝，主宰「後五胡時期」北中國達一個半世紀之久。

其次，「稽落山之戰」後，北匈奴輾轉到達歐洲，其王阿提那（Attila）曾使四世紀的歐洲墮入「黑暗時期」（The Dark Age），形成西人所謂之「匈禍」（Scourge of Huns），〔註87〕故而對歐洲乃至世界歷史的發展，也產生了巨大的影響。按北匈奴於永元三年復爲右校尉耿夔所破，「逃亡不知所在」後，東漢及魏、晉史書均未見其行蹤，至《魏書・西域傳》，始有「悅般國，在烏孫西北，……其先，匈奴北單于之部落也。爲漢車騎將軍竇憲所逐，北單于度金微山，西走康居，其羸弱不能去者住龜茲北」〔註88〕之記載。

康居爲今中亞吉爾吉斯之地，據研究，北匈奴之至康居，可能在東漢桓帝元熹初年（元熹元年爲158），而中國在三國末期乃至晉初，始知其事。〔註89〕未幾，北匈奴復向西遷徙至粟特，《魏書・西域傳》又有「匈奴殺其王而有其國，至王忽倪已三世矣」之記載；〔註90〕按粟特即中亞之 Sogdak（或 Sogdiana）。1899 年，夏特教授（Friedrich，Hirth.1845～1926）所著《窩爾迦河的匈人與匈奴》（Ueber Wolga-Hunnen and Hiung-nu）一書出版，夏氏根據《魏書》之記事推斷，認爲歐洲的匈人（Wolga-Hunnen），就是西遷的北匈奴，此論已爲許多史學家所確信不疑。此外，夏氏並認定粟特在克里米亞半島（Krim）上，即當時黑海北部的蘇達克（Sudak）要塞，同時也斷定忽倪王爲 Hernak，即阿提那少子忽奈克（Hernac）。〔註91〕

換言之，夏氏證明了一世紀被竇憲擊走的北匈奴，就是四世紀造成歐洲「黑暗時期」的匈人 Hunnen；若無反證推翻夏氏的論點，則「稽落山之戰」就有世界性歷史發展的影響了。

胡亂華」一詞，似乎存有民族偏見，並不恰當。王明蓀師即認爲並不是主觀上胡人要亂華，而歸之於大動亂之所造者；而是在民族融合之勢中，胡人處於夷夏觀念之下求解放的結果。見前引《中國民族與北疆史論》，頁 11。要之，雷家驥師稱其爲「五胡治華」（見民 86 中正大學史研所開課表），意指其統治而言，或較允當。

〔註87〕西人有關匈奴 Attila 王朝之歷史，著作甚多，筆者以參考前引 Otto J. Maenchen-Helfen., *"The World of The Huns ：Study in Their History and Culture."*, pp.94～168 爲主。

〔註88〕《魏書》，卷一百二，〈列傳第九十・西域傳〉，頁 2268。

〔註89〕左文舉《匈奴史》，台北：三民書局，民 66 年 5 月，頁 129～30。

〔註90〕《魏書》，卷一百二，〈列傳第九十・西域傳〉，頁 2270。

〔註91〕前引左文舉《匈奴史》，頁 128～31。

第五節　東漢靈帝熹平六年「漢鮮之戰」

　　東漢中期以後，中國北邊戰略環境的最大變化，便是鮮卑勢力興起，成為繼匈奴之後的新游牧強權，並迫使農業民族勢力向南退縮，而肇致這個轉變的關鍵，即是熹平六年（177）的「漢鮮之戰」（見表二：戰例 30）。

　　鮮卑與同屬東胡的烏桓，都是原居住於中國東北地區的古老民族。東胡之名最早見於先秦《逸周書》卷七〈王會篇〉，曰：「東胡，黃羆」；又曰：「正北〔有〕……匈奴……東胡」。〔註 92〕其後，可能成書於戰國時期之《山海經・海內西經》亦載：「東胡在大澤東，夷人在東胡東。」〔註 93〕漢高帝元年（前 206），東胡被匈奴冒頓單于擊敗後，殘部分兩支，分別逃至烏桓山（今內蒙西拉木倫河以北阿魯科爾沁旗附近）與鮮卑山居住，其族遂以山名稱之。〔註 94〕

　　漢武帝元狩四年（前 119），霍去病擊破匈奴左地後，西漢遷徙較南之烏桓於上谷、漁陽、右北平、遼西、遼東等五郡塞外，置「護烏桓校尉」監領之，〔註 95〕鮮卑也隨之向西南推移，至先前烏桓所居的西拉木倫河流域。但《史記》與《漢書》都不曾提及鮮卑，直到東漢初年，始有鮮卑之名。〔註 96〕東漢光武帝建武二十五年（49），遼西烏桓大人郝旦「率眾向化，詣闕朝貢」，東漢准其移居塞內，鮮卑又跟著向南推進，這時與東漢「始通驛使」，才和中國有了進一步的交往。〔註 97〕明帝永平元年（58），鮮卑擊殺赤山（今內蒙赤峰）烏桓大人歆志賁，佔領赤山，才正式與東漢接壤。

　　不過當時的鮮卑大人皆歸附於漢，並接受上谷甯城（今河北張北南）護烏桓校尉之監護、賞賜質子與歲時互市，明、章、和三世大致處於「皆保塞無事」之狀況。〔註 98〕據《後漢書・烏桓鮮卑列傳》所載：和帝永元年間「大將軍竇憲遣右校尉耿夔擊破北匈奴，北單于逃走，鮮卑因此轉徙據其地，匈

〔註 92〕轉引林幹〈東胡早期歷史初探〉，收入《東胡烏桓鮮卑研究與附論》，甲篇，呼和浩特：內蒙古大學出版社，1995 年 8 月，頁 9。

〔註 93〕袁珂《山海經校注》，卷十一，〈海內西經〉，台北：里仁書局，民 84 年 4 月 15 日，頁 293。

〔註 94〕杜士鐸《北魏史》，太原：山西高校聯合出版社，1992 年 8 月，頁 39。「鮮卑山」位置，見第一章注 3。

〔註 95〕《後漢書》，卷九十，〈烏桓鮮卑列傳第八十〉，頁 2981。

〔註 96〕前引馬長壽《烏桓與鮮卑》，頁 2。

〔註 97〕《後漢書》，卷九十，〈烏桓鮮卑列傳第八十〉，頁 2983、2985。

〔註 98〕《後漢書》，卷九十，〈烏桓鮮卑列傳第八十〉，頁 2982～3。

奴餘種留者尚有十餘萬落，皆自號鮮卑，鮮卑由此漸盛」；〔註99〕乃繼匈奴之後，漸成北邊強權。東漢桓帝時，檀石槐被推爲鮮卑大人，建立了以部落爲主體的「部落聯盟」，立庭於彈汗山，以此爲核心而盡有匈奴故地。《後漢書·烏桓鮮卑列傳》載曰：

> ……檀石槐乃立庭於彈汗山歠仇水上，去高柳北三百餘里，兵馬甚盛，東西部大人皆歸焉。因南抄緣邊，北拒丁零，東卻夫餘，西擊烏孫，盡據匈奴故地，東西萬四千餘里，南北七千餘里，網羅山川水澤鹽地。〔註100〕

據考證，彈汗山即今內蒙興和縣與河北省尚義縣交界線附近的大青山（屬興和，標高 1919 米，非白道之上的大青山），地處陰山東脈之南麓丘陵區上，爲蒙古高原之前緣，向東即大馬群山及冀北山地。歠仇水即今興和縣境內之二道河（見第二章注15）。檀石槐即以此地作爲其「部落聯盟」之指揮中心，從桓帝永壽二年（156）秋，檀石槐三四千騎寇雲中開始（見表二：戰例27），至延熹九年（166）夏，「分騎數萬人入緣邊九郡」，鮮卑即不斷抄掠漢邊。當初匈奴的劫掠戰爭狀況開始重演，東漢遂以「護匈奴中郎將」張奐率大軍往討之，「鮮卑乃出塞去」（見表二：戰例 28，29）。〔註101〕《後漢書》載其漢鮮關係之後續發展曰：

> 朝廷積患之，而不能制，遂遣使持印綬封檀石槐爲王，欲與和親。檀石槐不肯受，而寇抄滋甚。乃自分其地爲三部，從右北平以東至遼東，接夫餘、濊貊二十餘邑爲東部；從右北平以西至上谷十餘邑爲中部；從上谷以西至敦煌、烏孫二十餘邑爲西部，各置大人主領之，皆屬檀石槐。〔註102〕

靈帝即位後，幽、并、涼三州緣邊諸郡，無歲不被鮮卑寇抄，殺略不可勝數。熹平六年（177）秋，「護烏桓校尉」夏育上言，以「一冬兩春，必能擒滅」爲保證，請討鮮卑。〔註103〕靈帝最初不同意，但後來卻又不顧大臣反對，派

〔註99〕《後漢書》，卷九十，〈烏桓鮮卑列傳第八十〉，頁 2986。
〔註100〕《後漢書》，卷九十，〈烏桓鮮卑列傳第八十〉，頁 2989。
〔註101〕《後漢書》，卷六十五，〈皇甫張段列傳第五十五〉，頁 2139～2140；及卷九十，〈烏桓鮮卑列傳第八十〉，頁 2989。又，筆者以爲：對照稍後檀石槐分其地爲三部，中西兩部以上谷（今河北省懷來縣）爲界之狀況，可知「鮮卑乃出塞去」，應是指退出平城、高柳長城之線，而回到原來的彈汗山地區。
〔註102〕《後漢書》，卷九十，〈烏桓鮮卑列傳第八十〉，頁 2989～90。
〔註103〕《後漢書》，卷九十，〈烏桓鮮卑列傳第八十〉，頁 2990。

夏育出高柳，「破鮮卑中郎將」田晏出雲中，「匈奴中郎將」臧旻率南單于出雁門，各將萬騎，檀石槐命三大人各帥眾逆戰（見圖28）。

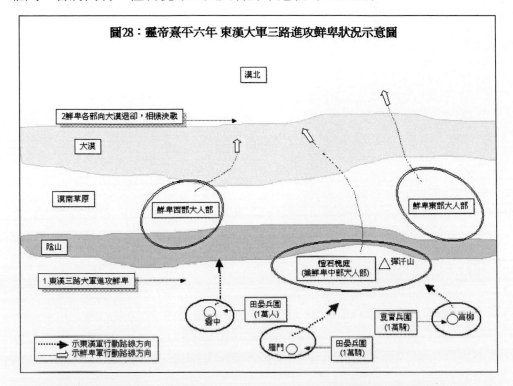

本戰結果，漢軍「三道出塞二千餘里」，幾乎全軍覆滅，《後漢書》所載：「喪其節傳輜重，各將數十騎奔還，死者十七八」，可見漢軍損失之慘重。〔註104〕漢時一里，約當 400 至 420 公尺；〔註105〕「二千餘里」則概爲今日之一千公里左右。以此推算，當時漢軍所出之「塞」，不論是上述高柳、雲中、雁門各邊塞，或陰山道上長城之線，其與各鮮卑大人部之「會戰地」，都應在大漠之中。

此戰，漢軍三道出塞，每道兵力只有一萬騎，是西漢以降入漠作戰兵力最小、戰力也最分散的一次（永元元年「稽落山之戰」竇憲兵團總兵力約爲四萬六千）。鮮卑兵力若干，史書未載，但以當時反對出兵之議郎蔡邕議所曰：「自匈奴遁走，鮮卑強盛，據其故地，稱兵十萬」〔註106〕之狀況判斷，檀石槐之「部落大聯盟」兵力，當三倍於夏育等人之遠征大軍而有餘。東漢顯然

〔註104〕《後漢書》，卷九十，〈烏桓鮮卑列傳第八十〉，頁 2993～94。
〔註105〕桑原騭藏原著（楊鍊譯）《張騫西征考》，台北：台灣商務印書館，民 55 年 8 月，頁 93。
〔註106〕《後漢書》，卷九十，〈烏桓鮮卑列傳第八十〉，頁 2990～91。

低估了鮮卑戰力，而貿然派兵踰陰山與大漠兩大地障而北，在「不知戰地，不知戰日」下，一味突進陌生地區與優勢之敵軍會戰，在戰略上犯了極嚴重之錯誤，其戰敗被殲，應非意外。

鮮卑方面，其總兵力雖優於漢軍，但初期敵情不明，無法確知漢軍兵力數量，而檀石槐立庭之彈汗山，又位於陰山之南，與陰山以北的東、西大人部處於分離狀態，有遭居內線漢軍各個擊滅的危險。於是檀石槐才未敢在陰山以南地區與漢軍求戰，而命三部大人各帥眾「逆戰」，向陰山以北地區退卻，俟漢軍進入大漠、遠離基地，補給線拉長並呈脆弱狀況之時，再相機回軍決戰，以增大勝利公算。檀石槐利用地障，將外線態勢轉變成內線而後決戰之用兵構想，堪稱正確。

這種縮短補給線與內外線互換之戰略行動，常見於「地障作戰」之中，故大軍內、外線態勢之適時轉換，應是戰場指揮官在遂行「地障作戰」時，長存心中的一個用兵概念，當須因應情勢變化，掌握戰機，相互運用而不可拘泥。〔註107〕本作戰初期，漢軍總兵力雖居劣勢，但卻居內線，有壓迫檀石槐部單獨背對陰山決戰之條件，惟夏育等人未能窺破此戰機，任令檀石槐部自由出陰山而與東西大人部會合，殊爲可惜。

本戰之敗，東漢元氣大傷，似已無力經略北邊，到了獻帝建安二十年（215），曹操罷省雲中、定襄、五原、朔方四郡，〔註108〕漢人勢力更形南退，又予鮮卑人一次向西向南擴張勢力的機會。東漢末年，燕山方面有烏桓，陰山方面有鮮卑，胡人優勢的北邊戰略環境，於焉形成。

不過，鮮卑興盛之原因，除接收匈奴「餘種」填補北邊戰略眞空外，亦應與當時東漢經略的重心在西邊的諸羌，使北邊之鮮卑有坐大之機有關。東漢時期羌禍嚴重，雙方交戰不已，中國損失慘重，據《後漢書・西羌傳》所載安帝元初五年（118）狀況曰：

> 自羌叛十餘年間，兵連師老，不暫息寧。軍旅之費，轉運委輸，用二百四十餘億，府帑空竭。邊民死者不可勝數，并涼兩州遂至虛耗。
> 〔註109〕

〔註107〕《國軍統帥綱領》，第三章，〈戰區作戰〉，台北：國防部，民74年1月1日，頁03-40。
〔註108〕《三國志》，卷一，〈魏書・武帝紀第一〉，頁45。
〔註109〕《後漢書》，卷八十七，〈西羌傳的七十七〉，頁2891。

同傳又載順帝永和年間至沖帝永嘉元年（145）之狀況曰：

> 自永和羌叛，至乎是歲，十餘年閒，費用八十餘億。諸將多斷盜牢稟，私自潤入，皆以珍寶貨賂左右，上下放縱，不恤軍事，士卒不得其死者，白骨相望於野。〔註 110〕

漢軍在無法同時兼顧西、北兩個方面作戰之狀況下，只有將戰略重心放在諸羌方面。〔註 111〕而影響所及，除了鮮卑的乘機坐大外，北邊久無事故，軍人少有戰陣磨練，恐也漸荒武備，疏忽訓練，此或亦漢軍戰敗之另一原因。

此外，筆者於前文論及陳寅恪「外族盛衰連環性」問題時，曾對陳氏「其他外族之崛起或強大可致某甲族之滅亡或衰落」論點提出若干質疑，認爲並不適用於匈奴與鮮卑之間權力興衰關係，茲就此問題再補充說明之。

觀察前述匈奴第二帝國之衰落過程，天災、內亂等「內部環境」因素，授中國以分化合擊之機，應是主要原因，惟鮮卑係接收匈奴西遷後之「餘種」而轉盛，並非因其興盛而導致匈奴之衰敗，其證亦甚明；其間因果，與陳氏理論，當有差異。不過筆者亦觀察到，陳氏所言似爲一種可能性，並非所有可能，故此處出現陳氏理論所不能包含者，並不意外。值得注意的是，鮮卑之能接收匈奴「餘種」，並不是透過武力征服，而是南匈奴本身缺少一個孚眾望、足以號召族人凝聚向心的「噶里斯瑪」人物之領導所致。

據《後漢書·南匈奴列傳》之記載，永元二年（90）時，南匈奴「連剋獲納降，黨眾最盛，領戶三萬四千，口二十三萬七千三百，勝兵五萬一千七百」，〔註 112〕其中有六分之五是來自新降；〔註 113〕但後來這些歸降的匈奴人，不久又紛紛離散，說明當時的南單于顯然缺乏統御領導能力。雷家驥師在〈從漢匈關係的演變略論屠各集團復國的問題〉論文中亦論及南單于之領導，曰：

> 在西元五十年時，新降的三萬餘人復叛歸塞北。不過他們並非回歸北匈奴懷抱，而是另立單于……又在户口最盛四年之後——永元六年，新降胡十五部二十餘萬人，亦因不滿南匈奴領導階層而復反叛

〔註 110〕《後漢書》，卷八十七，〈西羌傳的七十七〉，頁 2897。

〔註 111〕有關西羌叛亂的由來、兩漢禦羌策略、東漢對羌用兵挫敗原因探討，可參閱鍇曾〈兩漢的羌族〉，刊於《政大學報》14 期，台北：民 55 年 12 月。及管東貴〈漢代處理羌族問題的辦法的檢討〉，刊於《食貨》，2 卷 3 期，台北：民 61 年 6 月。

〔註 112〕《後漢書》，卷八十九，〈南匈奴列傳第七十九〉，頁 2953～54。

〔註 113〕前引雷家驥師〈從漢匈關係的演變略論屠各集團復國的問題〉，頁 60。

北還，另擁逢侯爲單于。當時北匈奴已西遷「不知所在」，這二十萬新降胡顯有復國之意，是則南匈奴的統治聲望可想而知也。

北匈奴西遷，南單于不僅不能取代其地位，反而國內有多次大規模叛出，擾漾久之。其北匈奴未隨西遷的餘部，或投奔原來的屬國，如僅投鮮卑即有十餘萬落，人口遠多於南匈奴，或留在塞內游離。這些游離部落在鮮卑、烏桓強大，入據匈奴舊領土時，亦先後臣屬之。〔註114〕

又如，原來駐牧於陰山東部的宇文部落，原來本是匈奴，二世紀時，宇文部落東遷，統治了遼西塞外西拉木倫河上游的鮮卑人，加入了檀石槐的部落軍事聯盟，並同化於鮮卑，成爲「宇文鮮卑」。而「拓跋鮮卑」也是鮮卑與匈奴的融合結果，其部落或部族屬於匈奴族姓氏，至少就有賀賴、獨孤、須卜、丘林、破六韓、宿六斤等六者。〔註115〕

由此更可見，是因匈奴部落之依附，使得鮮卑強大，而不是因鮮卑的強大，而造成匈奴的衰落。而匈奴人之捨南匈奴而大量投向鮮卑，則應與當時的南單于缺乏「領袖人物」氣質與能力有關。不過，上章謂游牧民族領袖之受擁戴，是因其領導劫掠有方，又能公平分配掠得物；但南單于內屬後，不再有領導劫掠機會，這可能也是歸降匈奴人對其無向心力之原因。

〔註114〕前引雷家驥師〈從漢匈關係的演變略論虜各集團復國的問題〉，頁60～62。
〔註115〕《北史》，卷九十八，〈列傳第八十六・匈奴宇文莫槐傳〉，頁3267，載：「匈奴宇文莫槐，出遼東塞外，其先南單于之遠屬也，世爲東部大人」；及前引馬長壽《烏桓與鮮卑》，頁80及249。

第六章　魏晉南北朝陰山重要戰爭對北邊戰略環境變動與歷史發展之影響

　　魏、晉、南北朝是中國分裂與混亂的時期。由東漢開始，因農業民族之自相攻擊，游牧民族在北邊所分布的地區即乘機開始擴張，到了晉初，所謂的「五胡」，已佈滿了三輔、太原、上黨、河東、北地、西河及新興諸地。〔註1〕永嘉亂後，晉室南遷，五胡更紛紛在北中國建立國家，小者不及一省，大者飲馬長江，惟其間離合相繼，無法形成穩固的政治重心，直到鮮卑拓跋氏統一北方，建立北魏政權，這種北中國割據分裂的局面，才告結束。陰山地區是「拓拔鮮卑」〔註2〕崛起之地，其後並成為其立國之「核心區」，故本時期的陰山戰爭大致都與拓跋鮮卑有關。而漠北方面，隨著東漢時期鮮卑勢力的南移，柔然與突厥先後興起，亦經常南下劫掠，形成了「胡胡衝突」之新戰略環境。本時期發生於陰山地區而對北邊戰略情勢變動與歷史發展有影響之重要戰爭概為：晉朝時期的「前秦滅代之戰」、「參合坡之戰」，及南北朝時期的「栗水之戰」、「六鎮之亂白道戰役」、「突厥土門擊敗柔然之戰」等，析論如下。

第一節　晉孝武帝太元元年「前秦滅代之戰」

　　東漢末年，東胡之烏桓（曹魏稱烏丸）、鮮卑強盛，並向外擴張，逐漸對中國形成繼匈奴之後的新邊患問題。東胡分布位置，烏桓在南，概沿今河北省北部的燕山山脈與中國為鄰，鮮卑則在烏桓之北。〔註3〕據《三國志‧烏丸

〔註1〕　勞榦《魏晉南北朝史》，台北：文化大學，民國80年，頁2。
〔註2〕　拓跋鮮卑，正確地說，應當包括北魏建國以前的拓跋部、建國之後的拓跋魏，還有建立南涼的禿髮部（一稱河西鮮卑）等。見前引馬長壽《烏桓與鮮卑》，頁237；本文所論者，以與陰山有關之拓跋部與拓跋魏為主。
〔註3〕　有關東胡之分布、族源及當時與中國之互動狀況，可參閱前引馬長壽《烏桓與鮮卑》，頁25～44；及林幹、再思《東胡烏桓鮮卑研究與附論》，呼和浩特

鮮卑東夷列傳》所載，烏桓崛起之時，適值「漢末之亂，中國多事，不遑外討，故得擅漠南之地，寇暴城邑，殺略人民，北邊仍受其困」。〔註4〕獻帝建安十二年（207），曹操破烏丸於柳城（今遼寧朝陽西南），斬其王蹋頓，悉徙其族萬餘落居中國。〔註5〕

　　烏桓入居中國之後，原屬烏桓之地亦轉由鮮卑佔領。鮮卑有許多分支，魏、晉時期以拓跋與慕容兩支較爲重要；拓跋鮮卑最初居住於蒙古草原的東北角，稱爲「北部鮮卑」，慕容鮮卑崛起於蒙古草原東南部，稱爲「東部鮮卑」。〔註6〕慕容鮮卑南遷較早，居燕山以北至遼東一帶地區；拓跋鮮卑南遷較遲，逐漸往西南方向發展。建安二十年（215），曹操「省雲中、定襄、五原、朔方郡，郡置一縣領其民，合以爲新興郡」，〔註7〕漢人勢力南退，拓跋鮮卑又乘機向西發展，此即《魏書‧序紀》所曰「歷年乃出，始居匈奴之故地也」。〔註8〕曹魏黃初元年（220），拓跋力微成爲北部鮮卑的領袖，這就是日後被北魏尊爲「始祖」的「神元皇帝」。

　　神元二十九年（魏正始九年，248），力微併吞沒鹿回部，於是「諸部大人悉皆款服，控弦上馬二十餘萬」；自檀石槐「部落聯盟」解體六十餘年後，蒙古草原上的各部族，又出現了新的整合力量。神元三十九年（魏甘露三年，258），力微自長川（今内蒙興和，即檀石槐庭所在之彈汗山附近）遷居於盛樂（今内蒙和林格爾北，即漢代定襄郡治成樂縣附近）。〔註9〕拓跋氏就此在白道以南的大黑河平原立足，並逐漸將盛樂至桑乾河流域一帶發展成爲其立國之「核心區」。〔註10〕到了西晉惠帝元康五年（295），祿官（北魏尊爲昭帝）

　　　　市：内蒙古大學出版社，1995年8月。
〔註4〕　《三國志‧魏書》，卷三十，〈烏丸鮮卑東夷列傳第三十〉，頁831。
〔註5〕　《三國志‧魏書》，卷一，〈武帝紀第一〉，頁29。另，《後漢書》，卷九十，〈烏桓鮮卑列傳第八十〉，頁2984；《通鑑》，卷六十五，〈漢紀五十七〉，獻帝建安十二年八月條，所載略同。惟《三國志‧魏書》，卷三十，〈烏丸鮮卑東夷列傳第三十〉，頁835，載曹操破蹋頓之時間爲「建安十一年」，有誤。
〔註6〕　前引杜士鐸《北魏史》，頁43。有關魏晉時期鮮卑族分支及分布狀況，見毛漢光師〈從考古發現看魏晉南北朝生活型態〉，「從考古發掘繪魏晉南北朝時期農畜牧地區圖暨史書記載鮮卑族分布圖」，收入《考古與歷史》，《慶祝高去尋先生八十大壽論文集》（下），民81年，頁175～76。
〔註7〕　《三國志》，卷一，〈魏書‧武帝紀第一〉，頁45。
〔註8〕　《魏書》，卷一，〈序紀第一〉，頁2。
〔註9〕　《魏書》，卷一，〈序紀第一〉，頁3。
〔註10〕 毛漢光師〈北魏東魏北齊之核心集團與核心區〉，收入《中研院史語所集刊》

即位，拓跋氏儼然已是北方大國；《魏書》載其立國時狀況曰：

> 昭皇帝諱祿官立，始祖（力微）之子也。分國爲三部：帝自以一部居東，在上谷（今河北懷來東南）北，濡源（今河北豐寧灤河上源）之西，東接宇文部；以文帝（沙漠汗）之長子桓皇帝猗㐌統一部，居代郡之參合陂（今内蒙涼城南）北；以桓帝之弟穆皇帝諱猗盧統一部，居定襄之盛樂故城。自始祖以來，與晉和好，百姓乂安，財畜富實，控弦騎士四十餘萬。是歲，穆帝始出并州，遷雜胡北徙雲中、五原、朔方。又西渡河擊匈奴、烏桓諸部。自杏城以北八十里，迄長城原，夾道立碑，與晉分界。〔註11〕

穆帝猗盧元年（西晉懷帝永嘉二年，308），拓跋氏以盛樂爲中心，統一原先祿官所劃分的三部。八年（西晉愍帝建興三年，315），猗盧受西晉封爲代王，接受中國的羈縻統治。〔註12〕九年（316），代國內部發生變亂，猗盧被其長子六修所殺。當時拓跋部分爲「新人」與「舊人」兩派；「舊人派」指拓跋鮮卑部人，「新人派」指新降的漢人與烏桓人。猗盧死後，兩派鬥爭激烈，「新人派」的首領衛雄、姬澹以眾寡不敵，率領晉人與烏桓共三萬家、牲畜十萬頭，南入并州，歸附劉琨，拓跋氏的實力一度衰落。〔註13〕

到了東晉成帝咸康四年（338），什翼犍（北魏昭成皇帝）才得於繁峙（今山西渾源西北）之北復國，年號建國。〔註14〕建國二年（339）春，「始置百官，分掌眾職」，而「餘官雜號，多同於晉」，〔註15〕從此拓跋部開始具有國家與政府的規模。建國三年（340）春，拓跋氏移都於雲中之盛樂宮；次年秋九月，築盛樂宮於故城南八里，作爲其政治中心。〔註16〕

此時拓跋部之疆域，各書記載不一，馬長壽認爲《宋書·索虜傳》所載

57～2，民75年，頁246。

〔註11〕　《魏書》，卷一，〈序紀第一〉，頁5～6。

〔註12〕　《魏書》，卷一，〈序紀第一〉，頁9。《北史》，卷一，〈魏本紀第一〉，頁5，所載同。

〔註13〕　《晉書》，卷六十二，〈列傳第三十二·劉琨傳〉，頁1684；及前引馬長壽《烏桓與鮮卑》，頁261。另《魏書》，卷一，〈序紀第一〉，頁9，載歸附劉琨者爲「三百餘家」，顯有誤。

〔註14〕　《魏書》，卷一，〈序紀第一〉，頁11～12。

〔註15〕　《魏書》，卷一，〈序紀第一〉，頁12。及卷一百一十三，〈官氏志〉，頁2971。

〔註16〕　《魏書》，卷一，〈序紀第一〉，頁12。《北史》，卷一，〈魏本紀第一〉，頁7，所載同。

「北有沙漠，南據陰山，眾數十萬」較爲可靠。〔註 17〕當時佔據河套地區的匈奴鐵弗部劉虎及其子孫，與拓跋氏爲仇敵，因此這個時期的陰山戰爭，概與拓跋代、匈奴鐵弗部之間的衝突有關。代王什翼犍曾多次攻擊匈奴鐵弗部（見表三：戰例 6，13，15）。建國三十七年（374），什翼犍再伐劉衛辰（劉虎之孫），劉衛辰向南敗走（見表三：戰例 16）。三十八年（375），劉衛辰求援於前秦主苻堅。〔註 18〕東晉孝武帝太元元年（前秦建元十二年、代建國三十九年，376）八月，前秦苻堅於併吞前涼（都城姑臧，今甘肅武威）後，又於十月發動對拓跋代的戰爭（見表三：戰例 17，圖 29）。〔註 19〕《通鑑》晉孝武帝太元元年十至十一月條，載其作戰經過曰：

> 劉衛辰爲代所逼，求救於秦，秦王堅以幽州（今北京市附近）刺史行唐公（苻）洛爲北討大都督，帥幽、冀兵十萬擊代；使并州（今山西太原）刺史俱難、鎮軍將軍鄧羌、尚書趙遷、李柔、前將軍朱彤、前禁軍將軍張蚝、右禁將軍郭慶帥步騎二十萬，東出和龍（今遼寧朝陽），西出上郡（今山西榆林附近），皆與洛會，以衛辰爲鄉導……十一月……代王什翼犍使白部、獨孤部南禦秦兵，皆不勝，又使南部大人劉庫仁將十萬騎禦之。庫仁者，衛辰之族，什翼犍之甥也，與秦兵戰於石子嶺（今山西偏關北口外），庫仁大敗；什翼犍病，不能自將，乃帥部奔陰山之北……〔註 20〕

本作戰，前秦總兵力三十萬，步騎混合。代軍劉庫仁部爲十萬騎，白部與獨孤部則兵力不詳，但也應爲代軍「有力之一部」。因此，依據經驗，代軍對抗

〔註 17〕 《宋書》，卷九十五，〈列傳第五十五・索虜傳〉，頁 2321。馬長壽分析什翼犍時的疆域時認爲，《魏書》所云：「東自濊貊，西及破洛那，莫不款附」（見卷一，〈序紀第一〉，頁 12），恐與實際不符。時東北慕容氏勢力尚大，西方有柔然及西域各國，都不在拓跋勢力範圍之內。《通鑑》載苻堅下詔云：「索頭世跨朔北，中分區域，東賓濊貊，西引烏孫，控弦百萬，虎視雲中」（見卷一百四，〈晉紀二十六〉，孝武氏著帝太元元年十二月條，頁 3280），所謂「東賓」、「西引」，亦不可據。見前引《烏桓與鮮卑》，頁 261。

〔註 18〕 《魏書》，卷一，〈序紀第一〉，頁 16。

〔註 19〕 《晉書》，卷一百十三，〈載記第十三・苻堅上〉，頁 2898。

〔註 20〕 《通鑑》，卷一百四，〈晉紀二十六〉，孝武帝太元元年十～十一月條，頁 3277～78。筆者按，本戰《魏書》，卷一，〈序紀第一〉，頁 16；及《北史》，卷一，〈魏本紀第一〉，頁 9；所載之意均同，但較簡略，筆者爲分析戰爭，姑引《通鑑》。又，《晉書》，卷一百一十三，〈載記第十三・苻堅傳上〉，頁 2898，所載亦同，惟「什翼犍」作「涉翼犍」。

前秦，攻雖不足，守應有餘。〔註21〕但在實戰中，代軍卻戰敗而失去陣地，幾乎被殲，筆者認爲其原因大約有三：其一，代軍在防禦戰鬥中，兵力分割運用，逐次投入決戰，未能發揮統合戰力，予敵各個擊破之機。其二，決戰時未控留「**預備隊**」，致戰敗後無應變兵力可用。其三，由盛樂之南的兩軍接觸線至白道南口，僅約一百公里，概爲騎兵一日推進之距離，而以此背對地障作戰之有限縱深，勢無法滿足大軍實施「**數地持久**」與「**有效反擊**」時之需求空間；要之，亦只能有限度的「**一地持久**」。

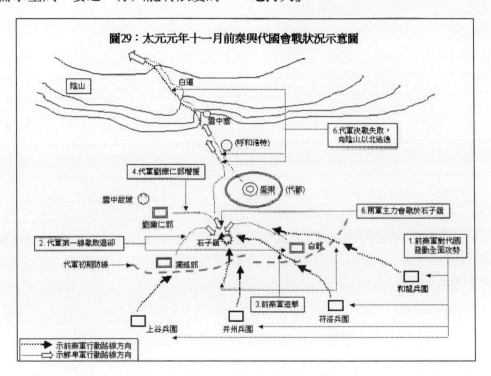

不過值得注意的是，優勢之前秦大軍，僅採取由南向北正面壓迫式的攻擊，而無「**翼側**」攔截之積極作爲，故使得代軍雖然戰敗，代王什翼犍仍能通過白道向陰山以北退卻，未遭殲滅。如果在本作戰過程中，前秦大軍主力在盛樂以南正面壓迫代軍之同時，又能派遣一部以白道爲「**攔截點**」，迂迴側擊，則代軍即有被包圍殲滅於陰山以南地區之可能。故前秦軍雖勝，但在野戰用兵作爲上，卻無足稱述。

〔註21〕筆者按：根據三軍大學戰爭學院野戰戰略教材：在「內線作戰」中，大軍取守勢之方面，其兵力最低限度應有敵攻勢兵團之 40%；取攻勢之方面，則不得低於敵守勢兵團之 120%。

　　十二月，代王什翼犍又復還雲中，爲其子寔君所殺，國中大亂。〔註 22〕於是秦軍乘機滅其國，並以河爲界，分代民爲二部，東屬劉庫仁，西歸劉衛辰。〔註 23〕本戰之後，拓跋氏勢力衰落，陰山一帶由二劉共治，呈現權力均勢，而兩人「素有深仇」，〔註 24〕因此互相攻擊（見表三：戰例 18），力量抵消，陰山地區乃暫無強權出現。本戰之影響有二，一是對漠北（柔然之崛起），一是對北中國（推動肥水之戰）；析論如下：

一、柔然之崛起

　　柔然是北魏時期的漠北強族，也是北魏之最大邊患。據《魏書·蠕蠕傳》記載，柔然在神元（拓跋力微）之末，本爲拓跋氏之騎奴，至車鹿會時期，始有部眾，但仍役屬於代。後來其部一分爲二，吾人由什翼犍死（即代亡）時，其居西之縕紇提部改附於劉衛辰，可知其實力尚弱。但柔然於晉孝武帝太元十六年（北魏登國六年，391）開始，經拓跋魏多次越漠攻擊，遭受甚大損傷而遠走漠北之後，仍能侵高車、并拔也稽，「號爲強盛」，成爲「其西則焉耆之地，東則朝鮮之地，北則渡沙漠，窮瀚海，南則臨大磧」之強權；〔註 25〕可知其在北魏登國初年，已具相當實力。筆者判斷，柔然之興起，當在拓拔失國、漠北權力眞空的十年之間（376～386）。此「前秦滅代之戰」造成之影響一也。

〔註 22〕《魏書》，卷一，〈序紀第一〉，頁 16。《北史》，卷一，〈魏本紀第一〉，頁 9，所載同。惟有關什翼犍之死，前者載：「帝崩」，後者載：「皇子寔君作亂，帝暴崩」。《通鑑》載：什翼犍爲其庶長子寔君所殺（見卷一百四，〈晉紀二十六〉，孝武帝太元元年十二月條，頁 3278）。馬長壽認爲《通鑑》所載正確（見《烏桓與鮮卑》，頁 262），從之。而《晉書》所載：「其子翼圭縛父請降」（見卷一百一十三，〈載記第十三·符堅傳上〉，頁 2898）；及《宋書》所載：「爲符堅所破，執還長安。」（見卷九十五，〈列傳第五十五·索虜傳〉，頁 2321）則均可能偏離事實，不可從。又，勞榦認爲：《晉書·符堅載記》謂什翼犍爲珪所執，「珪」實爲「寔君」之誤，而什翼犍當爲獻明（即「寔」，亦即「寔君」）執送符堅（見前引《魏晉南北朝史》，頁 56），但此已非本文之欲論。

〔註 23〕《通鑑》，卷一百四，〈晉紀二十六〉，孝武帝太元元年十二月條，頁 3279。筆者按，《魏書》載：「堅軍既還，國眾離散，堅使劉庫仁、劉衛辰，分攝國事」（見卷二，〈太祖紀第二〉，頁 19），《北史》所載全同（見卷一，〈魏本紀第一〉，頁 10），未提及地境劃分，今從《通鑑》。筆者以爲，此河或指北河（今內蒙烏加河由北轉南段）。

〔註 24〕什翼犍死後，代王左長史燕鳳請於符堅曰：「……其別部大人劉庫仁勇而有智，鐵弗衛辰狡猾多變，皆不可獨任，宜分諸部爲二，令此兩人統之。兩人素有深讎，其勢莫敢先發，此禦邊之良策。」見《魏書》，卷二十四，〈列傳第十二·燕鳳傳〉，頁 610。

〔註 25〕《魏書》，卷一百三，〈列傳第九十一·蠕蠕傳〉，頁 2289～91。

二、推動肥水之戰

「肥水之戰」是中國歷史上一場重要的南北戰爭，前秦主苻堅發動這場戰爭動力之一，可能就是來自代國滅亡之後，在無後顧之憂的的狀況下，興起一統天下之志的戰略思考。《晉書・苻堅傳》載晉孝武帝太元七年（382）十月苻堅引群臣會議，曰：「吾統承大業垂二十載，芟夷逋穢，四方略定，惟東南一隅未賓王化。吾每思天下不一，未嘗不臨食輟餔，今欲起天下兵以討之。」〔註26〕可見苻堅於底定北方之後，已有一統中國之志，而其所謂「四方略定」，主要應指收服前燕、前涼、代與西域諸國而言。尤其是滅代之後，北方二劉共治，相互牽制，形成陰山地區的「戰略平衡」，使前秦無後方安全上的顧慮，而能投注最大兵力於對南方東晉政權之作戰上。如果將「肥水之戰」視爲苻堅自訂完成中國統一的最終戰略目標，則 376 年的滅代之戰，就是其統一中國全程戰略構想中的一個主要「中間目標」；因此吾人或許可以說，前秦之滅代，強化了苻堅對東晉用兵之決心，應是「肥水之戰」的序戰。此「前秦滅代之戰」影響二也。

第二節　晉孝武帝太元二十年「參合陂之戰」

東晉孝武帝太元八年（383）肥水戰後，前秦實力大衰，太元十年（385）苻堅爲姚萇所殺。〔註27〕苻堅死後，原來在前秦統治下的各部族，紛紛乘機建立政權，北中國又陷入割據分裂局面。其中鮮卑慕容氏在今河北、山東、山西及遼西地區建立後燕，羌族豪帥姚萇在今陝西關中地區建立後秦，鮮卑乞伏部在今甘肅蘭州以東地區建立西秦，氐人呂光在今河西走廊建立後涼。〔註28〕在以上建立的政權中，以後秦與後燕較爲強大。後秦主姚萇殺苻堅後，於太元十一年（386）在長安稱帝，改元建元，國號大秦。〔註29〕後燕之創建者爲慕容垂，

〔註26〕《晉書》，卷一百一十四，〈載記第十四・苻堅傳下〉，頁2911。惟《通鑑》，卷一百四，〈晉紀二十六〉，孝武帝太元七年十月條，頁3301，載曰：「自吾（苻堅）承業，垂三十載」；同頁胡注云：「堅以升平元年自立，至是凡二十六年」。又按《晉書》，卷一百二十三，〈載記第二十三・慕容垂傳〉，頁3084，載苻堅報慕容垂書，有云：「君臨萬邦，三十年矣」。此「二十」，當作「三十」。

〔註27〕《晉書》，卷一百一十四，〈載記第十四・苻堅傳下〉，頁2929。

〔註28〕各國位置，見譚其驤《中國歷史地圖集》，第四冊，《東晉・十六國・南北朝時期》，頁13～14。

〔註29〕《晉書》，卷一百一十六，〈載記第十六・姚萇傳〉，頁2967。

其於肥水戰後與苻堅決裂，太元九年（384）自稱燕王，十一年亦稱帝，都中山（今河北定縣），年號建興，「盡有幽、冀、平州之地」。〔註30〕其後，又擊滅丁零族之翟遼於滑臺（今河南滑縣東），及稱帝之西燕鮮卑貴族慕容永於長子（今山西長子西），〔註31〕逐漸恢復了前燕時期的版圖，勢力臻於全盛，儼然成為當時北中國之最大強權。

太元十年（385）十二月，就在前秦瓦解，北中國新勢力重新組合的時候，原代王什翼犍之嫡孫拓跋珪，也在其從祖紇羅與其弟拓跋建及諸部大人賀訥共同推舉之下，成為拓跋鮮卑之新主，開始推動復國運動。〔註32〕太元十一年（386）正月，拓跋珪大會諸部於牛川（今內蒙烏蘭察布盟塔布河），即代王位，改元登國，復居於定襄之盛樂（今內蒙和林格爾西北土城子）。

同年四月，拓跋珪改稱魏王，拓跋氏自此即以魏為國號。〔註33〕拓跋珪即魏王位後，即積極向外擴張。登國二年（387），破劉顯（劉庫仁子）於馬邑，盡收其部。三年（388），破庫莫奚於弱落水南。四年（389），襲高車，破吐突鄰部於女水。五年（390），賀蘭等三部與紇突鄰、紇奚均降。六年（391），破柔然及匈奴劉衛辰部，河南諸部皆服（以上戰爭，見表三：戰例19～23）。〔註34〕於是拓跋氏國力大增，逐漸對慕容燕形成威脅，兩國關係遂開始緊張。

鮮卑慕容氏與拓跋氏「世為婚姻」，〔註35〕故於拓跋珪復國建魏之初，燕主慕容垂曾支持拓跋珪破窟咄（拓跋珪之叔）、劉顯，及征服獨孤、賀蘭諸部。〔註36〕慕容垂原本是想扶植拓跋氏做為其控制塞北諸部的附屬國家，但拓跋氏野心勃勃，一直刻意維持著自己的獨立地位，且私底下有「圖燕之志」。〔註37〕

〔註30〕《晉書》，卷九十五，〈列傳第八十三・慕容垂傳〉，頁2066。

〔註31〕《晉書》，卷九十五，〈列傳第八十三・慕容垂傳〉，頁2066～67。有關慕容永之稱帝，見《晉書》，卷九十五，〈列傳第八十三・慕容永傳〉，頁2064。

〔註32〕《魏書》卷十四，〈神元平文諸帝子孫列傳第二・紇羅傳〉，頁345。《通鑑》，卷一百六，〈晉紀二十八〉，孝武帝太元十年十二月條，頁3357，所載略同。有關拓跋氏復國以前之環境與狀況，可參王吉林〈元魏建國前的拓跋氏〉，刊於《史學彙刊》，8期，1977年8月。

〔註33〕《魏書》，卷二，〈太祖紀第二〉，頁20。

〔註34〕《魏書》，卷二，〈太祖紀第二〉，頁21～24。

〔註35〕北魏昭成與道武之皇后皆為慕容氏。見《魏書》，卷十三，〈皇后列傳第一〉，頁323及325。

〔註36〕《魏書》，卷二，〈太祖紀第二〉，頁21及23。

〔註37〕《魏書》，卷十五，〈昭成子弟列傳第三〉，附〈衛王儀傳〉，頁370，載：「太祖將圖慕容垂」。《通鑑》，卷一百七，〈晉紀二十九〉，孝武帝太元十三年（388）

拓跋珪在與後燕聯合擊敗窟咄之後，拒絕接受慕容垂所封之西單于、上谷王等名號。〔註38〕又於雙方再次聯兵破劉顯之後，拓跋珪外朝大人王健見燕主時，「辭色高亢」，〔註39〕在在皆有與燕分庭抗禮之意。初時，慕容垂對北魏的意圖與行動，並無警覺，亦乏認識，直到後來慕容垂年老，由子弟執掌朝政，雙方關係才開始破裂，進而引發戰爭。《魏書·拓跋觚傳》載曰：

> （觚）使於慕容垂，垂末年，政在群下，遂止觚以求賂，太祖（珪）
> 絕之。〔註40〕

《通鑑》孝武帝太元十六年（391）七月條，亦載曰：

> 魏王珪遣其弟觚獻見於燕，燕主垂衰老，子弟用事，留觚以求良馬，
> 魏王珪弗與，遂與燕絕。〔註41〕

由以上燕魏關係發展看來，兩國交惡其來有自，因拓跋氏逐漸強大而造成的區域「權力衝突」應是源頭，「求賂」或「索馬事件」只是導火線。晉孝武帝太元二十年（後燕建興十年，北魏登國十年，395）甲戌（六月二十六日），〔註42〕燕主慕容垂「遣其子寶與慕容麟等帥眾八萬伐魏，慕容德、慕容紹以步騎一萬八千為寶後繼」，兩國終於爆發戰爭（見表三：戰例24，圖30）。〔註43〕《魏書·慕容垂傳》載其作戰經過曰：

> （登國）十年，垂遣其子寶來寇。時太祖（魏王拓跋珪）幸河南宮，
> 乃進師臨河，築臺告津，奮揚威武……是時陳留公虔五萬騎在河東，
> 要山截谷六百餘里，以絕其左；太原公儀十萬騎在河北，以承其後；
> 略陽公遵七萬騎塞其南路。太祖遣捕寶中山行人，一二略盡，馬步
> 無脫……始寶之來，垂已有疾，自到五原，太祖斷其行路，父子問

八月條，頁3385，載：拓跋珪「陰有圖燕之志」。

〔註38〕《魏書》，卷二，〈太祖紀第二〉，頁21。《通鑑》，卷一百六，〈晉紀二十八〉，孝武帝太元十一年（386）十二月條，頁3372，載同。

〔註39〕《魏書》，卷三十，〈王健傳〉，頁709。王健為「外朝大人」，見同書〈太祖紀第二〉，頁22。

〔註40〕《魏書》，卷十五，〈昭成子孫列傳第三〉，附〈拓跋觚傳〉，頁374。

〔註41〕《通鑑》，卷一百七，〈晉紀二十九〉，孝武帝太元十六年（391）七月條頁3400。與所載：「（觚）使於慕容垂，垂末年，政在群下，遂止觚以求賂，太祖（拓跋珪）絕之」，義同。

〔註42〕筆者按，該年五月無「甲戌日」，六月則有，為二十六日（見前引方詩銘《中國史曆日和中西曆日對照表》，頁337）。《通鑑》，卷一百八，〈晉紀三十〉，孝武帝太元二十年，頁3421，載為五月，有誤。

〔註43〕《晉書》，卷一百二十三，〈載記第二十三·慕容垂傳〉，頁3089。

絕。太祖乃詭其行人之辭,令臨河告之曰:「汝父已死,何不遽還!」兄弟聞之,憂怖,以爲信然。於是士卒駭動,往往間言,皆欲爲變……冬十月,寶燒船夜遁。是時,河冰未成,寶謂太祖不能渡,故不設斥候。十一月,天暴風寒,冰合。太祖進軍繼河,留輜重,簡精銳二萬餘騎急追之,晨夜兼行,暮至參合陂西。寶在陂東,營於蟠羊山南水上。靳安言之於寶曰:「今日西北風勁,是追軍將至之應,宜設警備,兼行速去,不然必危。」寶乃使人防後。先不撫循,軍無節度,將士莫爲盡心,行十餘里,便皆解鞍寢臥,不覺大軍在近。前驅斥候,見寶軍營,還告。其夜,太祖部分眾軍相援,諸將羅落東西,爲掎角之勢。約勒士卒,束馬口,銜枚無聲。昧爽,眾軍齊進,日出登山,下臨其營。寶眾晨將束引,顧見軍至,遂驚擾奔走。太祖縱騎騰躡,大破之。有馬者皆蹶倒冰上,自相鎮壓,死傷者萬數。寶及諸父兄弟,單馬迸散,僅以身免。於是寶軍四五萬人,一時放仗,束手就羈矣,其遺迸去者不過千餘人。〔註44〕

本戰經過之時間,據《通鑑》所載:慕容寶「十月辛未(二十五日),燒船夜遁」,拓跋珪「十一月己卯(十一月三日)」渡河追擊,「丙申(十一月十日)」兩軍在參合陂會戰,燕軍幾乎全軍被殲。〔註45〕由此可以計算出,自慕容寶六月下旬向魏地戰略機動,至十一月上旬於參合陂附近被魏軍擊滅,本戰役約歷時五個月。

　　筆者以爲,燕軍之敗,其關鍵因素應是師老兵疲,加上退卻時疏忽後方警戒,遭魏軍奇襲所致;而後燕軍無節度,對天候變化缺乏警覺,也是重要原因。據《晉書·慕容垂傳》所載,會戰前慕容寶派遣「防後」者,爲慕容麟的三萬騎,兵力超過魏軍追擊兵團,但其只在附近「解鞍寢臥」與「縱騎遊獵」,並未盡到警戒責任,故形同虛設,會戰時竟成戰場游兵。〔註46〕

〔註44〕《魏書》,卷九十五,〈列傳第八十三·慕容垂傳〉,頁 2067〜68。同書卷二,〈太祖紀第二〉,頁 26〜27,所載概同。

〔註45〕《通鑑》,卷一百八,〈晉紀三十〉,孝武帝太元二十年五至十一月條,頁 3421〜24。

〔註46〕《魏書》,卷九十五,〈列傳第八十三·慕容垂傳〉,頁 2068;及《晉書》,卷一百二十三,〈載記第二十三·慕容垂傳〉,頁 3089。又,《十六國春秋輯補傳》,卷四十四,〈後燕·慕容垂傳〉,頁 346(收入《晉書》);冊六;及《通鑑》,卷一百八,〈晉紀三十〉,孝武帝太元二十年十一月條,頁 3424,均載慕容麟以三萬騎殿後,縱騎遊獵一事。

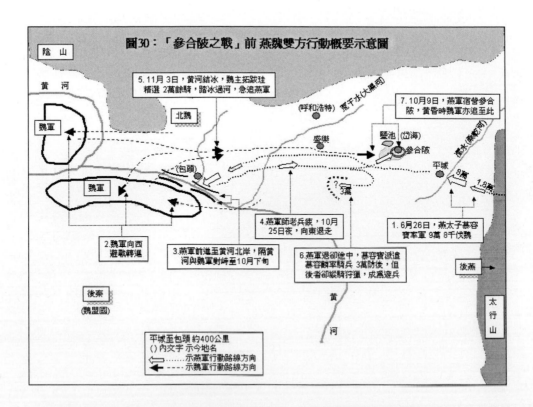

圖30：「參合陂之戰」前 燕魏雙方行動概要示意圖

會戰結束之後，被俘之燕軍四五萬人，除少數「有才用者」爲拓跋珪留爲己用外，餘「盡阬之」；〔註47〕此對後燕而言，實是有生戰力上的重大折損。魏軍之勝，則在追擊行動迅速，與大軍在會戰前一日入夜後，部隊指揮、掌握、協調、管制之確實。而兩萬餘騎魏軍能在此複雜起伏地形中，有條不紊地展開、分進與接敵，最後發起拂曉奇襲，則除訓練與紀律因素外，亦可能與拓跋珪出生於參合陂，熟悉附近地形有關。〔註48〕不過，魏軍在十一月十日晨發起拂曉攻擊時，還有一項卓越的戰場作爲，爲其能創造殲滅戰果的關鍵，那就是常山王元（拓跋）遵七百騎「特遣隊」的側背攻擊（如圖31示意）。《魏書‧常山王遵傳》載曰：

　　常山王遵……賜爵略陽公。慕容寶之敗也，別率騎七百，邀其歸路，

〔註47〕《通鑑》，卷一百八，〈晉紀三十〉，孝武帝太元二十年十一月條，頁3424。筆者按，或因時忌，《魏書》中未載拓跋珪阬俘之事，但在卷十四，〈神元平文諸帝子孫列傳第二‧素延傳〉，頁347，有載：「太祖意欲撫悅新附，悔參合之誅」；可見確有參合阬俘其事。

〔註48〕《魏書》，卷二，〈太祖紀第二〉，頁19。又，本戰場筆者於民87年6月曾現地勘察，發現附近山地起伏，地形複雜，有利隱蔽與掩蔽，但不利大軍越野機動。

由是有參合之捷。〔註49〕

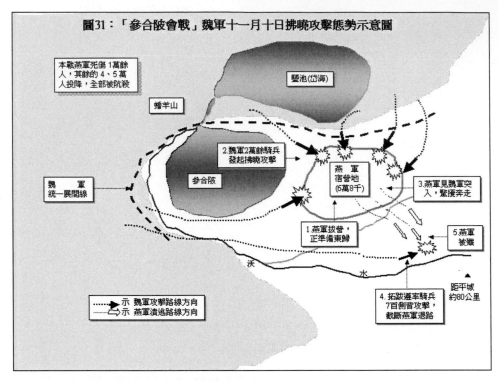

圖31：「參合陂會戰」魏軍十一月十日拂曉攻擊態勢示意圖

前已提及，參合陂一直到北魏末年，都還是一個周圍七八十里的大波潭；故當時可視為一個野戰階層的小型地障。十一月十日晨，魏軍追擊兵團主力由蟠羊山縱騎而下的進攻行動，是典型的「正面攻擊」；在這種攻擊方式之下，縱收奇襲之效，部分燕軍仍有沿補給線退走之機，不致全軍就殲。

惟元（拓跋）遵所率之「側面攻擊」兵力雖僅七百騎，但卻能利用參合陂迂迴前進，適時攔截燕軍退路，此與「正面攻擊」的主力相配合，才造成了全殲燕軍之戰績。換言之，在「參合陂會戰」中，因元遵之迂迴側背攻擊，使魏軍完成了由「戰術包圍」到「戰場會師」的殲滅戰全過程與結果。而此七百騎，猶七萬騎也，迂迴側背攻擊之相乘戰力，本戰得到驗證。《孫子·兵勢》曰：「以正合，以奇勝」，就是這個道理。

「參合陂之戰」原為慕容燕進攻拓跋魏的一場戰爭，但燕軍無功而退，反被魏軍果敢之「戰略追擊」及適時之「側背攻擊」所擊滅。本戰變動北邊

〔註49〕《魏書》，卷十五，〈昭成子孫列傳第三〉，附〈常山王遵傳〉，頁374。《北史》，卷十五，〈列傳第三·魏諸宗室〉，附〈常山王遵傳〉，頁565～66，全同。

戰略環境，打破兩國原來國力的優劣對比，從此魏盛燕衰，拓跋鮮卑勢力開始由陰山地區進入中原，最後統一北中國，建立起一個強大穩定的北魏政權；而陰山以南的大黑河至桑乾河流域，也就成了此後約一個半世紀的北中國「核心區」。

故「參合陂之戰」，對拓跋鮮卑而言，是能由「小權」擴張為「帝國」的關鍵；對中國歷史發展而言，更是結束五胡十六國分裂局面，進入南北朝時期的重要戰爭。不過，在拓跋鮮卑進軍中原的過程中，一開始在進攻後燕時即遭遇堅強抵抗，戰爭由北魏道武帝皇始元年（396）八月，一直延續至二年（397）十月才結束，整整進行了一年三個月；〔註50〕此或亦可視為拓跋珪參合陂「阬俘」所造成之負面效應。

第三節　北魏太武帝神䴥二年「栗水之戰」

拓跋珪平定後燕後，於晉安帝隆安二年（北魏天興元年，398）六月，詔有司議定國號，仍採先號，以為魏焉。七月，由盛樂遷都平城，始營宮室，建宗廟，立社稷。十二月，拓跋珪稱帝，是為北魏道武帝。〔註51〕不過，北魏統一北方的大業，一直到第三位皇帝——太武帝拓跋燾手中才完成。拓跋燾算得上是一位雄才大略的領袖人物，有與南朝爭天下之志。即位之初，已大致底定北中國，惟仍有北邊的柔然與西鄰的赫連夏未平。前者如芒刺在背，後者如尖刃抵腰，都是北魏爾後向南進出與南朝作戰時的潛在威脅；站在安全立場，均須加以排除。

但基於「內線作戰」避免同時爭取多個目標的用兵原則，太武帝乃決定在柔然與赫連夏兩者之間，選擇一個優先擊滅的目標。始光三年（426）六月，太武帝就此優先目標選定問題，徵詢朝臣意見。《魏書·長孫嵩傳》載曰：

> 詔問公卿，赫連（夏）、蠕蠕征討何先。嵩與平陽王長孫瀚、司空奚斤等曰：「赫連居土，未能為患，蠕蠕世為邊害，宜先討大檀。及則收其畜產，足以富國；不及則校獵陰山，多殺禽獸，皮肉筋角，以充軍實，亦愈於破一小國。」太常崔浩曰：「大檀遷徙鳥逝，急追則

〔註50〕《魏書》，卷二，〈太祖紀第二〉，頁27～31。
〔註51〕《魏書》，卷二，〈太祖紀第二〉，頁31～34。

> 不足經久，大眾則不能及之。赫連屈丐，土宇不過千里，其刑政殘
> 虐，人神所棄，宜先討之。」尚書劉潔、武京侯安原請先平馮跋。
> 帝默然，遂西巡狩。〔註52〕

當時大臣們意見不一，曾為此激辯，最後太武帝決定先擊滅西面佔據鄂爾多
斯高原及陝北高地一帶地區的夏國後，再依狀況轉移兵力，進攻柔然。同月，
夏世祖赫連屈丐去世，諸子相圖，太武帝見機不可失，乃於十月丁巳（十一
日）親率大軍由平城出發，進攻赫連。〔註53〕次年（427）六月，北魏攻破夏
都統萬城（今陝西靖邊東北白城子），夏主赫連昌奔上邽（今甘肅天水）。乙
巳（六月三日），太武帝車駕入統萬城；《魏書・世祖紀》載魏軍戰果曰：

> 虜昌弟及諸母、姊妹、妻妾、宮人數萬，府庫珍寶車騎旗器物不可
> 勝計。擒昌尚書王買、薛超等及司馬德宗將毛脩之、秦雍人士數千
> 人，獲馬三十餘萬匹，牛羊數千萬。〔註54〕

神䴥元年（428），北魏擒夏主赫連昌。狀況發展至此，雖然稍後「夏大將軍・
領司徒・平原王定（赫連昌弟）收其餘眾數萬，奔還平涼（今甘肅平涼南），
即皇帝位」，〔註55〕夏國名義上還存在，但國力殘破，對北魏已不具威脅。
就在北魏大致戡定黃土高原及隴西一帶，翼側安全獲得保障之後，太武帝接
著又在神䴥二年（429）發動對柔然的戰爭，以進一步消除後方所遭受的威
脅（見表四：戰例 3，圖 32）。本戰歷時約五個月，但因兩軍第一次遭遇於
栗水（今外蒙翁金河）附近，故筆者姑以「栗水之戰」名之。《魏書・蠕蠕
傳》載其經過曰：

> 二年四月，世祖練兵於（平城）南郊，……車駕出東道向黑山（今內
> 蒙巴林右旗之北罕山），平陽王長孫翰從西道向大娥山（今地不詳），
> 同會賊庭（今外蒙哈爾和林北）。五月，次於沙漠南，舍輜重輕襲之，
> 至栗水，大檀眾西奔。弟匹黎先典東落，將赴大檀，遇翰軍，翰縱騎
> 擊之，殺其大人數百。大檀聞之震怖，將其族黨，焚燒廬舍，絕跡西

〔註52〕《魏書》，卷二十四，〈列傳第十三・長孫嵩傳〉，頁644；《北史》，卷二十二，
〈列傳第十・長孫嵩傳〉，頁806所載略同。又，有關太武帝「詔問公卿」之
時間，見《通鑑》，卷一百二十，〈宋紀二〉，文帝元嘉三年六月條，頁3786。

〔註53〕《魏書》，卷四上，〈世祖紀第四上〉，頁71。《通鑑》，卷一百二十，〈宋紀二〉，
文帝元嘉三年六月及十月條，頁3788，所載同。

〔註54〕《魏書》，卷四上，〈世祖紀第四上〉，頁72～73。

〔註55〕《通鑑》，卷一百二十一，〈宋紀三〉，文帝元嘉五年二月條，頁3799～800。

走，莫知所至。於是國落四單散，竄伏山谷，畜產布野，無人收視。
世祖緣栗水西行，過漢將竇憲故壘。六月，車駕次於菟園水，去平城
三千七百里。分軍搜討，東至瀚海，西接張掖水，北渡燕然山，東西
五千餘里，南北三千里。高車部諸部殺大檀種類，前後歸降三十餘萬，
俘獲首虜及戎馬百餘萬匹。八月，世祖聞東部高車屯巳尼陂（今貝加
爾湖），人畜甚眾，去官軍千餘里。遂遣左僕射安原等往討之。暨巳
尼陂，高車諸部望軍降者數十萬。〔註56〕

柔然之強盛，一部分是靠著高車部落的依附。本次作戰北魏能收服高車，對
瓦解柔然的部落聯盟，削弱其戰力而言，當具有一定成效。本戰之時間，拓
跋燾選定由春至夏，此正是游牧民族「散眾放畜」，及「牡馬護群，牝馬戀駒，
驅馳難制」的馬匹繁殖哺乳季節，〔註57〕戰力脆弱，故能掩其不備、擊其無
鬥，獲得豐碩戰果。但是，本戰役太武帝原來的戰略構想是要「同會賊庭」，
與長孫兵團圍殲柔然有生戰力；也就是東、西兩路兵團分進合擊，對柔然可
汗庭造成包圍態勢，迫其主力決戰而擊滅之。但是事實上，魏軍雖然虜獲甚
豐，但卻未能達成迫敵決戰與追殲敵軍的預期戰略目標，故就野戰用兵立場
言，實不能算是一次成功的「外線作戰」行動，此亦可見大軍渡漠作戰之困
難。《魏書・崔浩傳》記載太武帝追擊柔然時錯失戰機的經過曰：

世祖沿弱水（應是栗水之誤）西行，至涿邪山，諸大將果疑深入有伏
兵，勸世祖停止不追……後有降人，言蠕蠕大檀先被疾，不知所為，
乃焚燒穹廬，科車自載，將數百人入山南走，民畜窨聚，方六十里中，
無人統領。相去百八十里，追軍不至，乃徐徐西遁，唯此得免。後聞
涼州賈胡言，若復前行二日，則盡滅之矣。世祖深恨之。〔註58〕

本戰之用兵作為固無可稱述，但戰爭本身仍有其影響：其一，北魏虜獲了柔
然與高車人口數十萬與戎馬百餘萬匹，大大提升了北魏的國力，對其日後統
一北方及對南朝之作戰，具有甚大助益。

〔註56〕《魏書》，卷一百三，〈列傳第九十一・蠕蠕傳〉，頁2293。又，七月魏帝已返
　　　　回漠南（見《魏書》，卷四上，〈世祖紀第四上〉，頁75），聞東部高車在巳尼
　　　　陂，人畜甚眾，將遣擊之。諸將皆以為難，魏帝不從，遣駕部尚書安原率萬
　　　　騎討之（《魏書》，卷三十，〈列傳第十八・安同傳〉，附〈安原傳〉，頁714）。
　　　　故八月擊高車之兵力，應是由漠南出發。
〔註57〕《魏書》，卷三五，〈列傳第二十三・崔浩傳〉，頁815～18。
〔註58〕《魏書》，卷三五，〈列傳第二十三・崔浩傳〉，頁818。

其二，拓跋燾引兵東還平城時，「列置新民於漠南，東至濡源，西暨五原、陰山竟，三千里」，這就是北魏「六鎮」的起源。〔註59〕而對照明元帝泰常八年（423）之「築長城於長川之南，……延袤二千餘里，備置戍衛」，〔註60〕北魏「北守南攻」之國防政策，至此應告確定矣！

不過，「栗水之戰」北魏雖然獲得豐碩戰果，但卻未能達到征服柔然目的，這可能與傳統南方大軍渡漠作戰之特質與限制因素有關（見第八章析論）。本戰之後，柔然戰力固大受折損而衰落，並遣使朝貢北魏，兩國和親，北邊出現和平局面。〔註61〕但這樣的和平，只維持了七年，北魏太延二年（436）柔然「絕和犯塞」，又開始劫掠南方。

筆者統計，至宣武帝正始元年（504）柔然入寇沃野、懷朔止，其一共對魏邊進攻了17次，平均4年一次（見表十：戰例9～25）。惟此後柔然因內部權力鬥爭激烈，再加上與高車之間戰爭不已，力量開始衰落；〔註62〕故除正

〔註59〕《魏書》，卷四上，〈世祖紀第四上〉，頁75。又，《通鑑》，卷一百二十一，〈宋紀三〉，文帝元嘉六年十月條，頁3812，載：「徙柔然、高車降附之民於漠南，東至濡源（今河北豐寧西北），西暨五原、陰山三千里中，使之耕牧，而收其貢賦，命長孫翰、劉潔（絜）、安原及侍中代人古弼同鎮之」，略同。另，嚴耕望亦謂：「有六鎮東西一線排列，自東而西數之，曰沃野，曰懷朔，曰武川，曰撫冥，曰柔玄，曰懷荒；其建置在太武帝時代，蓋以鎮撫邊疆高車降俘也。」見前引嚴耕望《唐代交通圖考》，頁1773。

〔註60〕《魏書》，卷三，〈太宗紀第三〉，頁63。

〔註61〕《魏書》，卷一百三，〈列傳第九十一·蠕蠕傳〉，頁2294。

〔註62〕自孝文帝太和九年（485）豆崙立爲柔然可汗後，柔然即因內鬥而國力逐漸衰退，雖屢有犯邊行動，但亦只是一些小規模之劫掠作戰，對北魏似乎已不具太大威脅性（見表十：戰例20～25）。有關柔然當時之「內部環境」，《魏書》，卷一百三，〈列傳第九十一·蠕蠕傳〉，頁2296～97，載曰：「（太和）九年……豆崙立……性殘暴好殺，其臣……石洛侯以忠言諫之……勿侵中國。豆崙怒……殺之，夷其三族……十六年八月……部內高車阿伏至羅率眾十餘萬落西走，自立爲王。豆崙與叔父那蓋爲二道追之……豆崙頻爲阿伏至羅所敗，那蓋累有勝捷……眾乃殺豆崙母子……那蓋乃襲位……那蓋死，子伏圖立……正始三年（506），伏圖遣使紇奚勿六跋朝獻，請求通和。世宗不報其使，詔有司敕勿六跋曰：『蠕蠕遠祖社崙是大魏叛臣，往者包容，暫時通使。今蠕蠕衰微……通和之事，未容相許……』……伏圖西爭高車，爲高車王彌俄突所殺，子醜奴立……（孝明帝）熙平元年（516），西征高車大破之，禽其王彌俄突，殺之……」。又，孝明帝正光元年（520），高車阿伏至羅又侵柔然，醜奴戰敗，歸還時爲其母及大臣所殺，改立醜奴弟阿那瓌爲可汗。（見《魏書》，卷一百三，〈列傳第九十一·蠕蠕傳〉，頁2298）。其後，柔然爲爭可汗位，爆發內戰。阿那瓌爲其族兄示發所敗，阿那瓌奔北魏，被

光四年（523）之大饑而入塞抄寇外，又十餘年不見其劫掠作戰。筆者以爲，柔然此階段之衰落，表面上看是權力鬥爭及與對高車戰爭之結果，但實際上應是北魏歷次渡漠戰爭對柔然造成損傷之「累積效應」所致。

按北魏除道武帝建國以來至「栗水之戰」的 7 次渡漠作戰外（見表十一：戰例 13～19），從太武帝太延四年（438）至孝文帝時期，又一共向漠北出擊了 5 次（見表十一：戰例 20～24）。北魏在這 12 次的渡漠作戰中，曾大量掠奪人口、畜產，其對柔然、高車等北方草原游牧民族經濟、社會、政治、心理所造成之損傷與影響，是十分巨大的；而「栗水之戰」就是其中最嚴重的一次。

本戰另一值得研究的問題，就是北魏在對北族作戰及戰果處理上所顯示的重要意義。前已析論，漢武帝時期對匈奴之作戰，是採取一種「相對消耗」的作戰模式，而觀察北魏對柔然、高車等漠北民族之作戰，其所採取之作戰方式，卻是與游牧民族相同的「劫掠模式」。所以出現這種差異，則可能與其「滲透王朝」的特質有關。〔註63〕

所謂「滲透王朝」，是西方學者 K. A. Wittfogel 所提出，係指草原游牧民族在「農業優勢區」所建立的「農牧併有型」政權而言。根據日人村上正二的解釋，這種政權之最大特色，乃是因爲畜牧文化與農耕文化短時間還無法融合，故而企圖讓兩者相互併存；北魏即是在這種意義之下的游牧社會和農耕社會對立且一時樹立起的政權型態。而北魏爲了加速游牧文化與農業文化

封爲朔方郡公‧蠕蠕王。二年正月，阿那瓌從父兄俟力發婆羅門率數萬人入討示發，示發戰敗，走奔地豆于，爲其所殺，眾遂推婆羅門爲主。二月，孝明帝遣使往喻婆羅門迎阿那瓌復藩之意，婆羅門殊自傲慢，阿那瓌得報，慮不敢回。五月，婆羅門爲高車所逐，阿那瓌才得以歸（表四：戰例 18，及《魏書》，卷一百三，〈列傳第九十一‧蠕蠕傳〉，頁 2298；柔然與高車交戰狀況，亦見同傳附〈高車傳〉，頁 2308～12 所載）。

〔註63〕 征服（Conquest）與滲透（Infiltration）王朝，係指北亞草原游牧民族在中國建立的政權而言。西方學者魏特福格（K.A.Wittfogel）將秦漢到清，分爲兩大部分排比。一是典型的中國朝代，包括秦漢、南朝與北方的中國朝廷（如曹魏、西晉），以及隋、唐、宋、明等。一是征服與滲透王朝，包括北魏及其前後的北方少數民族朝廷，以及遼、金、元、清等朝代；兩部分各佔五個時期。見 K. A. Wittfogel and Feng Chia-Sheng, "*History of Chinese Society：Liao, Philadelphia*", 1949，pp.24～25；及前引王明蓀師《中國民族與北疆史論》，頁 5～6。又，日人田村實造在研究中國游牧王朝與征服王朝時，也提及魏氏理論，並認爲兩者實爲中國歷史的一環。而匈奴、鮮卑、柔然、突厥與回鶻概屬游牧王朝爲，民族移動時期，其後則爲征服王朝時期。見其《中國征服王朝の研究》，第三節，〈游牧王國の發展と衰亡〉，京都：東洋史研究會，1967（昭和四十二年），頁 13～25。

的一體化，也像征服羅馬帝國的日耳曼法蘭克王朝防止更未開化的日耳曼蠻族侵入一樣，遮斷文化水準較低之柔然族侵入。〔註64〕村上正二從文化角度觀察北魏自進入北中國以來，也認爲拓跋鮮卑一方面努力朝向農業文化調適，一方面也還相當程度地保留了游牧民族的本質。

這種現象，前者表現在道武帝之「始營宮室，建宗廟，立社稷」，及孝文帝之頒「均田令」、〔註65〕遷都洛陽、革衣服之制、禁胡於朝、改拓跋爲元氏等政策與作爲上；〔註66〕後者則表現在對柔然等漠北游牧民族之戰爭與戰果處理上。

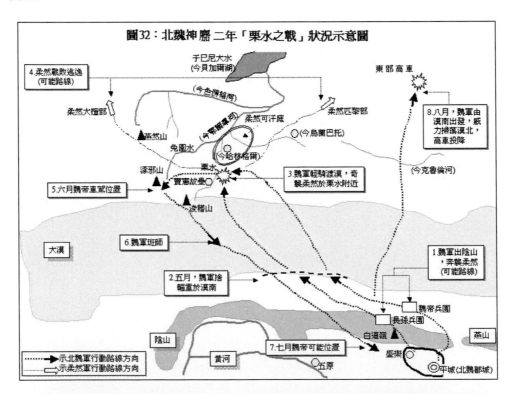

圖32：北魏神廳二年「栗水之戰」狀況示意圖

筆者又觀察北魏道武帝至太武帝時期之出擊北方草原游牧民族戰爭發

〔註64〕 前引村上正二《征服王朝》，頁48。又，依據柔然阿那瓌曾對北魏蕭宗（孝明帝）奏曰：「臣先世源由，出於大魏。」（見《魏書》，卷一百三，〈列傳第九十一·蠕蠕傳〉，頁2299）當時蕭宗聞言，並未否認。可見在柔然與拓跋鮮卑領導階層對兩者同源的認知，應是一致的。但在文化水準上，拓跋鮮卑顯然對柔然存有甚大之歧視，由拓跋燾稱其爲「狀類於蟲」之「蠕蠕」（見同傳，頁2289），即可看出。

〔註65〕 《魏書》，卷七上，〈高祖紀第七上〉，頁156。

〔註66〕 《魏書》，卷七下，〈高祖紀第七下〉，頁175、177、179。

現，彼等作戰均具備皇帝親率大軍出征、〔註67〕全騎兵、以劫掠爲主要目的與補給手段等特質，證明漢化中的鮮卑人當時並未完全脫離游牧性格。而栗水戰後徙俘於農業地區外緣，及在陰山之線建立「六鎮」，以鎮撫降俘，明顯將牧族阻擋在外，則更反映了北魏「滲透王朝」企圖維持農牧併存社會制度的事實。

「栗水之戰」後的徙俘及建鎮，對北魏影響深遠，及至孝文帝由平城遷都洛陽，國家政治中心與軍事中心分離，這些北族降俘及派遣在六鎮鎮守之「國人」，自然與洛陽漢化的主流社會產生脫節現象，而隨時間的推移，這種差距愈來愈大，終於釀成文化衝突，而爆發「六鎮之亂」。

第四節　北魏孝明帝正光五年「白道戰役」

「六鎮之亂」的「白道戰役」，是中古時期起於陰山地區，因北魏內部動亂，而引發對歷史發展造成重大影響之戰爭；由於其主戰場在白道南北及大黑河流域一帶，又包括數次相關會戰，故筆者姑以「白道戰役」名之。

北魏設軍鎮凡九十三；〔註68〕而置於北疆，以防柔然等草原游牧民族者有六，是謂「六鎮」，已如前述。北魏孝明帝（肅宗）正光五年（524）二月，柔然大饑，求魏救援，未得滿足，遂於是年四月入境劫掠。懷荒鎮（今河北張北）民因受柔然剽奪而生計艱難，乃向鎮將武威將軍于景請糧，于景不肯給，鎮民忿怒，於是殺鎮將而反。〔註69〕未幾，沃野鎮（今內蒙五原東北）匈奴人破落汗拔陵（《通鑑》載爲破六韓拔陵）反，亦殺鎮將，號眞王元年，諸鎮響應，是謂「六鎮之亂」。〔註70〕

〔註67〕 北魏道武、明元、太武三朝，共出陰山攻擊北方游牧民族14次（見表三：戰例19〜22、26、27、30〜32；及表四：戰例2〜4、6、7），三帝每役必從。

〔註68〕 嚴耕望《中國地方行政制度史》，上篇，卷中，〈魏晉南北朝地方行政制度〉，中研院史研所專刊之45，台北：民52年，頁691。

〔註69〕 《魏書》，卷一百三，〈列傳第九十一‧蠕蠕傳〉，頁2302；及《通鑑》，卷一百四十九，〈梁紀五〉，武帝普通四年（523）二〜四月條，頁4672〜74。惟發生時間，前者載爲正光五年（524），與後者相差一年。根據朱大渭考證，認爲《魏書》正確（見朱氏〈北魏末年人民大起義若干史實的辨析〉，收入《中國農民戰爭史論叢》，第三輯，河南人民出版社，1984年4月，頁9），今從《魏書》所載之年代。

〔註70〕 《魏書》，卷九，〈肅宗紀第九〉，頁235；《通鑑》，卷一百四十九，〈梁紀五〉，武帝普通四年（523）四月條，頁4674〜75，所載略同。

其後，拔陵攻陷懷朔（今內蒙固陽西南）、武川（今內蒙武川南）兩鎮，擊敗安北將軍李叔仁於白道。北魏孝明帝於是派遣尚書令李崇爲北討大都督，節度撫軍將軍崔暹、鎮軍將軍拓跋淵等部人馬，征討拔陵。七月李崇到達五原時，崔暹違反節度，已先與拔陵戰，結果在白道北爲拔陵所敗，單騎走還。〔註71〕惟於崔暹戰敗之時，李崇可能亦正由五原經雲中攻抵白道南口，故拔陵於戰勝崔暹後，立即又與李崇遭遇，而出現拔陵「并力攻擊李崇，李崇不能禦，引還雲中，與之相持」之後續狀況。〔註72〕

先是正光五年四月，當拔陵圍攻武川、懷朔兩鎮緊急時，懷朔鎮將楊鈞曾派遣賀拔勝突圍至雲中，向北魏「都督北討諸軍事」之臨淮王彧求援，彧許爲出兵，但不久兩地皆陷。〔註73〕因此，五月拔陵敗李叔仁於白道，李叔仁應是臨懷王彧派出解武川之圍的部隊。而當時拔陵新克武川，立足未穩，對魏軍作戰時以逸待勞成份居多，故五月的「白道之戰」，其戰場恐應在武川鎮之南不遠處。

北魏「六鎮之亂」雖起於懷荒與沃野兩鎮，但主戰場則在陰山東段的武川鎮與白道附近。正光五年的「白道戰役」，自五月至七月，一共發生四次會戰（見表四：戰例20，圖33）。除第一次是拔陵乘鎮內響應，「裡應外合」奪取武川之外，其餘三次都是拔陵藉武川附近地形與既設陣地之利，分別擊敗了李叔仁、崔暹與李崇等魏將之進攻。局勢發展到了八月，如野火潦原，諸鎮響應。〔註74〕

「六鎮之亂」初期，拔陵據武川，控扼白道隘口，能以臨時編湊的兵力，屢敗北魏正規大軍之進攻，並非其戰力堅強，實是藉白道地形與武川工事之

〔註71〕《魏書》，卷六十六，〈列傳第五十四‧李崇傳〉，頁1473～74。《北史》，卷四十三，〈列傳第三十一‧李崇傳〉，頁1599，亦載：「崔暹大敗於白道之北」。惟崔暹兵團如何來到白道之北？則無考。

〔註72〕《通鑑》，卷一百五十，〈梁紀六〉，武帝普通五年七月條，頁4681。另，《魏書》，卷十八，〈太武五王列傳第六‧廣陽王傳〉，附子〈深傳〉，頁430，載：深與爲北道大都督，受李崇節度，而於崔暹兵敗白道時上書曰：「……臣與崇逶巡復路，今者相與還次雲中……」可知其兵敗後上書之地，即在雲中。《北史》，卷十六，〈列傳第四‧太武五王傳〉，附〈深傳〉，頁617，所載同。

〔註73〕《北史》，卷四十九，〈列傳第三十七‧賀拔允〉，附〈賀拔勝傳〉，頁1796。《通鑑》，卷一百五十，〈梁紀六〉，武帝普通五年三、四、五月條，頁4677～78，所載略同。

〔註74〕《魏書》，卷一百三，〈列傳第九十一‧蠕蠕傳〉，頁2302。《通鑑》，卷一百五十，〈梁紀六〉，武帝普通五年八月條，頁4684，所載略同。

利，使前往「平亂」的北魏正規軍隊戰力受到侷限的原因。雖然拔陵在白道之上能屢敗魏軍，但是離開白道之後，卻被白道戰敗之魏軍阻止於雲中平原之上，可見拔陵軍隊之基本戰力不強，前此之勝，完全在於地形與工事之助。正光六年（525）三月，北魏向柔然求助，柔然可汗阿那瓌出兵十萬，前後夾擊，方才平定了「六鎮之亂」；〔註75〕但北魏也元氣大傷。

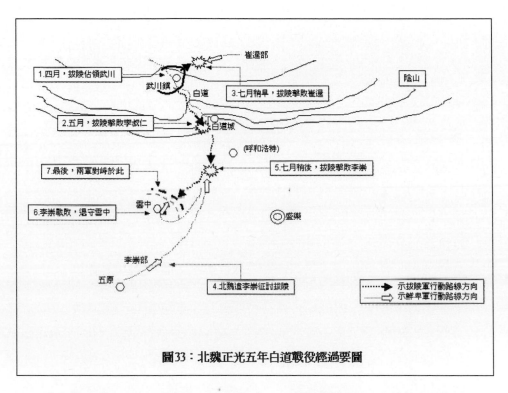

圖33：北魏正光五年白道戰役經過要圖

「六鎮之亂」起因複雜，論者多矣。如錢穆歸因於「漢化調適不良」，〔註76〕逯耀東解釋為「文化衝突」，〔註77〕王曾才認為是「胡風的相對貧瘠」，〔註78〕周一良看成「階級對立」，〔註79〕陳學霖傾向於「胡人處置問題」。〔註

〔註75〕《魏書》，卷一百三，〈列傳第九十一·蠕蠕傳〉，頁2302。《通鑑》，卷一百五十，〈梁紀六〉，武帝普通六年三～六月條，頁4695～705，所載略同。

〔註76〕錢穆《國史大綱》，長沙：商務印書館，民30年，頁207～08。

〔註77〕逯耀東《從平城到洛陽——拓跋魏文化轉變的歷程》，台北：聯經出版事業公司，民68，頁135。

〔註78〕王曾才〈北魏時期的胡漢問題〉，刊於《幼獅學報》，卷三，二期，台北：幼獅學報編輯委員會，民50年，頁14、26。

〔註79〕周一良《魏晉南北朝史論集》，北京：中華書局，1963年，頁123、176。

〔註80〕陳學霖〈北魏六鎮叛亂之分析〉，刊於《崇基學報》，2卷1期，民51年。

80）以上論點見仁見智，非筆者所欲評，但這些似乎都是醞釀既久之遠因，筆者認為，其真正導火線，則應是肇致於柔然大饑的劫掠。蓋北魏遷都洛陽以後，六鎮「國人」及北鎮居民因役苦久戍，及與南遷洛陽的「國人」相較，「類應同役」卻「苦樂懸異」，因而累積了巨大怨懟，在「爪牙不復為用，百工爭棄其業」之狀況下，〔註81〕柔然的劫掠，剛好激發了這股怨懟情緒，局勢才變得一發不可收拾。此為北亞草原生態環境變化，影響游牧民族「內部環境」，而游牧民族「內部環境」又影響中原政局，前者對後者產生「關聯」（linkage）作用，亦或前舉陳寅恪所論之中國「外患與內政關係」例證也。本戰對北邊戰略環境變動與歷史發展的影響大約有二：

一、導致北魏之分裂與滅亡

　　六鎮地區居民概有：元魏「國人」、中原豪族、強迫徙居之高車與柔然等族人、發配邊地之罪犯等，成分複雜，不易控制。〔註82〕「六鎮之亂」發生之時，北魏數路正規大軍均在「白道戰役」中，被臨時拼湊而成的「非正規」叛軍擊敗，雲、代首當其衝，盛樂、平城相繼失守，最後才由尒朱榮擋住了這股洪流。變亂中，六鎮的上層人物或被殺、或逃走；〔註83〕下層人物則在無所依附之下，或戰或降，這些當年拓跋氏「國之肺腑」、「強宗子弟」〔註84〕的後裔，最後大部分都投向了尒朱榮，使尒朱榮身兼「使持節・侍中・都督中外諸軍事・大將軍・開府・兼尚書令・領左右・太原王」等職銜，成為六鎮動亂時期的最大軍閥集團；權力之大，朝廷亦畏之。〔註85〕但後來又因尒朱集團本身的不團結，授予高歡（北齊神武皇帝）崛起之機，而高歡勢力的建立，又迫使魏分東西，後又分別為齊、周所代，主宰北中國達一個半世紀的北魏王朝，就此分裂終結。

　　再試從另一個角度看，「六鎮之亂」的形成，又似乎具有反漢、反階級壓

〔註81〕《魏書》，卷七十八，〈列傳第六十六・孫紹傳〉，頁1724。

〔註82〕前引毛漢光師〈北魏東魏北齊之核心集團與核心區〉，頁283。

〔註83〕上層人物被殺者有于景、賀拔度拔等人；見《魏書》，卷八十，〈列傳第六十八・賀拔勝傳〉，頁1780。逃走者，如雲州刺史費穆之棄城南走，投尒朱榮於秀容；見《魏書》，卷四十四，〈列傳第三十二・費于傳〉，附〈費穆傳〉，頁1004。

〔註84〕《北齊書》，卷二十三，〈列傳第十五・魏蘭根傳〉，頁329。

〔註85〕《魏書》，卷七十四，〈列傳第六十二・尒朱榮傳〉，頁1647；及《通鑑》，卷一百五十二，〈梁紀八〉，武帝大通二年（528）二月條，頁4736。

迫與反族群歧視的多重因素。〔註 86〕而隨著戰火的延燒，北邊人口也大量湧入內地。〔註 87〕這樣大規模因戰爭與動亂所造成的人口流動，雖然使某些集團因而壯大，但也使一些部落酋長喪失了原有的部民與權力基礎而衰落，直接衝擊原來以元魏拓跋氏爲核心的北中國權力架構與社會秩序；舊的統治權力瓦解，新的權力版塊形成，政權交替，於是跟隨進行。因此，如果吾人說「六鎮之亂」是造成北魏分裂與滅亡的源頭，應不爲過。

　　值得注意的是，「六鎮之亂」發生之時，北魏向柔然求助。孝昌元年（525）春，柔然可汗阿那瓌出兵十萬，從武川西向沃野，爲北魏平亂。四月，孝明帝遣使阿那瓌，宣勞班賜有差。《魏書·蠕蠕傳》載當時狀況曰：

> 阿那瓌部落既和，士馬稍盛，乃號敕連頭兵豆伐可汗，魏言把攬也。
> 十月，阿那瓌復遣郁久閭彌娥等朝貢。三年（527）四月，阿那瓌遣使人鞏鳳景等朝貢，及還，肅宗詔之曰：「北鎮群狄，爲逆不息，蠕蠕主爲國立忠，助加誅討，言念誠心，無忘寢食。今知停在朔垂，與尒朱榮鄰接，其嚴勒部曲，勿相暴掠。又近得蠕蠕主啟，更欲爲國東討。但蠕蠕主世居北漠，不宜炎夏，今可且停，聽待後敕。」
> 蓋朝廷慮其反覆也。其後頻使朝貢。〔註 88〕

由此可知，柔然於助北魏平定「六鎮之亂」後，卻一直停留在漠南草原及陰山以南大黑河流域以西地區不去，北魏無可奈何，只有期望其「勿相暴掠」。當時柔然之「士馬稍盛」，是因其內部「部落既和」的關係，而正值北魏動亂，無力御邊，故相較之下，北邊乃出現北強南弱狀況。不過，柔然並未乘北魏內部戰亂勢衰之機南侵，其原因可能在阿那瓌甫於正光二年（521）回到漠北，新奪可汗位，立足未穩，其後又有高車（鐵勒）威脅，而四年（523）柔然復遭大饑，國力恐未完全恢復，才不敢輕易向南發動大規模作戰。另一方面，北魏爲安撫柔然，亦刻意予以禮遇包容，孝莊帝建義元年（528）甚至詔許柔

〔註 86〕　變亂之中，六鎮中地位降低了的高門子弟、鐵勒人、配邊罪犯，大都參加了起兵，有「起義」的意義。又，當時北鎮軍人已發展成爲一個與洛陽漢化集團對立的鮮卑化集團，故此鬥爭亦有反對漢化的意義。見萬繩楠《魏晉南北朝史論稿》，台北：雲龍出版，民 83 年，頁 342。

〔註 87〕　如，525 年拔陵失敗後，所部六鎮鎮人二十萬，全部投降北魏，北魏移其至冀、定、瀛三州就食；見《通鑑》，卷一百五十，〈梁紀六〉，武帝普通六年六月條，頁 4705。而稍後之葛榮集團，也有衆二十餘萬流入并、肆；見《北齊書》，卷一，〈帝紀第一·神武上〉，頁 4。

〔註 88〕　《魏書》，卷一百三，〈列傳第九十一·蠕蠕傳〉，頁 2302～03。

然：「自今以後，讚拜不言名，上書不稱臣」；〔註89〕而和親更成本時期南方政府維持北邊和平之主要手段。《魏書·蠕蠕傳》又載曰：

> 太昌元年（532）六月，阿那瓌遣烏句蘭樹什伐等朝貢，並爲長子請
> 尚公主。永熙二年（533）四月，出帝詔以范陽公主壻之長女瑯邪公
> 主許之，未及婚，帝入關。齊獻武王遣使說之，阿那瓌遣使朝貢，
> 求婚。獻武王方招四遠，以常山王妹樂安公主許之，改爲蘭陵公
> 主……自是朝貢相尋。瓌以齊獻武王威德日盛，請致愛女爲王，靜
> 帝（534～550）詔王納之。自此塞外無塵矣。〔註90〕

觀察戰史，「六鎮之亂」平定後，北中國陷入戰亂與割據，北魏亦逐漸由分裂走向敗亡，但在此過程中，陰山地區大致無戰事。此北邊和緩戰略環境之建立與保持，實繫於北魏與其後東、西魏對柔然之和親、忍耐政策，與柔然本身政權亦不穩固，兩大原因之上。不過，這種狀況並未持續太久，西魏廢帝元年（北齊天寶三年，梁武帝承聖元年，552），突厥擊敗柔然（後文再論），北方又因權力重組而出現了新的戰略環境。

二、關中本位主義之興起

陰山以南的雲中、盛樂至平城之間地區，是鮮卑拓跋氏興起與發展的所謂「核心區」，亦北魏開國皇帝道武帝拓跋珪所制定之「畿內」。〔註91〕拓跋氏的統治權力，就是建立在「核心區」內組織「核心集團」的基礎之上。毛漢光師在〈中古核心區核心集團之轉移〉中曰：

> 拓跋氏的組織與檀石槐軍事大聯盟最大的差異，乃是拓跋氏建立了一
> 個核心組織。在許多民族聚散無常的狀態之下，拓跋氏將一叢一叢的
> 部落建立在一圈圈的同心圓體系上，同心圓的最內圈是帝族七族十
> 姓，是爲狹義國人；其次是功勳、國戚之族，是爲廣義國人，這是拓
> 跋政權的核心集團。統治集團之建立，將多變性的草原部落由親而疏
> 地置於一個網中，又將核心集團置於核心基地之中，這種核心集團之
> 孕育與核心區之建立，至北魏道武帝拓跋珪時大致完成。〔註92〕

〔註89〕《魏書》，卷一百三，〈列傳第九十一·蠕蠕傳〉，頁2303。
〔註90〕同上注。筆者按，出帝於公元532年改元二次。
〔註91〕《魏書》，卷二，〈太祖紀第二〉，頁33，載：「（天興元年）秋七月，遷都平城……
　　　　八月，詔有司正封畿，制郊甸……」。
〔註92〕毛漢光師〈中古核心區核心集團之轉移〉，收入《民國以來國史研究的回顧與

但孝文帝的遷都與漢化，除激起前述「滲透王朝」農牧併存的衝突、調適不良與漢化及反漢化的對立外，也因政治中心之轉移，使原來軍政一體的核心區，只存軍事防禦功能，而原來核心集團人物，部分南下洛陽，部分留在原核心區內，更形成了拓跋氏在統治權力上的分離、矛盾與阻力。「六鎮之亂」起於北魏核心區內，又直接衝擊與擴大了上述這些權力分配問題，所以才造成動搖其國本之嚴重影響。

北魏永安三年（梁武帝中大通二年，530），尒朱榮死，六鎮鮮卑在鮮卑化漢人高歡領導下，逐漸消滅了尒朱氏在河東地區的勢力。北魏普泰二年（梁武帝中大通四年，532），高歡進入洛陽，立元脩爲北魏孝武帝。〔註93〕北魏永熙三年（梁武帝中大通六年，534），孝武帝西奔長安投宇文泰，高歡又立元善爲帝，是爲孝靜帝，遷都於鄴（今河南安陽北），自是魏分東西。〔註94〕

其後，東、西魏又分別爲齊、周所代，正式結束了拓跋王朝。魏亡之後，高歡所建之北齊，據有原北魏之核心區，初期力量較西魏及其後宇文泰建立的北周爲強。而陰山以南之恒、朔、雲、蔚、顯、廓、武、西夏、寧、靈十州，更是永安以後高歡鮮卑「勁旅」之所出；〔註95〕因此，高歡的「懷朔集團」，明顯地承襲了北魏以來北中國的核心集團與核心區。〔註96〕但是就在這個時期，另一核心集團與核心區也在關隴地區逐漸形成，兩者呈現競爭狀況，這就是北周創立者宇文泰的「關隴集團」與「關中核心區」。

宇文泰世居武川，爲鮮卑宇文部人，參加六鎮起兵，降於尒朱榮。永安三年（530），宇文泰隨尒朱天光、賀拔岳等進入關隴地區，賀拔岳死後，宇文泰就掌握了這支部隊與關隴地區。〔註97〕宇文泰爲因應當時內部環境與外

展望研討會論文集》，台北：台灣大學，民81年6月，頁761。有關拓跋氏七族十姓，見《魏書》，卷一百一十三，〈官氏志〉，頁3005～06。又，前引馬長壽《烏桓與鮮卑》，頁254，亦曰：「拓跋部的姓氏關係構成一個部落關係網。在網的中央，是宗室八姓。八姓之內，又以拓跋氏爲核心。其他七姓，拱衛在它的周圍，輔佐拓跋氏的子孫對內繁榮世代，對外統治各族各姓以及各部落之內的部民」。

〔註93〕《北齊書》，卷一，〈帝紀第一‧神武上〉，1～9。又，《魏書》稱元脩爲北魏出帝；見卷十一，〈廢出三帝紀第十一‧出帝平陽王傳〉，頁281。

〔註94〕《魏書》，卷十二，〈孝靜帝紀第十二〉，頁297；《北齊書》，卷二，〈帝紀二‧神武下〉，頁18；及《周書》，卷一，〈帝紀第一‧文帝上〉，頁13。

〔註95〕《魏書》，卷一百六上，〈地形志上〉，頁2504。

〔註96〕高歡之懷朔集團，見前引萬繩楠《魏晉南北朝史論稿》，頁346～49。

〔註97〕《周書》，卷一，〈帝紀第一‧文帝上〉，頁1～5。

部情勢，而求生存發展，採取之一連串因時、因地制宜之特殊作爲。陳寅恪在〈統治階層之氏族及其升降〉中曰：

> 宇文泰率領少數西邊之胡人及胡化漢族割據關隴一隅之地，欲與財富兵強之山東高氏及神州正朔所在之江左蕭氏共成一鼎峙之局，而其物質及精神二者力量之憑藉，俱遠不如其東南兩敵，故必別覓一途徑，融合其所割據關隴區域內之鮮卑六鎮民族，及其他胡漢土著之人爲一不可分離之集團，匪獨物質上應處同一利害之環境，即精神上亦必具同出一淵源之信仰。……此宇文泰之新塗（途）徑，今姑假名之爲「關中本位政策」。〔註98〕

在此政策之下，宇文泰更改府兵將士之郡望與姓氏，將其所帶來的山東人與關內人混而爲一，使漢人與鮮卑人混而爲一，組成一支籍隸關中、職業爲軍人、民族爲胡人、組織爲部落式的強大軍隊，以與高氏與南朝爭天下。〔註99〕陳氏之「關中本位」觀念，實包括了以關隴人物爲中心的「統治集團」，以關中爲中心的「核心區」，及以關隴人物與關中核心區之「府兵體系」。〔註100〕後來，宇文氏就靠著關隴集團、關中核心區與府兵制度的三結合，擊滅高氏，統一北方。至此北中國的核心區，遂也跟著從雲中、平城、河東轉至關中；而統治階層，亦由拓跋、懷朔而易手於關隴集團。不久，楊隋篡周而後平陳，關中與關隴集團更成整個中國的核心區與統治階層，這種狀況一直延續至初唐。陳寅恪在〈統治階層之氏族及其升降〉中又曰：

> 李唐皇室者唐代三百年統治之中心也，自高祖太宗創業至高宗統御之前期，其將相文武大臣大抵承西魏、北周及隋以來之世業，即宇文泰「關中本位政策」下所結集團體之後裔也。〔註101〕

由此看來，「關中本位政策」對中國歷史發展的影響，可謂既深且遠；而「六鎮之亂」所造成的權力核心地轉移與統治集團變更，應是其主要催化力量。

〔註98〕陳寅恪〈統治階層之氏族及其升降〉，收入前引《隋唐制度淵源略論稿・唐代政治史述稿》，頁166～67。

〔註99〕萬繩楠（整理）《陳寅恪魏晉南北朝講演稿》，台北：啓明出版社，民88年11月，頁348。

〔註100〕前引毛漢光師〈中古核心區核心集團之轉移〉，頁766。又，有關府兵制度，前人研究者甚多，筆者以參考岑仲勉《府兵制度研究》（上海：人民出版社，1957年）爲主。

〔註101〕前引陳寅恪〈統治階層之氏族及其升降〉，頁170。

第五節　西魏廢帝元年「突厥擊柔然之戰」

　　突厥是南北朝末期崛起於北亞草原的另一支游牧民族，其族源已概述於本文第四章第六節。突厥居於金山（今阿爾泰山）之陽，工作於鐵，世臣柔然，爲其「鍛奴」。〔註102〕突厥人原是丁零或鐵勒人中的一種，或者更正確地說，他們是突厥諸語族中的一族，其最初的起源地，在今新疆準噶爾盆地以北，約在今葉尼塞河的上游一帶。〔註103〕代代相傳至吐務爲其領袖時，種類漸強，號「大葉護」。〔註104〕吐務卒後，長子土門立，居東方，次子室點密居西方，時雖未分裂，但已各自爲治。〔註105〕中國正史中，最早有關突厥之活動，見於《周書·宇文測傳》西魏大統八年（542）之記載；曰：

> 八年，……（宇文測）轉行綏州（治所在今陝西綏德）事。每歲河冰合後，突厥即來寇掠，先是常預遣居民入城堡以避之。測至，皆令安堵如舊。乃於要路數百處並多積柴，乃遠斥候，知其動靜。是年十二月，突厥從連谷（今陝西神木北）入寇，去界數十里。測命積柴之處，一時縱火。突厥謂有大軍至，懼而遁走，自相蹂踐，委棄雜畜及輜重不可勝數。〔註106〕

筆者無足夠史料判明發動上述劫掠事件時的突厥領袖，究係吐務？或是土門？但由「每歲河冰合後，突厥即來寇掠」之狀況看來，突厥之劫掠應行之

〔註102〕《隋書》，卷八十四，〈列傳的四十九·突厥傳〉，頁1863～64。「鍛奴」，見於《周書》，卷五十，〈列傳第四十二·異域下〉，附〈突厥傳〉，頁908；及《北史》，卷九十九，〈列傳第八十七·突厥傳〉，頁3287。又據馬長壽之考證，突厥遷金山之前，居於高昌北山，當時已具鍛冶技術；見前引《突厥人與突厥汗國》，頁7。

〔註103〕前引馬長壽《突厥人和突厥汗國》，頁5。

〔註104〕「葉護」一語，係突厥官稱，非人名。其官位高低因時代而稍有不同，突厥於部族階段，係由「設」而演進到（大）「葉護」，再到「可汗」的過程。所以此時「葉護」較「設」爲高，是僅次於可汗、可敦、特勤之高官；見林恩顯《突厥研究》，台北：台灣商務印書館，民77年4月，頁46。

〔註105〕《新唐書》，卷二百一十五下，〈列傳第一百四十下〉，頁6055；及前引林恩顯《突厥研究》，頁30。又據考闕特勤（Kul-tegin）突厥文碑文，有：「人類子孫之上，有吾輩之祖先布民可汗（Boumin kagan），及伊室密可汗（Istami kagan）」等語。核以中國載籍，乃知布民可汗即爲土門可汗，伊室點密可汗即爲室點密可汗，兩可汗皆爲大葉護（Jabgou）吐務之子。布民爲北（東）突厥之始祖，伊室點密則爲西突厥諸可汗之始祖。見沙畹原著，馮承鈞譯《西突厥史料》，台北：台灣商務印書館，民53年4月，頁1。

〔註106〕《周書》，卷二十七，〈列傳第十九·宇文測傳〉，頁454。

有年，可能從吐務時期、或更早即已開始。突厥每年只在黃河結冰之時才前來寇掠，說明其春夏在漠北，秋冬在漠南，背寒向溫，隨季節遷徙，與一般北亞草原游牧民族之通性相符。吾人又從突厥由連谷入，及「突厥謂有大軍至，懼而遁走，自相蹂踐，委棄雜畜及輜重不可勝數」之描述可以看出，突厥當時大約是在綏州所正對的黃河以北今包頭至陰山之間地區駐牧，順便渡河至綏州劫掠，並非刻意「出征」，應無統合戰力可言，更無與南方軍隊決戰之企圖，故聞「有大軍至」，未戰即「懼而遁走」，雖然對方只是小小邊防部隊而已。

又依游牧民族駐牧之習性，必然人畜俱至，但劫掠之時則可能留置婦孺老弱及大部分牲畜於後方，隨軍之雜畜，除馬匹作爲作戰工具外，其餘應以充兵食爲主。判斷當時突厥部落人畜已多，此「懼而遁走」而「委棄雜畜及輜重不可勝數」之狀況，應指參與劫掠之兵力而言。這裡所謂之「輜重」，恐是指一般游牧民族隨身攜行之氈帳與鐵器等較重雜物而言，與正規大軍作戰時之「輜重」，概念上應有所不同。馬長壽在《突厥人和突厥汗國》中評論突厥本次行動時認爲：「六世紀初的突厥已經是一個富有雜畜與輜重（兵器）而且可以獨立出征的部落」，〔註 107〕筆者以爲，馬氏對草原民族劫掠作戰之特質，似有不夠瞭解之處。

此外，突厥劫掠的位置在連谷、綏州南北之線，也相當程度顯示突厥游牧勢力範圍，已由金山向東延伸至此。反過來看，從西魏大統初年起，突厥能固定劫掠陝北一帶之狀況，顯示柔然在漠北獨佔權力之衰退，亦似有跡可循。

大統十一年（545），時任西魏丞相之宇文泰，遣酒泉胡安諾槃陀使突厥；〔註108〕次年，土門「遣使獻方物」於西魏。會鐵勒將伐柔然，土門率所部邀擊，破之，盡降其部五萬餘落，突厥由是而強。其後，土門恃其強盛，乃求婚於柔然，但柔然可汗阿那瓌大怒，使人辱罵之曰：「爾是我鍛奴，何敢發是言也？」土門亦怒，殺其使者，遂與之絕，轉向西魏求婚。大統十七年（551），西魏文帝以長樂公主妻之。〔註109〕

吾人由上述西魏、突厥、柔然之三角關係可以看出：大統十二年時，突

〔註107〕前引馬長壽《突厥人和突厥汗國》，頁 11。

〔註108〕「酒泉胡」，是指酒泉地區胡人而言；安諾槃陀爲使者之名，由其「安」姓，知其屬「安國」。見護雅夫《古代トルコ民族史研究》（一），東京：山川出版社，1967（昭和四十二年），頁 69～70。

〔註109〕《周書》，卷五十，〈列傳第四十二·異域下〉，附〈突厥傳〉，頁 908。

厥可能處於成長階段，力量尚弱，仍臣屬於柔然，故須接受柔然指揮，爲其出兵抵擋鐵勒之進攻。而在突厥戰勝鐵勒爲柔然消除外患之後，突厥自恃有功而已強，乃向柔然求婚，似乎要以與柔然的婚姻關係，來擺脫自己的臣屬身分。但是柔然還是視突厥爲其「鍛奴」，拒絕其求婚，並加辱罵，統治階級心態相當明顯，因此突厥後續之反統治抗爭行爲，也就難以避免。

　　西魏方面，一面遣使與突厥互通，一面准許土門求婚，或有分化突厥與柔然，企圖造成兩者相互制衡之戰略考量。突厥方面，擊敗鐵勒，盡降其眾五萬餘落，應是由弱轉強、企圖由附庸轉獨立，甚至敢以婚姻爲手段向其宗主國柔然爭取平等地位，進而向其宣戰之關鍵。

　　西魏廢帝元年（梁武帝承聖元年，北齊天寶三年，552）正月，土門發兵擊柔然於懷荒（今河北張北）北。柔然戰敗，阿那瓌可汗自殺，其子庵羅辰奔北齊，被置於馬邑川（今山西朔縣附近），柔然餘眾另立阿那瓌叔父鄧叔子爲主（見表四：戰例 21，圖 34）。〔註110〕土門於擊敗柔然後，自號伊利可汗，猶古之單于也，爲突厥獨立與稱汗之始，並號其妻爲可賀敦，亦猶古之閼氏也。〔註111〕本戰對北邊戰略環境變動與歷史發展之最大影響，就是突厥取代柔然，成爲北亞新的草原帝國。

　　土門稱汗後不久即死，子科羅立，號乙息記可汗，又破柔然鄧叔子於沃野北。科羅死，弟俟斤立，號木汗（杆）可汗，又擊鄧叔子，滅之；鄧叔子以餘眾奔北周，柔然乃亡。俟斤又「西破嚈噠，東走契丹，北并契骨，威服塞外諸國。其地東至遼海以西，西至西海萬里，南至沙漠以北，北至北海五六千里，皆屬焉」。〔註112〕從西魏廢帝元年（552）土門擊敗柔然而立國，至唐玄宗天寶元年（742）西突厥亡，及天寶四年（745）突厥白眉可汗被回紇懷仁可汗所殺，傳首唐京，東突厥亦亡（見表六：戰例 35；按，此係東突厥二次亡國），共約享國一九三年。突厥實爲匈奴之後最強大、對中國最具影響力之北方草原游牧民族國家，而其興起，即取決於西魏廢帝元年土門對柔然阿那瓌戰爭的勝利。

〔註110〕本戰爲突厥取代柔然成爲漠北強權之關鍵戰爭。有關柔然之滅亡時間，可參考日人內田吟風〈柔然の滅亡年について〉，收入《北史研究——アヅア鮮卑柔然突厥篇》，頁 319～322。

〔註111〕《周書》，卷五十，〈列傳第四十二・異域下〉，附〈突厥傳〉，頁 909；及《北齊書》，卷四，〈帝紀第四・文宣〉，頁 56～58。

〔註112〕《周書》，卷五十，〈列傳第四十二・異域下〉，附〈突厥傳〉，頁 909。

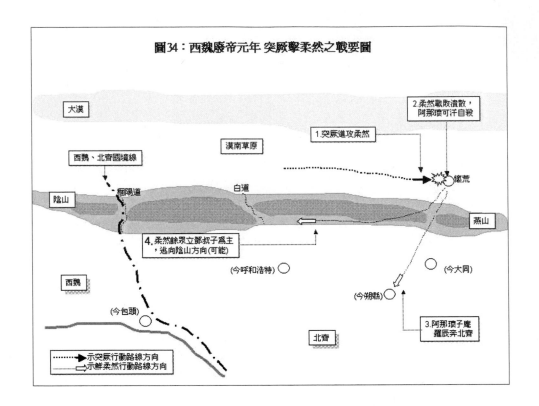

本戰之結果，除對北邊戰略環境與歷史發展具重大影響外，還有另一層
重要意義，即是中古時期北亞草原地區，第一次出現被統治民族完全依靠自
己的力量，以武力推翻宗主國，而建立起更草原游牧政權之事例。但依馬長
壽在《突厥人和突厥汗國》中的觀點，卻認為本戰之本質，是突厥在柔然之
統治下，因生產力與生產關係間矛盾，而產生的一種鍛工集團「起義運動」；
這種「起義運動」，雖然不能使舊的生產關係馬上被推翻，但它卻是歷史發展
的一種動力。〔註113〕

筆者以為，馬氏之說法顯然是強套了馬克斯《資本論》中所說的「手工
製造業的狹隘技術基礎，一經發達到一定的階段，就和它自身所創造的生產
需要相矛盾了」，〔註114〕而加諸於草原民族權力之更替上。依筆者之觀點，突
厥之所以反抗柔然，應只是單純的被統治者向統治者爭取自主權力之挑戰與
衝突行為，這種狀況可能發生於任何階級社會或多民族權力體系之中，與突

〔註113〕前引馬長壽《突厥人和突厥汗國》，頁 15。
〔註114〕前引馬長壽《突厥人和突厥汗國》，頁 14；及馬克斯《資本論》（第一卷），
　　　　北京：人民出版社，1953 年，頁 445。

厥是不是鍛工，並無絕對因果關係。而如果當時柔然准許了土門的求婚，可能雙方關係就不會惡化如此，故似也無涉所謂生產需要相矛盾的問題。

因此，突厥與柔然的衝突，是權力與尊嚴問題，不是生產問題。而突厥之所以能取代柔然成為草原上的新權力核心，亦應是一種權力競爭過程中，以強汰弱自然法則下的必然發展；故本質上是統治權力的爭奪，絕不是馬氏所謂生產需求相矛盾，而產生的「鍛工起義」問題。筆者以為，吾人或應以權力及草原民族特質角度，觀察突厥與柔然之興替關連，較能瞭解歷史的真相。

第七章　隋唐陰山重要戰爭對北邊戰略
　　　　環境變動與歷史發展之影響

　　隋朝的建立，結束了中古時期中國自魏、晉、南北朝以來的分裂局面，成爲秦漢之後又一個大一統的國家。唐繼隋後，文治武功更勝於前，創造了歷史上的盛世。李唐傳世垂三百年，但楊隋享國僅三十餘載，兩朝之典章制度傳授因襲幾無不同，當可視爲一體。而在陰山之戰略環境方面，兩朝概以突厥爲主要互動、合作與衝突對象，雖經政權更替，亦頗能看成同一狀況之延續，故本章將兩朝之陰山戰爭納爲一個單元研究。

　　本章所舉陰山地區重要戰爭有四，均在楊隋與初唐之間，分別是：隋朝時期的「白道之戰」、「雁門之戰」，與唐朝時期的「滅東突厥之戰」、「諾眞水之戰」。其後，東突厥雖於高宗調露元年（679）又反，至骨咄祿時漸盛，並與唐朝迭有衝突，爲東突厥復興之始，但於玄宗天寶四年（745）終爲唐朝與回紇聯手平定，並未再對歷史發展造成重大影響（陰山附近相關戰爭，見表六：戰例 18～26、28～36）。此外，中唐以後，北邊另一問題是回紇；回紇興起之初，似欲南依大國而雄視漠北，遂一再向唐示忠，願爲藩臣，而李唐亦正值盛世，故天寶亂前，雙方能夠長時間維持和睦。天寶亂後，唐室勢衰，回紇亦常有入寇交戰情事；但似無可影響大局者（唐朝與回紇在陰山附近之戰爭，見表六：戰例 38～40、44）。〔註1〕唐朝中後期，天下漸亂，最後出現

〔註 1〕　有關唐朝與回紇之互動，劉義棠有專著研究；見氏著〈回紇與李唐之和戰研究〉，收入《突回研究》，台北：經世書局，民 79 年 1 月，頁 207～08。

五代十國的割據局面，中國再次分裂；但唐朝之亡，禍起藩鎮、宦官、黨爭之交相爲患，陰山戰爭與之關連甚微，已無足論述矣。

第一節　隋文帝開皇三年「白道之戰」

隋文帝開皇三年（583）「白道之戰」，是中國第一次大規模反擊突厥的戰爭。突厥成爲北亞強國之時，正值南北朝末期北周與北齊在北中國的對抗階段，其除了保有草原民族的劫掠本性外，也乘北中國分裂，開始介入中原事務，並曾於公元 563 年（北周武帝保定三年、北齊武帝清河元年、陳文帝天嘉四年），出兵參與北周對北齊之作戰（見表四：戰例 24）。北周滅北齊統一北方後，突厥可汗沙鉢略請與北周和親，北周大象元年（陳宣帝太建十一年，579），北周靜帝以千金公主嫁沙鉢略，兩國因此大致維持了良好關係。〔註2〕

開皇元年（581），因沙鉢略「大怨」篡周之隋文帝待其「甚薄」，乃以「周家親」身分，欲爲「可賀敦」（可汗妻，指北周千金公主）報「宗室絕滅」之仇，遂與營州刺史高寶寧聯兵攻陷臨渝鎮（今山海關附近），並約「諸面部落」共謀南侵。而沙鉢略當時已擁有「控弦之士四十萬」，其「悉眾爲寇」，使北邊情勢頓陷緊張。時隋文帝新立，可能統治權力尚未穩固，因此「由是大懼」，乃一面修築長城，一面發兵數萬屯幽、并兩州，以爲之備。〔註3〕

開皇二年（582）十二月，突厥與隋軍全面爆發邊境衝突，突厥於擊敗馮昱於乙弗泊（今內蒙黃旗海）、叱列長叉於蘭州、李崇於幽州後，沙鉢略又「縱兵自木硤、石門兩道（今寧夏固原西南與西北）來寇，武威、天水、安定、金城、上郡、弘化、延安六畜咸盡」。隋文帝震怒，於是決定對突厥實施反擊，也開始了跨隋、唐兩朝與突厥間的戰爭。〔註4〕

開皇三年（583）四月，隋文帝命衛王楊爽爲行軍元帥，率兵出塞，分擊突厥各部，大破其主力於白道附近（見表五：戰例 2，圖 35）。〔註5〕是役，隋朝兵出八道，《隋書・衛昭王爽傳》載楊爽所率隋軍「主力兵團」方面之作

〔註2〕《周書》，卷五十，〈列傳第四十二・異域下〉，附〈突厥傳〉，頁 912。

〔註3〕《隋書》，卷五十一，〈列傳第十六・長孫覽傳〉，附〈長孫晟傳〉，頁 1330；及卷八十四，〈列傳第四十九・北狄傳〉，附〈突厥傳〉，頁 1865～66。

〔註4〕《隋書》，卷八十四，〈列傳第四十九・北狄傳〉，附〈突厥傳〉，頁 1866；《通鑑》，卷一百七十五，〈陳紀九〉，宣帝太建十四年十二月條，頁 5458～59，所載略同。

〔註5〕《隋書》，卷一，〈帝紀第一・高祖上〉，頁 19。

戰狀況曰：

> 爽親率李充節等四將出朔州，遇沙鉢略可汗於白道，接戰，大破之，
> 虜獲千餘人，驅馬牛羊鉅萬。沙鉢略可汗中重創而遁。〔註6〕

有關本次作戰隋朝大軍之全盤作戰序列與戰鬥經過，《通鑑》長城公至德元年四月條記載較詳。曰：

> 於是命衛王（楊）爽等為行軍元帥，分八道出塞擊之。爽督總管李
> 充等四將出朔州道，己卯（十一日），與沙鉢略遇於白道。李充言於
> 爽曰：「突厥狃於驟勝，必輕我而無備，以輕兵襲之，可破也。」諸
> 將多以為疑，唯長史李徹贊成之，遂與充帥精騎五千，大破之。」
> 沙鉢略棄所服金甲，潛草中而遁。其軍中無食，粉骨為糧，加以疾
> 疫，死者甚眾。幽州總管陰壽帥步騎十萬出盧龍塞（今河北盧龍），
> 擊高寶寧。寶寧求救於突厥，突厥方禦隋師，不能救。庚辰（十二
> 日），寶寧棄城奔磧北，和龍諸縣悉平。〔註7〕

《通鑑》長城公至德元年五月條，又載隋軍其他方面之作戰狀況曰：

> ……癸卯（六日），隋行軍總管李晃於摩拉度口（今名不詳）……秦
> 州總管竇榮定帥九總管步騎三萬出涼州，與突厥阿波可汗相拒於高
> 越原（今甘肅民勤西北），阿波屢敗……阿波然之，遣使隨（長孫）
> 晟入朝。〔註8〕

根據以上《通鑑》所載，隋朝大軍對東突厥之作戰序列，雖曰「分八道出塞」，但概略可區分為東路、中央與西路三大部分。東、西兩路為「支隊兵團」，中央的楊爽部為「主力兵團」，攻勢重點則指向沙鉢略牙帳所在的白道附近。有關本戰會戰地所在之「白道」，筆者由白道得名之「土白如石灰色」處及「白道城」均在陰山南麓之狀況（詳第三章第六節），判斷此「白道」應指白道在山南出口附近，位置或靠近白道城，或在山南能目視陰山色白地段處。

此外，又因白道為一迂迴崎嶇之山道，恐無足夠空間容納李充「精騎五千」之展開與攻擊，也是筆者判斷「會戰地」可能在白道南口附近之原因。而設若當時突厥可汗牙帳位於白道之北，則必置若干守備或警戒兵力於隘道之上，隋軍不但無奇襲致勝之機，反而會在「逐次通過」地障的過程中，有遭受突厥各

〔註6〕　《隋書》，卷四十四，〈列傳第九・衛昭王爽傳〉，頁1224。
〔註7〕　《通鑑》，卷一百七十五，〈陳紀九〉，長城公至德元年四月條，頁5463。
〔註8〕　《通鑑》，卷一百七十五，〈陳紀九〉，長城公至德元年五月條，頁5464。

個擊滅的危險。開皇三年四月「白道之戰」經過狀況，如圖 35 示意。

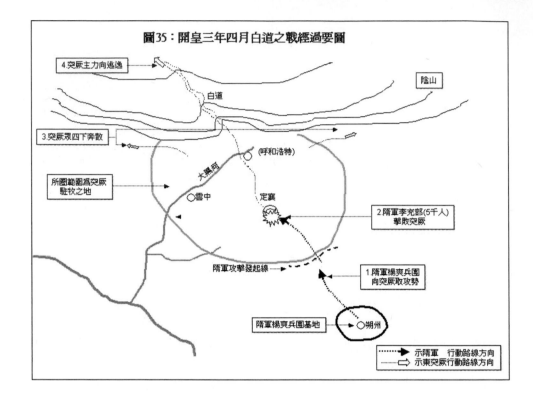

至於「白道之戰」突厥之兵力數量，史書則未載。但開皇二年「周槃會戰」時，「沙鉢略有眾十餘萬」，[註9] 此或可視為其本部人馬。吾人又由開皇二至三年之間，沙鉢略並未經歷大戰消耗的狀況判斷，當時其在白道附近的部眾，恐不應低於「周槃會戰」時之數目。不過，四月正是家畜開始繁殖之季節，依據草原民族之生活特性，除非沙鉢略有作戰準備，否則其部眾不可能集中一地，而應是隨家畜放牧，散置於大黑河流域廣大草場之上。

換言之，當隋軍進攻白道時，突厥可能正處於分散駐牧之狀態，故本戰突厥雖敗，沙鉢略亦遁走，眾軍無首，惟隋軍在「殲敵」戰果上，卻僅只「虜獲千餘人」而已；這一方面是隋軍並未實施迂迴側擊，攔截突厥退路，一方面亦應與突厥分散駐牧於廣大地區，致隋軍無法一次捕捉其較大數量之有生

〔註9〕 《隋書》，卷五十三，〈列傳第十八·達奚長儒傳〉，頁 1350；及《通鑑》，卷一百七十五，〈陳紀九〉，宣帝太建十四年十二月條，頁 5458。本戰因超出陰山地區，故未列入第二章之戰爭表中。

戰力有關。因此，本戰性質充其量不過是一場「以集中擊分散」之局部戰鬥而已，隋軍在野戰用兵上，並無突出表現。

開皇五年（585），沙鉢略上表稱臣，隋文帝准其率部入居白道川（今內蒙呼和浩特一帶）。〔註 10〕本戰隋軍能直搗突厥可汗牙帳，暫時制壓其勢，是隋初中國在北邊最重要的一次戰爭。其對北邊戰略環境變動與歷史發展的影響，大約有三：

一、爲「平陳之戰」掃除後顧之憂

開皇元年（581），突厥即屢爲寇患，隋文帝乃詔尚書左僕射高熲「鎮遏緣邊」。開皇二年（582）二月，隋文帝又令高熲節制長孫覽、元景山等路兵團以伐陳朝。會陳宣帝薨，高熲以「禮不伐喪」爲理由，奏請班師。〔註 11〕當時隋軍兩路兵團在長江流域之作戰進展均十分順利；長孫覽兵團方面，《隋書·長孫覽傳》載曰：

> （長孫覽）爲東南道行軍元帥，統八總管出壽陽，水陸俱進。師臨江，陳人大駭。〔註 12〕

元景山兵團方面，《隋書·元景山傳》也載曰：

> 景山爲行軍元帥，率行軍總管韓延、呂哲出漢口。遣上開府鄧孝儒將勁卒四千，攻陳甑山鎮。陳人遣其將陸綸以舟師來援。孝儒逆擊，破之。陳將魯達、陳紀以兵守溳口，景山復遣兵擊走之，陳人大駭，甑山、沌水二鎮守將皆棄城而遁。〔註 13〕

一般而言，交戰一方國家領導人死亡，應是另一方乘虛而入的最好機會，尤其在戰況有利之時。兵法上但聞「兵不厭詐」，未見有機而不乘者。故隋軍此時退兵，「禮不伐喪」是藉口，北邊遭受突厥威脅欲先排除，而避免同時兩面

〔註 10〕　《隋書》，卷八十四，〈列傳第四十九·北狄傳〉，附〈突厥傳〉，頁 1869；及《通鑑》，卷一百七十六，〈陳紀十〉，長城公至德三年七月條，頁 5482～83；略同。

〔註 11〕　《隋書》，卷四十一，〈列傳第六·高熲傳〉，頁 1180～81。按，陳宣帝崩於太建十四年正月甲寅（九日）（見姚察《陳書》，卷五，〈本紀第五·宣帝〉，頁 99；故在二月高熲等人率軍伐陳前，陳宣帝已逝世，但因當時通信不發達，隋朝可能未立即獲悉此消息。

〔註 12〕　《隋書》，卷五十一，〈列傳第十六·長孫覽傳〉，頁 1327～28。

〔註 13〕　《隋書》，卷三十九，〈列傳第四·元景山傳〉，頁 1153。又，「魯達」應作「魯廣達」；見《陳書》，卷三十一，〈列傳第二十五·魯廣達傳〉，頁 419。

作戰，可能才是眞正原因。關於此點，雖無直接證據，但觀察隋朝退兵後之北邊情勢發展，或能反證筆者看法。例如：同年四月，大將軍韓僧壽破突厥於雞頭山（今甘肅平涼西），上柱國李充破突厥於河北山（今內蒙包頭市西）。〔註 14〕五月，營州刺史高寶寧起兵反隋，引突厥寇平州（今河北盧龍北），突厥各部乃「悉發五可汗控弦之士四十萬入長城」。〔註 15〕六月，李充又破突厥於馬邑（今山西朔縣）。〔註 16〕十二月，沙鉢略再率眾劫掠武威、天水等六郡，造成「六畜咸盡」情景。這些狀況的發生，都足說明當時北邊情勢的緊張，而其有關「徵候」，則恐在隋軍伐陳作戰之時，即已陸續顯現；高熲曾鎮守北邊，對北邊情勢之發展，當能瞭解。

再從另一角度看，隋文帝楊堅篡位之初，極見重高熲，當時隋朝「制度多出於熲」；〔註 17〕包括攻陳之戰略與指導。因此，「禮不伐喪」既是高熲所建議，故開皇二年隋軍對陳朝之「稍攻即退」，也可能只是高熲所規劃之滅陳全程戰略構想中的一次初期作戰行動。《隋書·高熲傳》載曰：

> 上（文帝）嘗問熲取陳之策，熲曰：「江北地寒，田收差晚，江南土熱，水田早熟。量彼收穫之際，微徵士馬，聲言掩襲。彼必屯兵禦守，足得廢其農時。彼既聚兵，我便解甲，再三若此，賊以為常。後更集兵，彼必不信，猶豫之頃，我乃濟師，登陸而戰，兵氣益倍……不出數年，自可財力俱盡。」上行其策，由是陳人益敝。九年（589），晉王廣大舉伐陳，以熲為元帥長史，三軍諮稟，皆取斷於熲。〔註 18〕

吾人由上述狀況概可看出，隋文帝在高熲建議下，對陳朝所採取的作戰方式，是一種不斷擾其農時，疲其兵備，以逐次消耗與削弱其國力，並鬆懈其心理，俟此效果「累積」至一定程度後，再相機大舉進攻，一舉將其擊滅之戰略。此效果，對隋而言，是「正累積」；對陳而言，則是「負累積」。故開皇二年高熲之攻陳，著眼並非決戰，而應只是一次以襲擾與破壞為目的之「有限目標攻勢」或「佯攻」行動而已。雖然統一中國是隋朝當時最重要之國家目標，

〔註 14〕《隋書》，卷一，〈帝紀第一·高祖上〉，頁 16～17。
〔註 15〕《隋書》，卷五十一，〈列傳第十六·長孫覽傳〉，附〈長孫晟傳〉，頁 1330；及《通鑑》，卷一百七十五，〈陳紀九〉，宣帝太建十四年五月條，頁 5456。
〔註 16〕《隋書》，卷一，〈帝紀第一·高祖上〉，頁 17。
〔註 17〕《隋書》，卷四十一，〈列傳第六·高熲傳〉，頁 1180。
〔註 18〕《隋書》，卷四十一，〈列傳第六·高熲傳〉，頁 1181。

理應集中國力，優先爭取；但隋文帝卻對其採取長期作戰之戰略；筆者認爲，此應是受到北邊突厥牽制，無力同時兩面決戰之原因。因此，居「內線」之隋朝，在南方無迫切危機之狀況下，先解決北方威脅後，再轉移主力於南方，似乎就成了其國家戰略不得不的選擇。故隋文帝開皇二年隋軍對陳朝之「稍攻即退」，其理由不是「禮不伐喪」，而應是準備集中全力，先消除北邊突厥之危害。

「白道之戰」的勝利，迫使沙鉢略於開皇五年（585）上表稱臣；隋朝在北疆的邊患暫時解除。開皇六年（586）二月，隋文帝又「發丁十一萬修築長城」，以進一步鞏固北線安全。〔註 19〕開皇八年（588）十月，隋文帝才終於在北邊局勢穩定，無「後顧之憂」的狀況下，發動「平陳之戰」，統一中國。〔註 20〕換言之，若無白道之勝而解決北邊危機，隋朝恐不敢全力對陳作戰。

二、造成突厥之分裂

開皇元年（581），沙鉢略於繼佗鉢爲突厥可汗後，以居西面之從父玷厥爲達頭可汗，以佗鉢子菴邏爲第二可汗，佗鉢兄子大邏便爲阿波可汗，於是「諸可汗各統部眾，分居四面」，加上處羅侯，形成了「五可汗分立」之國家基本領導架構。〔註 21〕但因各可汗先前爲了爭奪大位，存有心結，彼此之間的關係並不和諧。而沙鉢略之弟處羅侯，號突利設，因得眾心，亦爲沙鉢略所忌，更加深突厥領導階層間的矛盾。〔註 22〕當開皇元年突厥第一次大舉入寇隋朝時，奉車都尉長孫晟曾上書隋文帝，建議應乘突厥內部不和之際，採「遠交而近攻，離強而合弱」的策略，著手經略北邊。文帝接納了長孫晟的這項意見，於是「遣太僕元暉出伊吾道，使詣玷厥，引居攝圖（即沙鉢略）上。反間既行，果相猜貳。授晟車騎將軍，出黃龍道，齎幣賜奚、霫、契丹等，遣爲嚮導，得自處羅侯所，深布心腹，誘令內附」，有效分化了突厥的力

〔註 19〕《隋書》，卷一，〈帝紀第一・高祖上〉，頁 23。

〔註 20〕《隋書》，卷二，〈帝紀第二・高祖下〉，頁 31。

〔註 21〕 五可汗是指沙鉢略、菴邏、阿波、玷厥、處羅侯而言，此即隋文帝所詔之「且彼渠帥，其數凡五」狀況；見《隋書》，卷八十四，〈列傳第四十九・突厥傳〉，頁 1866。

〔註 22〕《隋書》，卷八十四，〈列傳第四十九・北狄傳〉，附〈突厥傳〉，頁 1865。《通鑑》，卷一百七十五，〈陳紀九〉，宣帝太建十三年十二月條，頁 5449～50，所載略同。

量。〔註23〕

開皇二年（582）二月，隋文帝又為了集中兵力攻擊突厥，批准正率軍在長江流域作戰的尚書左僕射高熲所奏，以陳宣帝卒，「禮不伐喪」為理由而撤兵，暫時與陳朝和平相處。當時儘管北邊突厥四十萬控弦之士壓境，但是隋朝的分化與心戰策略，也在這個時候發生了效果。《隋書·長孫晟傳》載其狀況曰：

> 二年，攝圖四十萬騎自蘭州入，至於周槃（今甘肅慶陽），破達奚長儒軍，更欲南入。玷厥不從，引兵而去。時晟又說染干詐告攝圖曰：「鐵勒等反，欲襲其牙。」攝圖乃懼，迴兵出塞。〔註24〕

突厥之退兵，顯示其內部已呈現矛盾與不穩。開皇三年四月，隋文帝見戰略情勢已對中國有利，於是下詔對突厥發動反擊作戰。另一方面，沙鉢略白道敗歸後，突厥亦因內戰而分裂（見表五：戰例3）；《隋書·突厥傳》載曰：

> 既而沙鉢略以阿波驍悍，忌之，因其先歸，襲擊其部，大破之，殺阿波之母。阿波還無所歸，西奔達頭可汗……既而大怒，遣阿波率兵而東，其部落歸之者將十萬騎，遂與沙鉢略相攻。又有貪汗可汗，素睦於阿波，沙鉢略奪其眾而廢之，貪汗亡奔達頭。沙鉢略從弟地勤察別統部落，與沙鉢略有隙，復以眾叛歸阿波。連兵不已……〔註25〕

阿波正式與沙鉢略決裂後，突厥就此分為相互敵對的東、西兩部，是謂東、西突厥。〔註26〕突厥之分裂，遠因固為汗位之爭與隋朝之分化離間，但導火

〔註23〕《隋書》，卷五十一，〈列傳第十六·長孫覽傳〉，附〈長孫晟傳〉，頁1330～31。《通鑑》，卷一百七十五，〈陳紀九〉，宣帝太建十三年十二月條，頁5450～51，所載略同。有關隋初對突厥之分化政策及其成果，可參林恩顯〈隋唐兩代對突厥的離間政策〉，收入《突厥研究》，台北：台灣商務印書館，民77年4月。頁183～224；及侯守潔〈隋文帝離間政策對突厥分裂的影響〉，刊於《中國邊政》，77期，民71年3月。

〔註24〕《隋書》，卷五十一，〈列傳第十六·長孫覽傳〉，附〈長孫晟傳〉，頁1331。又，有關染干之所出，同傳頁1333，載：「染干者，處羅侯之子也」。《通典》，卷一百九十七，〈邊防十三〉，頁5406，載：「沙鉢略之弟處羅侯之子，名染干」；《通鑑》，卷一百七十八，〈隋紀二〉，文帝開皇十三年七月條，頁5542，載：「處羅侯之子染干，號突利可汗」，略同。惟《隋書》，卷八十四，〈列傳第四十九·北狄傳〉，附〈突厥傳〉，頁1865，則載：「沙鉢略子曰染干，號突利可汗」，頗有差異。根據劉義棠考證，應從《隋書·長孫晟傳》（見前引《回突研究》頁20）。《隋書·突厥傳》所載，恐有脫文。

〔註25〕《隋書》，卷八十四，〈列傳第四十九·北狄傳〉，附〈突厥傳〉，頁1868。

〔註26〕《隋書》，卷八十四，〈列傳第四十九·北狄傳〉，附〈西突厥傳〉，頁1876。

線應起自沙鉢略於本戰敗歸後，統治權力衰落，又襲阿波，並殺其母，才造成阿波之西奔達頭、彼此相攻不已。因此吾人可以說，整個突厥分裂事件的關鍵，在於沙鉢略白道之敗。〔註27〕

三、埋下日後東突厥爲患之種因

白道戰後，突厥因內部的矛盾，正式分裂成了東、西兩個敵對的汗國後，勢力亦分散，並先後歸附於隋朝。開皇四年（584）二月，隋文帝幸隴州，西突厥達頭可汗玷厥率部來降。〔註28〕九月，東突厥沙鉢略亦向隋稱臣。〔註29〕當時東突厥的處境相當不利，西爲達頭所困，又東畏契丹，於是沙鉢略遣使向隋朝告急求援，請准將部落徙渡漠南，寄居白道川內。此一請求，不但得到了隋文帝的允許，而且隋朝還以兵援之，給以衣食，賜之車服鼓吹；沙鉢略則因西擊阿波，以爲回報（見表五：戰例4）。並立約，以磧爲界，上表願永爲隋朝之藩附，同時遣其子庫合眞入朝，自是歲貢不絕，與隋朝維持良好關係，北疆也因此暫時安寧無事。〔註30〕惟東突厥自開皇三年白道戰敗，被逐回漠北後，其勢力又再度進入並立足於山南地區。此其間，東西突厥與隋朝三者之間，雖迭有和戰（見表五：戰例5～10），勢力亦時有消長，但陰山地區大致已成東突厥之主要活動範圍。

隋末喪亂，東突厥乘機又興，遂由陰山地區直接威脅中原，而當時天下割據，黃河流域群雄莫不臣服以求奧援，東突厥乃介入中原政局，儼然成爲左右北中國情勢的「太上政權」。〔註31〕故隋末北邊以突厥爲中心的戰略情勢形成，當與白道戰後，隋文帝允許沙鉢略入居白道川之決策有關，此或可視爲「白道之戰」之間接影響。

不過，以當時在隋朝分化突厥以保持北邊戰略平衡的政策考量下，文帝准許東突厥入居白道川，或無不當；但值得檢討者，是其未仿傚東漢與北魏

〔註27〕 有關突厥分裂之原因、時間、影響，可參前引林恩顯《突厥研究》，頁51～77。
〔註28〕 《隋書》，卷一，〈帝紀第一・高祖上〉，頁21。
〔註29〕 《隋書》，卷八十四，〈列傳第四十九・北狄傳〉，附〈突厥傳〉，頁1869。
〔註30〕 《隋書》，卷八十四，〈列傳第四十九・北狄傳〉，附〈突厥傳〉，頁1869～70；及《通鑑》，卷一百七十六，〈陳紀十〉，長城公至德三年七及八月條，頁5482～83。
〔註31〕 隋末中原群雄與突厥之關係，可參雷家驥師〈從戰略發展看唐朝節度體制的創建〉，收入《張曉峰先生八秩榮慶論文集》，簡牘學報第八期，頁224～26。

作法，在遷徙北族之同時，採取必要安全配套措施。東漢光武二十四年（48），南匈奴入居雲中後，東漢政府概沿陰山南麓、賀蘭山東麓，一線安置其各部，使其與南單于隔離。又以「使匈奴中郎將」、「度遼將軍」等機制，監控南匈奴單于及其部落，故南匈奴始終在東漢掌握之中，無法擺脫。北魏道武帝時期，亦將虜獲之漠北部族打散並徙於陰山之線，設「六鎮」以鎮撫之，故在「六鎮之亂」前，北邊亦能大致安定。〔註32〕而隋文帝似乎忽略了這一點。有關東突厥入居白道川以後，至隋煬帝時期之北邊情勢發展，下節再論。

第二節　隋煬帝大業十一年「雁門之戰」

開皇四年（584），東西突厥雖先後向隋稱臣。但是，隋朝以離間分化手段所創造出來的北中國戰略平衡，基礎並不穩固，隋朝又未對入居山南地區之突厥採取有效監控管制手段，故北邊戰略情勢隨突厥領導人物的更迭與隋朝「內部環境」的改變，存有甚大變數。然而隋朝為了維持在北邊的既得戰略利益，也只有繼續執行其對突厥的一貫離間與分化策略，並未針對可能之變數作補強與調整。開皇七年（587）四月，沙鉢略可汗卒，其弟處羅侯立，是為葉護可汗，隋文帝又封其為莫何可汗，並使車騎將軍孫晟持節拜之，當時雙方仍保持良好關係。開皇八年（588）十二月，莫何可汗西擊鄰國時，中流矢而卒，沙鉢略子雍虞閭立，是為都藍可汗。〔註33〕開皇十三年（593）七

〔註32〕有關北魏初期對部落之打破與解散，可參日人松永雅生〈北魏太祖之離散諸部〉，收入《福岡女子短期大學紀要》，8 期，1974；古賀昭岑〈關於北魏的部落解散〉，刊於《東方學》，59 期，1980；及川本芳昭〈北魏太祖的部落解散與高祖的部落解散〉，收入《佐賀大學教養部研究紀要》，14 期，1982。

〔註33〕《隋書》，卷八十四，〈列傳第四十九・北狄傳〉，附〈突厥傳〉，頁 1871。同書卷五十一，〈列傳第十六・長孫覽傳〉，附〈長孫晟傳〉，頁 1332；《北史》，卷九十九，〈列傳第八十七・突厥〉，頁 3295；及《通鑑》，卷一百七十六，〈陳紀十〉，長城公禎明元年四月條，頁 5489～90；長城公禎明二年十二月條，頁 5498；所載略同。惟《隋書》，卷一，〈帝紀第一・高祖上〉，頁 25，載：「其子雍虞閭嗣立，是為都藍可汗」，無莫何之名，顯係誤漏。又根據劉義棠之考證，莫何即位於開皇七年，卒於同年，正史並無雍虞閭即位時間之記載，《隋書》、《北史》、《通鑑》八年之說，或為中國得悉其死訊，遣使往弔之年月。見前引劉義棠《突回研究》，頁 18～19；及頁 24「東突厥可汗世系表」。另，傅樂成〈突厥大事紀年〉，刊於《幼獅學報》1～2 期，民 48 年 4 月，亦對突厥世系頗有考證（收入《漢唐史論集》，台北：聯經出版事業公司，民 66 年 9 月）。

月，處羅侯子之染干（即突利可汗）與都藍可汗均向隋廷請婚。《隋書》載長孫晟向隋文帝建議曰：

> 臣觀雍（虞）閭，反覆無信，特共玷厥有隙，所以依倚國家。縱與為婚，終當叛去。今若得尚公主，承藉威靈，玷厥、染干必受其徵發。強而更反，後恐難圖。且染干者，處羅侯之子，素有誠款，于今兩代。臣前與相見，亦乞通婚，不如許之，招令南徙，兵少力弱，易可撫馴，使敵雍閭，以為邊捍。〔註34〕

隋文帝採納了長孫晟分化突厥、以夷制夷為考量下的建議，僅允許染干一人請婚，並拖到開皇十七年（597）七月，才以宗女安義公主嫁之。此外，隋文帝又為了離間都蘭，刻意對染干「錫賚優厚」。都藍果被激怒，曰：「我，大可汗也，反不如染干！」於是朝貢遂絕，抄掠邊鄙。〔註35〕開皇十九年（599）二月，染干奏報都藍可汗作攻具，欲攻大同城（今內蒙烏拉特前旗東北），隋文帝乃令隋軍四路出擊突厥。都藍聞之，與達頭可汗結盟，合兵掩襲染干，大戰長城下，染干大敗，後與隋使長孫晟歸於長安。〔註36〕其後，高熲部破都藍可汗於陰山以南，並追度白道，踰陰山七百餘里而還（見表五：戰例6）。楊素以「戎車步騎相參，設鹿角為方陳」，也在靈州方面重創達頭可汗，「其眾哭號而去」。〔註37〕

　　同年十月，隋文帝封染干為啓民可汗，命長孫晟發五萬人為其築大利城（今內蒙和林格爾西北土城子，即古盛樂附近）安居。時安義公主已卒，隋文帝再以義成公主妻之。〔註38〕其後，隋朝為了防範都藍對白道川啓民可汗

〔註34〕《隋書》，卷五十一，〈列傳第十六・長孫覽傳〉，附〈長孫晟傳〉，頁1333。《通鑑》，卷一百七十八，〈隋紀二〉，文帝開皇十三年七月條，頁5543，所載略同。

〔註35〕《隋書》，卷八十四，〈列傳第四十九・北狄傳〉，附〈突厥傳〉，頁1872。《通典》，卷一百九十七，〈邊防十三・突厥上〉，頁5406；《通鑑》，卷一百七十八，〈隋紀二〉，文帝開皇十七年七月條，頁5558，所載略同。

〔註36〕《隋書》，卷八十四，〈列傳第四十九・北狄傳〉，附〈突厥傳〉，頁1872。

〔註37〕《隋書》，卷四十八，〈列傳第十三・楊素傳〉，頁1285～86。《通鑑》，卷一百七十八，〈隋紀二〉，文帝開皇十九年四月條，頁5564，所載略同。

〔註38〕《隋書》，卷二，〈帝紀二・高祖下〉，頁44。惟載「啓民」為「啓人」（《通典》，卷一百九十七，〈邊防十三・突厥上〉，頁5406；《北史》，卷九十九，〈列傳第八十七・突厥〉，頁3297，亦均載為「啓人」；以上三書都是唐人所撰，或在避唐太宗諱）。《隋書》，卷八十四，〈列傳第四十九・北狄傳〉，附〈突厥傳〉，頁1872；《通鑑》，卷一百七十八，〈隋紀二〉，文帝開皇十九年十月條，頁5568，所載略同。

部落之攻擊,又使之「遷於河南,在夏、勝兩州之間,發徒掘塹數百里,東西拒河,盡為啓民畜牧之地」。〔註 39〕復令上柱國趙仲卿屯兵二萬於定襄附近,代州總管韓洪等,將步騎一萬,鎮恆安(今山西大同東北),擔任地區守備,並負責保護啓民可汗。

隋文帝仁壽元年(601),達頭可汗率十萬騎南下,包圍恆安,韓洪軍眾寡不敵而潰逃,後達頭亦退,途中為趙仲卿自樂寧鎮(今內蒙和林格爾與察哈爾右翼前旗之間)邀擊所敗(見表五:戰例 8、9)。〔註40〕隋煬帝大業五年(609)十一月,突厥啓民可汗卒,其子咄吉繼位,是為始畢可汗。〔註41〕不久始畢力量逐漸強大,對隋朝安全開始構成威脅,於是黃門侍郎裴矩乃建議煬帝,將宗室女嫁始畢可汗之弟叱吉設,並立其為南面可汗,以分始畢之勢,繼續貫徹其分化策略。叱吉因懼始畢,不敢接受冊封,但始畢得知這個消息後,對隋朝產生怨懟。後來裴矩又以「與為互市」為餌,誘殺始畢可汗的寵臣史蜀胡悉於馬邑(今山西朔縣)城下,並遣使詔告始畢曰:「史蜀胡悉叛可汗來降,我已相為斬之。」不過,在始畢可汗知道事情真相後,即不再入朝。〔註42〕

大業十一年(615)八月乙丑(五日),煬帝北巡。戊辰(八月八日),始畢可汗率領騎兵數十萬,準備在中途襲擊煬帝,惟嫁與突厥啓民可汗的隋朝義成公主立即派人將這個消息密告了煬帝。煬帝獲報後,於壬申(八月十二日)車駕馳入雁門(今山西代縣),躲避突厥攻擊,同行之齊王楊暕也率後軍進入崞縣(今山西原平北)。隨後突厥大軍趕到,立即對雁門與崞縣發動攻勢,並將兩城層層包圍(見表五:戰例 11)。〔註43〕《通鑑》煬帝大業十一年八月

〔註39〕《隋書》,卷八十四,〈列傳第四十九·北狄傳〉,附〈突厥傳〉,頁 1873。《通鑑》,卷一百七十八,〈隋紀二〉,文帝開皇十九年十月條,頁 5569,所載略同。

〔註40〕《隋書》,卷二,〈帝紀第二·高祖下〉,頁 46;同書卷七十四,〈列傳第三十九·酷吏傳〉,附〈趙仲卿傳〉頁 1697;及卷五十二,〈列傳第十七·韓洪傳〉,頁 1342~43。有關本戰之時間,《隋書》相關紀傳及《北史》,卷九十九,〈列傳第八十七·突厥〉,頁 3297,均載為仁壽元年。《通鑑》,卷一百七十八,〈隋紀二〉,文帝開皇十九年十月條,頁 5569,則載為開皇十九年。但因《通鑑》為轉手史料,司馬光是否有所依據,不得而知,胡三省亦未注其所本者,故本戰時間從《隋書》與《北史》所載。

〔註41〕《隋書》,卷八十四,〈列傳第四十九·北狄傳〉,附〈突厥傳〉,頁 1876;及《通鑑》,卷一百八十一,〈隋紀五〉,煬帝大業五年十一月條,頁 5647。

〔註42〕《隋書》,卷六十七,〈列傳第三十二·裴矩傳〉,頁 1582;及《通鑑》,卷一百八十二,〈隋紀六〉,煬帝大業十一年八月條,頁 5697。

〔註43〕《隋書》,卷四,〈帝紀第四·煬帝下〉,頁 89;及《通鑑》,卷一百八十二,〈隋

條，載突厥初圍雁門時之狀況曰：

> 癸酉（八月十三日），突厥圍雁門，上下惶怖，撤民屋爲守禦之具，
> 城中兵民十五萬口，食僅可支兩旬，雁門四十一城，突厥克其三十
> 九，唯雁門、崞不下。突厥急攻雁門，矢及御前；上大懼，抱趙王
> 杲而泣，目盡腫。〔註44〕

據《通鑑》記載，「將士守雁門者萬七千人」。〔註45〕面對「數十萬騎」優勢
敵軍之包圍，援軍又不知何時到達，戰略態勢對隋軍極爲不利。隋煬帝一度
準備「率精騎潰圍而出」，但爲尚書樊子蓋「固諫乃止」；〔註46〕遂聽取諸大
臣意見，採取各項因應與激勵士氣措施，以固守待援。大業十一年八月，突
厥包圍雁門與崞縣之狀況，概如圖36示意。

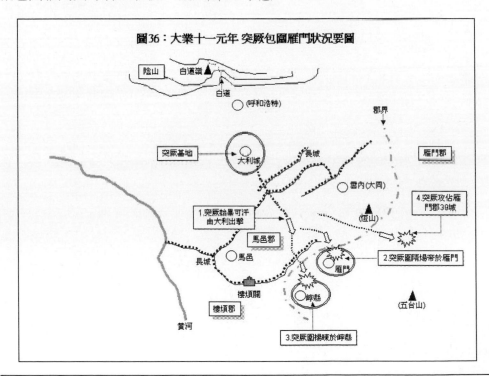

紀六〉，煬帝大業十一年八月條，頁5697〜98。

〔註44〕 《通鑑》，卷一百八十二，〈隋紀六〉，煬帝大業十一年八月條，頁5698。當時
狀況，《隋書》，卷四，〈帝紀第四・煬帝下〉，頁89，亦有記載，但過於簡略，
故筆者姑引用前者以分析本戰。

〔註45〕 《通鑑》，卷一百八十二，〈隋紀六〉，煬帝大業十一年十月條，頁5700。筆者
按，當時雁門被圍兵民十五萬口，扣除軍人一萬七千人，居民約有十三萬餘人。

〔註46〕 《隋書》，卷四，〈帝紀第四・煬帝下〉，頁89；及卷六十三，〈列傳第二十八・
樊子蓋傳〉，頁1492。

《通鑑》煬帝大業十一年八月條，載當時隋煬帝被突厥包圍時，雁門城中之作戰狀況曰：

> 左衛大將軍宇文述勸帝簡精銳數千騎潰圍而出，納言蘇威曰：「城守則我有餘力，輕騎乃彼之所長，陛下萬乘之主，豈宜輕動！」民部尚書樊子蓋曰：「陛下乘危徼幸，一朝狼狽，悔之何及！不若據堅城以挫其銳，坐徵四方兵使入援。陛下親撫巡士卒，諭以不復征遼，厚以勳格，必人人自奮，何憂不濟！」內史蕭瑀（皇后弟）以為：「突厥之俗，可賀敦（可汗妻）預知軍謀，且義成公主以帝女嫁外夷，必恃大國之援。若使一介告之，借使無益，庸有何損。又，將士之意，恐陛下既免突厥之患，還事高麗，若發明詔，諭以赦高麗、專討突厥，則眾心皆安，人自為戰矣。」……虞世基亦勸帝重為賞格，下詔停遼東之役。帝從之。帝親巡將士，謂之曰：「努力擊賊，苟能保全，凡在行陳，勿憂富貴……」乃下令：「守城有功者，無官直除六品，賜物百段；有官以次增益。」使者慰勞，相望於道，於是眾皆踴躍，晝夜拒戰，死傷甚眾。甲申（二十四日），詔天下募兵。守令競來赴難……帝遣間使求救於義成公主，公主遣使告始畢云：「北邊有急。」東都及諸郡援軍亦至忻口（今山西忻縣北）。〔註47〕

隋煬帝在雁門被突厥圍困一個月又兩天，《通鑑》煬帝大業十一年九月條載突厥撤圍退兵時之狀況曰：

> 九月，甲辰（十五日），始畢解圍去。帝使人出偵，山谷皆空，無胡馬，乃遣二千騎追躡，至馬邑，得突厥老弱二千餘人而還。〔註48〕

雁門之戰，突厥兵力絕對優勢，全程掌握主動。史載突厥參戰兵力為「騎數十萬」，而吾人由「雁門四十一城，突厥克其三十九」的狀況，可知本次作戰突厥雖以「謀襲」隋煬帝車駕為主要目標，但實際上卻可能是一次傾其全力、政治與經濟目的相配合的大規模、有組織、全面性「總掠邊」行為。〔註49〕

大業十一年九月，突厥主動退兵，當時雁門守軍之行動及隋朝援軍到達位置，概如圖37示意。本作戰，突厥之主要基地在白道以南的大利城一帶，背對陰

〔註47〕 《通鑑》，卷一百八十二，〈隋紀六〉，煬帝大業十一年八月條，頁5698～99。

〔註48〕 《通鑑》，卷一百八十二，〈隋紀六〉，煬帝大業十一年九月條，頁5699。

〔註49〕 「總掠邊」模式，見第四章第四節說明。

山向南取攻勢，除缺乏戰略縱深外，復因內部分裂，亦有後方安全上的顧慮。因此，當始畢得知「北邊有急」後，立即撤圍而去，這也是前此隋朝分化策略所收到的效果。

「雁門之戰」歷時月餘，突厥以極優勢兵力，但卻攻奪不下雁門、崞縣兩城，顯見其短於陣地與攻城作戰。而對於圍城之突厥何時解圍而去，出現「山谷皆空，無胡馬」狀況，隋軍居然一無所知，除證明草原游牧民族突忽無常之機動特性外，也反映了當時隋軍在「戰鬥情報」的蒐集上，可說是毫無作為。

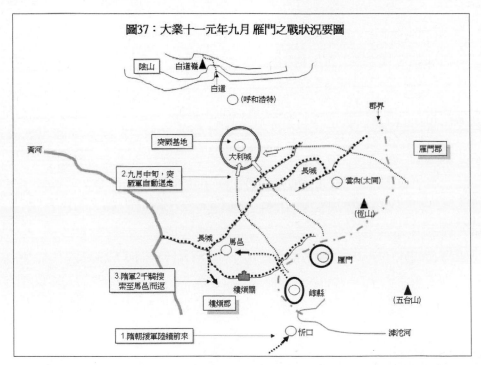

圖37：大業十一元年九月 雁門之戰狀況要圖

至於突厥退去多時之後，隋軍雖有二千騎「追躡」至馬邑之行動，但突厥已遠離戰場。隋軍之「追躡」，未超出戰場範圍，但並不構成「戰術追擊」條件，或只可視為一次小兵力的消極戰場搜索行為而已。蓋追擊之要件，在於掌握敵人退卻之時機，其成功則建立在「與敵接觸」之基礎上。本戰對北邊戰略情勢變動及歷史發展之重要影響，約有以下三點：

一、東突厥脫離隋朝而獨立並逐漸壯大

東突厥的啟民可汗政權，本就依附於隋朝而存在。吾人從開皇二十年

（600）隋文帝發兵保護啓民，擊退達頭可汗之攻擊（見表五：戰例 7）後，啓民上表陳謝所曰：「諸姓蒙威恩，赤心歸服，並將部落投聖人可汗來也。或入長城，或住白道，人民羊馬，遍滿山谷。染干譬如枯木重起枝葉，枯骨重生皮肉，千萬世長與大隋典牛馬也」，〔註50〕即可看出當時東突厥的自我定位，只不過是爲隋朝「典牛馬」的「奴才」而已。大業三年（607）八月，隋煬帝巡雲內，幸啓民所居，啓民奉觴上壽，跪服甚恭。〔註51〕在在說明當時隋朝國家權力之強大，及其對北邊控制之穩固。

大業五年（609）十一月，始畢繼突厥可汗位，雖對隋朝的分化政策有所怨懟，並得知其寵臣史蜀胡悉被誘殺後，即不再入朝，但至少與隋朝仍維持名義上的臣屬關係，故於大業十一年（615）正月猶遣使來朝於東都（洛陽）。〔註52〕惟根據《隋書・突厥傳》所載，同年九月「始畢引去，由是朝貢遂絕」之狀況，〔註53〕「雁門之戰」應是東突厥正式脫離隋朝而獨立之開始。

其後，突厥又乘隋末喪亂，逐漸發展成爲強大汗國。《舊唐書・突厥傳》載始畢可汗時之突厥盛況曰：「東自契丹、室韋，西盡吐谷渾、高昌諸國，皆臣屬焉，控弦百餘萬，北狄之盛，未之有也，高視陰山，有輕中原之志」。〔註54〕而「雁門之戰」，東突厥脫離隋朝勢力而獨立後，其政府組織較前堅強，可汗權力集中，地位亦趨穩固，與前此諸可汗分地割據、政出多門之亂象，顯有不同。〔註55〕

筆者以爲，東突厥政權穩固之最大原因，當在隋末中原內戰不已（亦是受到本戰影響，下文再論），中國無力繼續貫徹其對北邊民族之分化政策，而東突厥也就在此有利戰略環境下，才得有發展壯大之機。此「雁門之戰」影響一也。

〔註50〕 《隋書》，卷八十四，〈列傳第四十九・北狄傳〉，附〈突厥傳〉，頁1873。
〔註51〕 《隋書》，卷八十四，〈列傳第四十九・北狄傳〉，附〈突厥傳〉，頁1875。而煬帝「欲誇戎狄，令（宇文）愷爲大帳，其下坐數千人。又造觀風行殿，上容侍衛者數百人，離合爲一。下施輪軸，推移倏忽，有若神功。戎狄見之，莫不驚駭」。見《隋書》，卷六十八，〈列傳第三十三・宇文愷傳〉，頁1589。又據《通鑑》，卷一百八十，〈隋紀四〉，煬帝大業三年八月條，頁5633所載，隨其北巡者，有「甲士五十餘萬，馬十萬匹，旌旗輜重，千里不絕」，可謂陣容浩大。
〔註52〕 《隋書》，卷四〈帝紀帝四・煬帝下〉頁88。及卷八十四，〈列傳第四十九・北狄傳〉，附〈突厥傳〉，頁1876。
〔註53〕 《隋書》，卷八十四，〈列傳第四十九・北狄傳〉，附〈突厥傳〉，頁1876
〔註54〕 《舊唐書》，卷一百九十四上，〈列傳第一百四十四・突厥上〉，頁5153。
〔註55〕 前引馬長壽《突厥人和突厥汗國》，頁38。

二、加速隋王朝之崩解

　　史載隋末喪亂，主要歸咎於隋煬帝的荒淫無度與亂國暴政，〔註 56〕而其建東都、開運河、出巡揚威、三征高麗，虛耗國力，使民不堪命，更是造成其政權快速土崩瓦解的催化源頭。魏徵在《隋書‧煬帝紀》篇後，以史臣身分總論隋煬帝亂政，及其所造成的天下喪亂狀況曰：

　　……驕怒之兵屢動，土木之功不息，頻出朔方，三駕遼左，旌旗萬里，徵稅百端，猾吏侵漁，人不堪命……自是海內騷然，無聊生矣……俄而玄感肇黎陽之亂，匈奴（筆者按，意指突厥）有雁門之圍，天子方棄中土，遠之揚、越……於是相聚萑蒲，蝟毛而起，大者跨州連郡，稱帝稱王，小者千百為群，攻城剽邑，流血成川澤，死人如亂麻，炊者不及析骸，食者不遑易子……社稷顛隕，本枝殄絕，自肇有書以迄於茲，宇宙崩離，生靈塗炭，喪身滅國，未有若斯之甚也。〔註 57〕

在隋煬帝荒淫亂政及「六軍不息，百役繁興，行者不歸，居者失業」，〔註 58〕而使隋朝統治權力衰退的過程中，又以大業八年（612）、九年（613）、十年（614）三次遠征高麗行動，最勞民傷財，最足動搖國本，更應是肇致隋末喪亂乃至亡國之關鍵原因。〔註 59〕吾人觀察隋煬帝於大業三年（607）北巡雲內，啟民可汗跪服甚恭，及大業五年（609）西巡張掖，「蠻夷陪列者三十餘國」等狀況，〔註 60〕可知當時隋朝國力強盛，四夷未敢不服，故表現恭順耳。

　　大業九年六月，禮部尚書楊玄感乘隋煬帝正第二次東征高麗之際，反於

〔註 56〕《隋書》，卷四，〈帝紀第四‧煬帝下〉，頁 94。大致歸納了隋煬帝時之政亂狀況曰：「……政刑弛紊，賄貨公行……六軍不息，百役繁興，行者不歸，居者失業，人饑相食，邑落為墟……東西遊幸，靡有定居，每以供費不足，逆收數年之賦。所至唯與後宮流連耽湎，惟日不足，招迎姥媼，朝夕共肆醜言。又引少年，令與宮人穢亂，不軌不遜，以為娛樂……」。

〔註 57〕《隋書》，卷四，〈帝紀第四‧煬帝下〉，頁 95～96。

〔註 58〕《隋書》，卷四，〈帝紀第四‧煬帝下〉，頁 95。

〔註 59〕《隋書》，卷三，〈帝紀第三‧煬帝上〉，頁 76；卷四，〈帝紀第四‧煬帝下〉，頁 79～88。及卷八十一，〈列傳第四十六‧東夷〉，附〈高麗傳〉，頁 1817。有關隋煬帝三征高麗對隋朝國運之影響，可參嚴鈞善〈隋煬帝東征高麗與隋代之國運〉（刊於《復興崗學報》，11 期，台北：民 62 年 6 月）；及南衣〈隋煬帝三次伐高麗之經過與檢討〉（刊於《中華文化復興月刊》，15 卷 7 期，台北：民 71 年 7 月）。

〔註 60〕《隋書》，卷三，〈帝紀第三‧煬帝上〉，頁 73。

黎陽，隋朝雖立即傳檄發兵平之，〔註61〕固顯示隋朝權力結構猶強，但一方面亦肇現其統治危機。大業十年二月，「扶風人唐弼舉兵反，眾十萬，推李弘為天子，自稱唐王」；四月，「彭城賊張大彪聚眾數萬，保懸薄山為盜」；五月，「賊帥宋世謨陷琅邪郡……延安人劉迦論舉兵反，自稱皇王」。這些動亂狀況的方興未艾，也進一步透露出隋朝「內部環境」不穩與惡化傾向之警訊。〔註62〕惟隋煬帝卻無視此危機之存在，又發天下之兵，於大業十年七月車駕次懷遠鎮（今遼寧遼中），〔註63〕展開其第三次之遠征高麗行動。《隋書・高麗傳》載曰：

> ……會盜賊蜂起，人多流亡，所在阻絕，軍多失期。至遼水（今遼寧遼河），高麗亦困弊，遣使乞降……〔註64〕

可見此次遠征高麗作戰，隋煬帝可謂在「天下已亂」之狀況下，勉而行之；故雖獲得偶而之勝，但是年十月班師回到京師後，所面對的則是中原變亂四起之局面。〔註65〕吾人觀察此過程可以瞭解，隋朝由盛而衰、由安而亂之轉變，隋煬帝三年之內連續三次動用大軍，遠赴高麗作戰，勞民傷財，人心怨恨，應是關鍵。大業十一年八月，隋煬帝就在這樣內部動盪紛擾之狀況下，不思求安之道，卻又勞師北巡邊塞，途中竟為其附庸之國所圍，爆發「雁門事件」。

而隋煬帝被圍於雁門竟月，勤王之兵居然在突厥退兵之後才姍姍遲來，不但說明隋煬帝對內外戰略環境之無知與誤判，也顯示隋王朝經過三次遠征高麗的折損後，其統治權力已衰落不堪的事實。是年十月，隋煬帝由雁門歷劫歸於東都後，中原更是亂者如市，朝廷失御；內外環境惡化至此，隋朝之亡，其實已是時間問題。〔註66〕此亦前此戰爭之「累積效應」也。

〔註61〕《隋書》，卷四，〈帝紀第四・煬帝下〉，頁84；及卷七十，〈列傳第三十五・楊玄感傳〉，頁1616～19。

〔註62〕《隋書》，卷四，〈帝紀第四・煬帝下〉，頁87。

〔註63〕同上注。

〔註64〕《隋書》，卷八十一，〈列傳第四十六・東夷〉，附〈高麗傳〉，頁1817。

〔註65〕大業十年十月，隋煬帝自遼東戰場返回京師，至十一年八月北巡邊塞期間，隋朝國內所發生之武裝動亂事件，計有：十一月，司馬長安破長安郡；離石胡舉兵反，眾至數萬；王得仁擁眾數萬為盜。十二月，孟讓眾十餘萬，據都梁宮。十一年二月，楊仲緒率眾萬餘，攻北平；王須拔與魏刁兒反，眾各十餘萬，北連突厥，南寇趙。五月，司馬長安破西河郡。七月，張起緒舉兵為盜，眾至三萬。見《隋書》，卷四，〈帝紀第四・煬帝下〉，頁88～89。

〔註66〕從大業十一年雁門戰後開始，天下變亂風起，僅半年內就有：十月，魏騏驎

從大業十一年九月「雁門之戰」結束，至義寧二年（大業十八年，618）三月隋煬帝在江都被殺而隋亡，〔註67〕不過短短三年半而已；歷史上大帝國土崩瓦解之迅速，亦如魏徵所曰：「未有若斯之甚也」！

因此，在隋朝快速衰亡之過程中，「雁門之戰」雖歷時不長、規模不大，但卻應扮演楊隋存亡轉折之推手角色。筆者認為，「雁門之戰」是隋朝歷經三次遠征高麗戰爭後，在國力「累積」耗損至一定程度之不利狀況下，中斷隋煬帝皇權運作月餘，並嚴重打擊其領導威信之一次事件，致原本即已浮動不安之社會與人心，更為動盪，對隋朝之喪亂與滅亡，當有直接催化作用。設無「雁門之戰」，隋朝或亦難逃覆亡命運，但恐不致如此土崩瓦解之速；此「雁門之戰」影響二也。

三、東突厥「以漢制漢」政策的形成

就在隋末喪亂，中原內戰不已之際，突厥悄然強盛於北邊；不少野心軍閥遂外聯突厥，以為奧援，達其割據之目的，並皆曾北向東突厥稱臣。而東突厥方面，自然也樂於利用這些向北稱臣之中原人物，作為其對中國擴建勢力的工具。〔註68〕因此，東突厥亦發展出了一套仿自隋朝，以「分化制衡」南方勢力為基礎的戰略，〔註69〕此即所謂「以漢制漢」也。〔註70〕而東突厥乘隋末喪亂而坐大，竟成遙控中原的強大力量，徹底改變了北中國的戰略環境，但也促成初唐為牽制東突厥而建立的「遠交近攻」大戰略構想（詳後論）。〔註71〕此「雁門之戰」影響三也。

聚眾萬餘，寇魯郡；盧明月聚眾十餘萬，寇陳、汝間；李子通擁眾稱楚王，寇江都。十一月，王須拔破高陽郡。十二月，朱粲擁眾數十萬，寇荊襄，稱楚帝。十二年正月，翟松柏起兵靈丘，眾至數萬。二月，盧公暹率眾數萬，保于蒼山。四月，甄翟兒眾十萬，寇太原……等事件。見《隋書》，卷四，〈帝紀第四・煬帝下〉，頁89～90。

〔註67〕大業十三年（617）十一月，李淵入長安，立代王楊侑為帝，改元義寧，遙尊在江都離宮之隋煬帝為太上皇。見《隋書》，卷四，〈帝紀第四・煬帝下〉，頁93。故義寧二年即大業十四年，亦唐高祖武德元年。

〔註68〕前引馬長壽《突厥人和突厥汗國》，頁37。又，有關隋末唐初黃河地區群雄與東突厥之關係，可參前引雷家驥師〈從戰略發展看唐朝節度體制的創建〉，表一，頁224～26。

〔註69〕前引雷家驥師〈從戰略發展看唐朝節度體制的創建〉，頁224。

〔註70〕前引林恩顯《突厥研究》，頁270。

〔註71〕前引雷家驥師〈從戰略發展看唐朝節度體制的創建〉，頁227～29。

第三節 唐太宗貞觀四年「唐滅東突厥之戰」

唐朝開國前後的北邊戰略情勢，仍由東突厥主導。而黃河流域割據群雄爲求其奧援，也多往依之，如《新唐書・突厥傳》所載：「竇建德、薛舉、劉武周、梁師都、李軌、王世充等倔起虎視，悉臣尊之。」〔註72〕甚至連唐朝開國皇帝李淵，都曾經向突厥可汗稱過臣。〔註73〕唐高祖武德二年（619），始畢可汗卒，突厥立其弟俟利弗設爲處羅可汗。〔註74〕

處羅可汗爲維持突厥在北中國的既得戰略利益，不但繼續與中原割據勢力相結，企圖阻止唐朝統一中國，而且還在定襄（內蒙和林格爾西北）扶植隋煬帝之孫楊政道爲隋王，置百官，皆依隋制，並「行其正朔」，以與唐王朝分庭抗禮。〔註75〕武德三年（620），處羅可汗卒，其弟咄苾（莫賀咄）嗣立，是爲頡利可汗。〔註76〕頡利建牙「直五原北」，並「以始畢之子什鉢苾爲突利可汗，使居東」，分區統治北塞地區。〔註77〕頡利可汗即位之後，對中國的侵擾更加頻繁，幾乎年年寇掠，成爲唐朝初立之時的最大安全威脅（見表六：戰例1～6、8）。

不過，東突厥在初唐時期實施「以漢制漢」之戰略，也顯示其雖有「憑

〔註72〕《新唐書》，卷二百一十五上，〈列傳第一百四十上・突厥上〉，頁6028。

〔註73〕吳兢《貞觀政要》，卷二，〈任賢第三〉，李靖條，上海：古籍出版社，1978年9月，頁38。又，筆者按：有關唐高祖向突厥稱臣事，李樹桐曾就史料隱諱問題，多所考證，可參〈唐高祖稱臣於突厥考辨〉，1～2，刊於《大陸雜誌》，26卷，1～2期，台北：民52年1～2。收入氏著《唐史考辨》，台北：中華書局，民54年4月，頁214～46；〈再辨唐高祖稱臣於突厥事〉，刊於《大陸雜誌》，37卷，8期，台北：民57年10月；及〈三辨唐高祖稱臣於突厥事〉，刊於《大陸雜誌》，61卷，4期，台北：民69年10月。

〔註74〕《舊唐書》，卷一百九十四上，〈列傳第一百四十四上・突厥上〉，頁5152；《新唐書》，卷二百一十五上，〈列傳第一百四十上・突厥上〉，頁6028。《通鑑》，卷一百八十七，〈唐紀三〉，高祖武德二年二月條，頁5847；所載同。

〔註75〕《通典》，卷一百九十七，〈邊防十三・突厥上〉，頁5407；《舊唐書》，卷一百九十四上，〈列傳第一百四十四上・突厥上〉，頁5154。《通鑑》，卷一百八十八，〈唐紀四〉，高祖武德三年二月條，頁5878；所載略同。惟《新唐書》，卷二百一十五上，〈列傳第一百四十上・突厥上〉，頁6029，載爲楊正道。

〔註76〕《通典》，卷一百九十七，〈邊防十三・突厥上〉，頁5408；《舊唐書》，卷一百九十四上，〈列傳第一百四十四上・突厥上〉，頁5154；《新唐書》，卷二百一十五上，〈列傳第一百四十上・突厥上〉，頁6029。《通鑑》，卷一百八十八，〈唐紀四〉，高祖武德三年十一月條，頁5895～96，所載同。

〔註77〕《舊唐書》，卷一百九十四上，〈列傳第一百四十四上・突厥上〉，頁5155；及《新唐書》，卷二百一十五上，〈列傳第一百四十上・突厥上〉，頁6029。

陵中原之志」，〔註78〕但似無深入南方與中國全面開戰之條件。蓋當時東西突厥關係緊張，西突厥又是唐朝北亞「遠交近攻」戰略下結盟之對象，而臣屬於東突厥之邊裔部族亦未必全然對其誠服，東突厥力量相當受到牽制。〔註79〕在此戰略環境下，東突厥雖號稱控弦百萬，惟須分兵監視鎮守之區域遼闊，自不能全力用於對中國作戰，否則本身反有安全顧慮。

　　然而就東突厥國家安全立場言，亦必定瞭解到，一旦中國出現統一政權，當對其不利；因此，東突厥在既不能舉國南下，征服中國，以徹底消除威脅源頭，又不願坐視中國強大之狀況下，就只好使用「以漢制漢」戰略，以維持中國之分裂狀態，一方面為了其自身國家安全，另一方面也可藉此獲取漁利。突厥的這種國家戰略，反映在對唐朝的作戰行為上，除了「以漢制漢」阻撓中國統一外，就是不斷略邊，並藉機向唐朝索取厚利，以滿足其物質需求。

　　唐高祖武德九年（626）八月，頡利乘唐室發生「玄武門之變」，國家元氣大傷，唐太宗又初即帝位，政權未穩之際，與其侄突利合兵二十萬騎，號稱百萬，長驅直入，到達離京師長安不遠的「渭水便橋」北，唐廷震動（見表六：戰例7）。當時唐太宗因「即位日淺，國家未安，百姓未富」，乃委曲求全，「斬白馬，與頡利盟於便橋之上」作為條件，以換取突厥退兵，此即其自認生平最大遺憾的「渭水之恥」。〔註80〕此事件後，唐太宗為了雪恥與徹底解

〔註78〕《通典》，卷一百九十七，〈邊防十三・突厥上〉，頁5408；及《舊唐書》，卷一百九十四上，〈列傳第一百四十四上・突厥上〉，頁5155

〔註79〕《唐會要》，卷九十四，〈西突厥〉，頁1693。另，《舊唐書》，卷一百九十四上，〈列傳第一百四十四上・突厥上〉，頁5181，亦載：「（西突厥）統葉護可汗，勇而有謀，善攻戰……武德三年，遣使貢條支巨卵。時北突厥作患，高祖厚加撫結，與之并力以圖北蕃，統葉護許以五年冬。大軍將發，頡利可汗聞之大懼，復與統葉護通和，無相爭伐。統葉護尋遣使來求婚，高祖謂侍臣曰：『西突厥去我懸遠，急疾不相得力，今請婚，其計安在？』封德彝對曰：『當今之務，莫若遠交而近攻，正可權許其婚，以威北狄，待之數年後，中國盛全，徐思其宜。』高祖遂許之婚……」。《新唐書》，卷二百一十五上，〈列傳第一百四十上・突厥上〉，頁6056～57，所載略同。不過，因空間之隔離，西突厥與唐朝之關係，僅停留在外交層次，始終未能達成後者所預期之對東突厥聯盟作戰目的。

〔註80〕突厥到達渭水北岸之兵力，《舊唐書》，卷一百九十四上，〈列傳第一百四十四上・突厥上〉，頁5157，載：「九年七月，頡利自率十餘萬騎進寇武功，京師戒嚴」；《新唐書》，卷二百一十五上，〈一百四十上・突厥上〉，頁6033，載：「其七月，頡利自將十萬騎襲武功，京師戒嚴」。《通典》，卷一百九十七，〈邊防十三・突厥上〉，頁5409，亦載為「十餘萬騎」。《貞觀政要》，卷八，〈征伐第三十五〉，頁259，則載為「二十萬」。《通鑑》，卷一百九十一，〈唐紀七〉，

除東突厥威脅，於是開始勵精圖治，厚植國力，強化訓練，積極整備「反擊東突厥」作戰。

唐太宗少好弓矢，自謂「能盡其妙」，〔註81〕爲準備對突厥作戰，從九月丁未（二十二日，亦即突厥退兵後第二十三天）開始，每日「引諸衛將卒習射於顯德殿庭」，在訓練上「親教親考」，不久「士卒皆爲精銳」，軍隊基本戰力大爲提昇。〔註82〕同時，爲了研發對突厥作戰的騎兵戰術戰法，唐太宗又令呂才「造方域圖及教飛騎戰陣圖」，以強化軍隊組合戰力。〔註83〕另一方面，貞觀元年（627）東突厥「內部環境」也出現了變化，態勢逐漸趨於對唐朝有利；《舊唐書·突厥傳》載曰：

> 貞觀元年，陰山已北薛延陀、迴紇、拔也古等餘部皆相率背叛，擊走欲谷設。頡利遣突利討之，師又敗績，輕騎奔還。頡利怒，拘之十餘日，突利由是怨望，內欲背之。其國大雪，平地數尺，羊馬皆死，人大饑，乃引兵入朔州，揚言會獵，實設備焉。侍臣咸曰：「夷狄無信，先自猜疑，盟後將兵，忽踐疆境。可乘其便，數以背約，因而討之。」太宗曰：「匹夫一言，尚須存信，何況天下主乎！豈有親與之和，利其災禍而乘危迫險以滅之耶？諸公爲可，朕不爲也。縱突厥部落叛盡，六畜皆死，朕終示以信，不妄討之，待其無禮，方擒取耳。」〔註84〕

戰略之神髓，在於穩當；當時唐太宗未乘機立即攻擊東突厥，非不欲復仇，而恐是尚無絕對勝算。吾人由日後頡利被俘，唐太宗大悅，顧謂侍臣所曰：「往者國家草創，突厥強梁，太上皇以百姓之故，稱臣於頡利，朕未嘗不痛心疾首，志滅匈奴，坐不安席，食不甘味。今者暫動偏師，無往不捷，單于稽顙，

高祖武德九年八月條，頁 6019～20，所載同。以上兵力部分說法不一，雖吳兢與杜佑均爲唐人，但後者於德宗朝始爲官，前者於武周時即入史館，故吳兢之說法可能較接近事實。又，有關「渭水便橋」位置，見嚴耕望《唐代交通圖考》，卷二，篇十一，〈長安西通安西驛道上〉，頁 354。「渭水之恥」本末考實，可參閱前引李樹桐《唐史考辨》，頁 247～75。

〔註81〕《貞觀政要》，卷一，〈政體第二〉，頁 12。有關唐太宗之善用弓矢，《新唐書》，卷八十六，〈列傳第十一·劉黑闥傳〉，頁 31，亦載：「其弧矢制倍於常」。

〔註82〕《舊唐書》卷二，〈本紀第二·太宗上〉，頁 30～31；及《通鑑》，卷一百九十二，〈唐紀八〉，高祖武德九年九月條，頁 6021～22。

〔註83〕《舊唐書》卷七十九，〈列傳第二十九·呂才傳〉，頁 2726。

〔註84〕《舊唐書》，卷一百九十四上，〈列傳第一百四十四上·突厥傳上〉，頁 5158。及表六：戰例 7。

恥其雪乎！」〔註85〕可以看出唐太宗對東突厥雪恥之心，是如何堅定、強烈、一刻都不能忘懷。筆者認為，當時唐太宗已完全掌握「**戰略情報**」；因此，貞觀元年其所以未乘東突厥天災與內亂之際，發兵擊之，應非重盟約與誠信，恐是時機尚未成熟之故。而此時機，筆者判斷當與營造西突厥軍事結盟以夾擊東突厥，及策反突利來歸以由內部削弱東突厥力量有關。

　　貞觀元年五月，割據恆安之苑君璋率眾來降，並「請捍北邊以贖罪」，太宗許之。〔註86〕貞觀二年（628）四月，唐朝又消滅了依附於東突厥的梁師都，佔領朔方（唐置夏州，今內蒙烏審旗南白城子）。〔註87〕這兩件事情，使唐朝的力量向北推進了一大步，由此作為前進基地，大大縮短了日後對突厥作戰的補給線。同年四月，突利自陳為頡利所攻，求救於唐，太宗表面上以「與頡利盟，又與突利有昆弟約」，救與不救，似陷於兩難；但實際上，卻可能是無法判定此一狀況之真實性，故未發兵，僅詔將軍周範沿太原之線防禦（見表六：戰例8）。九月，頡利又擁兵寇邊，朝臣有「或請築古長城，發民乘塞」者，但未為唐太宗所採納。《新唐書·突厥傳》載當時唐太宗之戰略判斷與行動指導，曰：

> 帝曰：「突厥盛夏而霜，五日並出，三月連明，赤氣滿野，彼見災而
> 不務德，不畏天也。遷徙無常，六畜多死，不用地也……嫚鬼神也。
> 與突利不睦，內相攻殘，不和於親也。有是四者，將亡矣，當為公
> 等取之，安在築障塞乎？」〔註88〕

吾人由唐太宗這段談話可以看出，這時候唐朝應大致完成了對東突厥之戰爭準備，而唐太宗不但已充分掌握東突厥狀況，並且充滿戰勝信心，只在等待戰機到來而已。貞觀二年，北亞戰略環境又有了巨大變化，西突厥方面：葉護可汗死，其國大亂，唐朝與西突厥軍事結盟以東西夾擊東突厥之構想，乃告落空，對唐不利。東突厥方面：因頡利政衰，原附於東突厥之薛延陀夷男部落反，攻破頡利，於是東突厥諸部多叛頡利，歸於夷男，共推其為主，夷

〔註85〕《貞觀政要》，卷二，〈任賢第三〉，頁38。
〔註86〕《舊唐書》，卷五十五，〈列傳第五·劉武周傳〉，〈附苑君璋傳〉，頁2255。《新
　　　　唐書》，卷九十二，〈列傳第十七·苑君璋傳〉，頁3805；及《通鑑》，卷一百
　　　　九十二，〈唐紀八〉，貞觀元年五月條，頁6035，所載略同。
〔註87〕《舊唐書》，卷五十六，〈列傳第六·梁師都傳〉，頁2281。頁3730；及《通
　　　　鑑》，卷一百九十二，〈唐紀八〉，貞觀二年四月條，頁6050，所載略同。
〔註88〕《新唐書》，卷二百一十五上，〈列傳第一百四十上·突厥上〉，頁6034。

男不敢當。時太宗方圖頡利，遣使從間道齎冊書，拜夷男爲眞珠毗伽可汗，賜以鼓纛；〔註89〕北邊對東突厥南北夾擊之有利戰略態勢，亦因此而形成，對唐有利。

總體而言，唐朝雖失去與較遠之西突厥結盟機會，但卻爭取到可直接威脅東突厥背後之薛延陀協力，就大戰略言，唐朝已明顯掌握優勢。不過，筆者認爲此一戰略情勢之改變，也使唐朝攻擊東突厥之時機，轉而完全寄望於分化與策反突利之上。關於這一點，吾人或許能從唐朝大軍出動攻擊東突厥的第十天，也就是貞觀三年十二月戊辰（二日），突利可汗入朝之事實，〔註90〕大致得到證明。

貞觀三年（629）八月，代州（今山西代縣）都督張公謹，上書建議朝廷攻擊東突厥，並陳述可以取勝的理由，獲太宗同意，但太宗並未下令立即出兵。〔註91〕同年十一月辛丑（四日），東突厥又寇河西，被肅州（今甘肅酒泉）刺史公孫武達及甘州（今甘肅張掖）刺史成仁重擊退。這一次太宗卻以東突厥犯境爲理由，於十一月庚申（二十三日），命并州都督李（世）勣爲通漢（漢）道行軍總管，華州刺史柴紹爲金河道行軍總管，任城王李道宗爲大同道行軍總管，幽州都督衛孝節爲恆安道行軍總管，營州都督薛萬徹爲暢武道行軍總管，統由定襄道行軍總管李靖節度，總計十餘萬大軍，六路出擊東突厥。唐朝對東突厥的反擊作戰，於是正式展開（唐太宗對東突厥作戰之戰略構想，如圖10示意）。〔註92〕

前已說明，唐太宗在無法與西突厥結盟夾攻東突厥之狀況下，雖爭取到了薛延陀協力，但爲求穩當，將反擊東突厥作戰之時機，繫於策反突利之上。貞觀二年突利求救於唐，太宗未出兵相應，恐是仍對突利行動存疑所致。次

〔註89〕《舊唐書》，卷一百九十九下，〈列傳第一百九十九下·北狄傳〉，頁5344；及《新唐書》，卷二百一十七下，〈列傳第一百四十二下·回鶻下〉，附〈薛延陀傳〉，頁6134～35。

〔註90〕《通鑑》，卷一百九十三，〈唐紀九〉，貞觀三年十二月條，頁6067。

〔註91〕《舊唐書》，卷六十八，〈列傳第十八·張公謹傳〉，頁2506。《新唐書》，卷八十九，〈列傳第十四·張公謹傳〉，頁3754；及《通鑑》，卷一百九十三，〈唐紀九〉，貞觀三年八月條，頁6065，所載略同。

〔註92〕《舊唐書》，卷二，〈本紀第二·太宗上〉，頁37；卷一百九十四上，〈列傳第一百四十四上·突厥傳上〉，頁5159；及《新唐書》，卷二，〈本紀第二·太宗〉，頁30；卷二百一十五上，〈列傳第一百四十上·突厥上〉，頁6035。惟《新》書薛萬徹作薛萬淑。另，《通鑑》，卷一百九十三，〈唐紀九〉，貞觀三年十一月條，頁6066，所載略同。

年八月，張公謹上書請攻突厥，太宗雖同意，但未立即行動，可能也是基於尚未見到突利正式投降的原因。十一月四日，東突厥寇河西，唐太宗決定對東突厥發動全面反擊，則是時機已然成熟之故。

筆者以爲，劫掠本是游牧民族慣常行爲，唐太宗若以此爲藉口，二十天後大舉反擊東突厥，理由似嫌牽強；故使唐太宗動用六路大軍進擊東突厥之眞正原因，恐應是已能確實掌握突利投降動向。

也就是說，十一月二十三日唐朝對東突厥發動全面攻勢前，突利當已投降唐朝，並確定進入唐軍陣線之內；唐太宗等待多時之戰機，才終於到來。東突厥之寇河西，適時給了唐朝用兵藉口。貞觀四年，唐軍擊滅東突厥之戰，筆者概將全戰役過程區分爲陰山南麓與陰山北麓兩次作戰，析論如下：

一、陰山南麓之戰

本階段作戰，又包括定襄與白道兩次會戰（見表六：戰例 10）。《通鑑》太宗貞觀四年正月條，載「定襄之戰」經過狀況（見圖 38），曰：

> 春，正月，李靖帥驍騎三千自馬邑（今山西朔縣）進屯惡陽嶺（今內蒙和林格爾西南、大紅城北），夜，襲定襄，破之。突厥頡利可汗不意（李）靖猝至，大驚曰：「唐不傾國而來，靖何敢孤軍至此！」其眾一日數驚，乃徙牙於磧口。靖復遣諜離其心腹，頡利所親康蘇密以隋蕭后及煬帝之孫政道來降。乙亥（九日）至京師。〔註93〕

貞觀三年有閏十二月。〔註94〕本次作戰，李靖兵團自貞觀三年十一月二十三日接受唐太宗「出定襄道」詔令，至四年正月初五左右，突擊定襄成功，歷

〔註93〕《通鑑》，卷一百九十三，〈唐紀九〉，太宗貞觀四年正月條，頁 6070～71，頁 6072。另，《通典》，卷一百九十七，〈邊防十三・突厥上〉，頁 5411；《舊唐書》，卷六十七，〈列傳第十七・李靖傳〉，頁 2479；及《新唐書》，卷九十三，〈列傳第十八・李靖傳〉，頁 3814，所載略同，惟較簡略。爲論析戰爭，姑引《通鑑》文。又有關唐軍夜襲兵力，前引新、舊《唐書》、《通鑑》，及《貞觀政要》，卷二，〈任賢第三・李靖〉，頁 37，均載爲「三千」；王欽若《冊府元龜》，卷四百一十一，〈將帥部・間諜〉，北京：中華書局，1989 年 11 月，頁 1041，則載爲「二千」，後者顯有誤。又，「磧口」爲大漠入口；陰山以北之「磧口」甚多，此「磧口」在白道之北，約位於今內蒙二連浩特西南之善丁呼拉爾附近（見《中國戰典》，頁 465）。筆者按，現今中國大陸已概沿古道路線，築有一條越漠通外蒙首都烏蘭巴托的鐵路。

〔註94〕前引方詩銘《中國史歷日和中西歷日對照表》，頁 396。

時約兩個月又十二天。〔註95〕李靖率驍騎三千，由馬邑夜襲定襄，馬邑應是該兵團完成「戰略集中」後，準備發動攻勢時兵團主力所在位置。

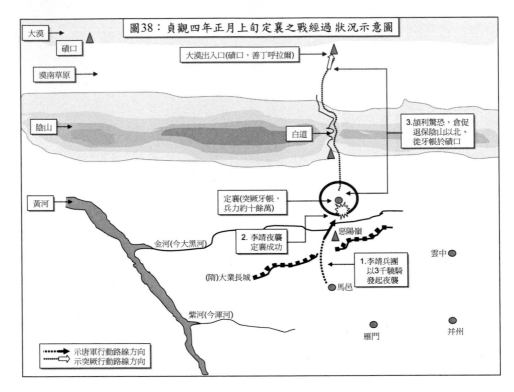

圖38：貞觀四年正月上旬定襄之戰經過狀況示意圖

大漠 →
磧口
漠南草原 →
大漠出入口（磧口，善丁呼拉爾）
陰山
白道
3.頡利驚恐，倉促退保陰山以北，徙牙帳於磧口
黃河
金河（今大黑河）
定襄（突厥牙帳，兵力約十餘萬）
惡陽嶺
2.李靖夜襲定襄成功
1.李靖兵團以3千驍騎發起夜襲
雲中
（隋）大業長城
馬邑
雁門
并州
紫河（今渾河）
示唐軍行動路線方向
示突厥行動路線方向

此外，并州都督李勣由「通漢道」〔註96〕出雲中（今山西大同），二月甲辰（八日）與「定襄之戰」敗退之突厥戰於白道；筆者稱其為「白道之戰」。

〔註95〕定襄（單于府）取太原路，距長安約2000里（見嚴耕望《唐代交通圖考》，卷五，篇三十七，〈太原北塞交通諸道〉，頁 1138）；李靖於正月乙亥（九日）得隋王與蕭后，大功一件，判斷必經由驛站，晝夜不停，換馬解送長安。惟因有女眷，車行速度應不致太快，若從寬以日行二百餘里（約 100公里）計，則約九日可到。依此向前推算，唐軍夜襲定襄，可能在正月初五左右。

〔註96〕《通典》，卷一百九十七，〈邊防十三·突厥上〉，頁 5411；《舊唐書》，卷六十七，〈列傳第十七·李勣傳〉，頁 2485；及《通鑑》，卷一百九十三，〈唐紀九〉，貞觀三年十一月條，頁 6066，均作「通漢道」。惟《新唐書》卷九十三，〈列傳第十八·李勣傳〉，頁 3818；及《新唐書》，卷二，〈本紀第二·太宗〉，頁 30，作「通漠道」。又據顧祖禹《讀史方輿記要》，卷四十四，〈山西六〉，頁 20，載：「通漠道在府（大同）南……或曰：通漠等道，有隨宜立名，以別軍號者，非確有其地也」，大致說明了此處「道」所代表之意義。

《通鑑》太宗貞觀四年二月條載其狀況曰：

　　李世勣出雲中，與突厥戰於白道，大破之……甲辰（八日），李靖破

　　突厥頡利可汗於陰山……頡利既敗，竄於鐵山……〔註97〕

經此之敗，唐軍掌握由白道「跨陰山」作戰之利，頡利只得收拾殘餘兵力，
退保鐵山（今內蒙白雲鄂博附近，屬包頭市管轄），李靖、李勣兩路兵團乃於
稍後會師於白道。「定襄之戰」，突厥驚慌而退，因懼唐軍「傾國而來」，本身
又背對地障作戰，縱深不足，心理因素及戰略態勢不利所致。「白道之戰」，
李勣兵團到達過晚，雖然獲勝，但卻錯失在地障入口「攔截」退敵之機，因
此也才有第二階段的陰山北麓作戰。

　　陰山南麓作戰，李靖奉命「節度」諸軍，故就常理言，為發揮「統合戰
力」，李勣兵團之行動應受李靖管制，共同擊敵於定襄與白道之間地區。筆者
判斷，李靖敢以小部隊深入敵陣，夜襲突厥牙帳，理應先已與李勣完成協調，
並要求李勣須於李靖正月上旬突擊定襄之時，適時到達白道，阻止頡利通過
陰山隘口向北退卻，與李靖會殲東突厥軍於陰山以南地區。若李勣成功在白
道攔截退敵，前後夾擊，當能創造殲滅戰果，提早結束戰役。惟李勣到達白
道時機過遲，敵軍主力已經通過陰山隘道北去，遂逸失攔截戰機，而所謂「白
道之戰」，則極可能只是李勣兵團前衛與突厥後衛或警戒兵力在白道附近所發
生的一場遭遇戰鬥而已。

　　總之，依筆者瞭解，「白道之戰」應是頡利可汗甫遭李靖奇襲，懷疑唐軍
「傾國而來」，而從定襄倉皇撤退至陰山之線，不久又見李勣軍至，益信唐朝
大軍在後，驚恐之餘，不敢戀戰，故接觸即退。史書對本戰記載十分簡略，
顯示應無大戰發生，此或能旁證筆者對上述戰情之推斷。否則以白道之地形
特性，及頡利退至鐵山時「兵尚數萬」〔註98〕之戰力，除非突厥主動放棄，
唐軍恐不能如此輕易佔領白道，並由此向陰山以北轉用兵力。貞觀四年正月
上旬「白道之戰」經過，如圖39示意。

─────────────

〔註97〕　《通鑑》，卷一百九十三，〈唐紀九〉，太宗貞觀四年二月條，頁6072。

〔註98〕　《通典》，卷一百九十七，〈邊防十三・突厥上〉，頁5411；《舊唐書》，卷一百
　　　　九十四上，〈列傳第一百四十四上・突厥傳上〉，頁5159；及《新唐書》，卷二
　　　　百一十五上，〈列傳第一百四十上・突厥上〉，頁6035。《通鑑》卷一百九十三，
　　　　〈唐紀九〉，貞觀四年正～二月條，頁6071～2，所載略同。

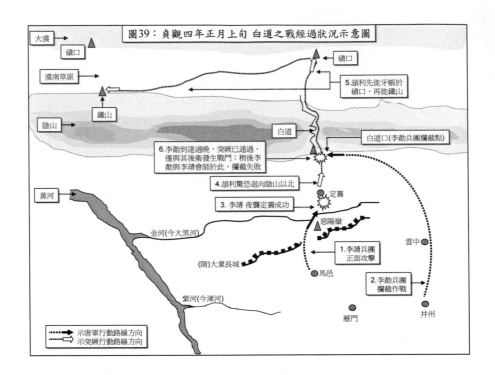

圖39：貞觀四年正月上旬 白道之戰經過狀況示意圖

二、陰山北麓之戰

貞觀四年正月，東突厥頡利可汗於陰山以南地區戰敗後，收拾數萬兵力，退守陰山北麓的鐵山一帶，唐軍也開始展開本戰役的第二階段作戰；因本戰「會戰地」在鐵山一帶，故筆者亦稱其為「鐵山之戰」。當時頡利經陰山南麓之敗，恐自認已非唐軍對手，乃遣執失思力「入朝謝罪，請舉國內附」，惟據《貞觀政要》所載，頡利當時的態度卻是「雖外請降，而心懷疑貳」。〔註99〕唐太宗於接獲頡利投降請求後，立即派遣鴻臚卿唐儉為使，至頡利牙帳慰撫東突厥，並詔令李靖率兵接應頡利入塞。這時候李靖已引兵至白道與李勣會合，兩人研討當前狀況後，決定奇襲東突厥；《舊唐書·李勣傳》載曰：

> 勣與定襄道大總管李靖軍會，相與議曰：「頡利雖敗，人眾尚多，若走渡磧，保於九姓，道遙阻深，追則難及。今詔使唐儉至彼，其必弛備，我等隨後襲之，此不戰而平賊矣。」靖扼腕喜曰：「公之此言，

〔註99〕《貞觀政要》，卷二，〈任賢第三·李靖〉，頁37。有關頡利請降時之態度，《新唐書》，卷二百一十五上，〈列傳第一百四十上·突厥上〉，頁6035，載：「陽為哀言謝罪」。《通鑑》，卷一百九十三，〈唐紀九〉，貞觀四年二月條，頁6072載：「外為卑辭，內實猶豫，欲俟草青馬肥，亡入漠北」，義概同。

乃韓信滅田橫之策也。」於是定計。靖將兵逼夜而發，勣勒兵繼進。
〔註100〕

關於李靖與李勣奇襲突厥的決策過程，也涉及兩人與唐太宗之間的君臣默契與互信，並展現了當時唐軍將帥在戰場上可以看破好機、獨斷專行的一面。《舊唐書・李靖傳》載曰：

> 其年二月，太宗遣鴻臚卿唐儉、將軍安修仁慰諭，靖揣知其意，謂將軍張公謹曰：「詔使到彼，虜必自寬。遂選精騎一萬，齎二十日糧，引兵自白道襲之。」公謹曰：「詔許其降，行人在彼，未宜討擊。」靖曰：「此兵機也，時不可失，韓信所以破齊也。如唐儉等輩，何足可惜。」〔註101〕

經此討論，李靖乃斷然親率精騎，趁夜出發，奔襲鐵山。李勣則率其部，隨後跟進支援。「陰山北麓之戰」因而展開（見表六：戰例11，圖40）；《舊唐書・李靖傳》載作戰經過與結果曰：

> 督軍疾進，師至陰山，遇其斥候千餘帳，皆俘以隨軍。頡利見使者大悅，不虞官兵至也。靖軍將逼其牙帳十五里，虜始覺。頡利畏威先走，部眾因而潰散。靖斬萬餘級，俘男女十餘萬，殺其妻隋義成公主，頡利乘千里馬將走土谷渾，西道行軍總管張寶相擒之以獻……斥土界自陰山北至於大漠。〔註102〕

《舊唐書・李勣傳》載李勣跟進支援之狀況，曰：

> 靖軍既至，賊營大潰，頡利與萬餘人走渡磧。勣屯軍於磧口，頡利至，不得渡磧，其大酋長率其部落並降於勣，虜五萬人而還。〔註103〕

《舊唐書・蘇定方傳》載唐軍突擊鐵山突厥牙帳時之戰鬥狀況，曰：

〔註100〕《舊唐書》，卷六十七，〈列傳第十七・李勣傳〉，頁 2485。《新唐書》，卷九十三，〈列傳第十八・李勣傳〉，頁3818；《通鑑》，卷一百九十三，〈唐紀九〉，貞觀四年二月條，頁6072，所載略同。

〔註101〕《舊唐書》，卷六十七，〈列傳第十七・李靖傳〉，頁 2479。《新唐書》，卷九十三，〈列傳第十八・李靖傳〉，頁3814，所載略同。

〔註102〕《舊唐書》，卷六十七，〈列傳第十七・李靖傳〉，頁 2479～80。《新唐書》，卷九十三，〈列傳第十八・李靖傳〉，頁3814；及《通鑑》，卷一百九十三，〈唐紀九〉，貞觀四年二月條，頁6072～3，所載略同。

〔註103〕《舊唐書》，卷六十七，〈列傳第十七・李勣傳〉，頁 2485～86。《新唐書》，卷九十三，〈列傳第十八・李勣傳〉，頁3818；《通鑑》，卷一百九十三，〈唐紀九〉，貞觀四年二月條，頁6073，所載略同。

靖使定方率二百騎為前鋒，乘霧而行，去賊一里許，忽然霧歇，望
見其牙帳，馳掩殺數十百人。頡利及隋公主狼狽散走，餘眾俯伏，
靖軍既至，遂悉降之。〔註104〕

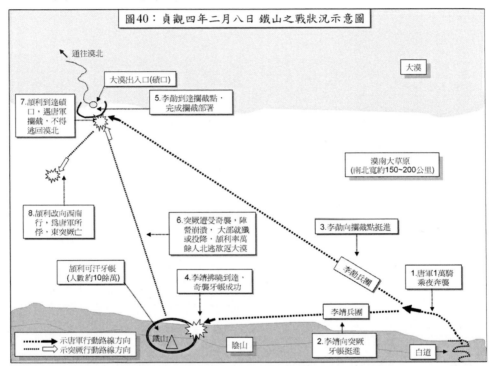

唐軍突擊鐵山，東突厥潰不成軍，頡利北走欲通過磧口逃回大漠，又遭李勣
攔截，只有帶著十餘騎，南往依靠靈州（今寧夏靈武西南）附近「督眾五萬
落」的小可汗沙鉢羅蘇尼失，並準備由此投奔吐谷渾。大同道行軍總管李道
宗得知狀況，引兵逼之，壓迫蘇尼失將頡利交給唐朝。此時頡利僅剩數騎，
乘夜逃走，藏匿在附近荒谷之中。蘇尼失畏懼唐朝軍力，只得以快騎追獲頡
利。三月庚辰（十五日），行軍副總管張寶相率兵到蘇尼失營中，將頡利押往
京師，蘇尼失亦投降，東突厥乃亡。〔註105〕

　　白道距離鐵山約一百六十公里，若備有副馬換乘，則此距離約為騎兵「急

〔註104〕《舊唐書》，卷八十三，〈列傳第三十三・蘇定方傳〉，頁 2777；又，因蘇定
　　　　方率部隨李靖「勒兵夜發」，故此「霧」判斷應為「晨霧」，而「忽然霧歇」
　　　　表示已近拂曉。《新唐書》，卷一百一十一，〈列傳第三十六・蘇定方傳〉，頁
　　　　4137，所載略同。
〔註105〕《舊唐書》，卷六十七，〈列傳第十・宗室傳〉，附〈江夏王道宗傳〉，頁 2354
　　　　～5；及《通鑑》，卷一百九十三，〈唐紀九〉，貞觀四年三月條，頁 6074。

行軍」一夜行程。前述之「逼夜而發」、「督軍疾進」、「乘霧而行」，大致說明了唐軍爲爭取時間，以免縱失戰機，當以「急行軍」方式，兼程「疾進」，徹夜趕路方式，實施接敵運動，而於次日晨霧散去之前，趕抵目標區附近，遂行戰鬥。故「鐵山之戰」，應可視爲一次「行軍」對「駐軍」之「遭遇」戰鬥。「遭遇戰」的特質爲敵情欠明，指揮官用於偵察、計畫與處置之時間極爲有限，其指導之要訣在於「先制」。亦即「先敵展開」、「先敵佔領要點」與「先敵攻擊」，第一線指揮官尤須掌握戰機，獨斷專行。蘇定方率唐軍前鋒兩百人，於霧散時已逼近突厥牙帳，進入相互目視距離之內，〔註106〕並於發現突厥牙帳後，立即發起攻擊，率部衝入敵陣，往返馳騁掩擊，斃敵「數十百人」。

　　吾人由《舊唐書·蘇定方傳》所載「頡利及隋公主狼狽散走，餘眾俯伏」，及《新唐書·蘇定方傳》所載「頡利及隋公主惶窘各遁去」狀況觀之，突厥因心理上遭受奇襲，其指揮體系迅速瓦解，兵雖眾而無鬥，已呈潰散之勢。故當李靖隨後趕到之時，再經一陣衝殺，未及逃逸者，只有棄械投降。唐軍奔襲鐵山之戰，整個戰鬥過程有如「摧枯拉朽」，突厥頡利可汗之「有生戰力」，須臾就殲。戰爭中，奇襲成功所產生的巨大效果，從本作戰中可得到印證。此外，奔襲作戰之距離越遠，越能出敵不意，達到奇襲效果，但背負被殲的風險亦愈大；其成敗關鍵，當在敵情掌握與行動速捷隱密之上。

　　本作戰堪稱奔襲經典戰例，足爲用兵者法。除李靖的兵不厭詐、當機立斷，造成以寡擊眾的輝煌奇襲戰果外，李勣成功攔截行動的配合，堵塞頡利逃往大漠之路，才得以充分發揮殲滅思想之神髓，貫徹奔襲作戰戰略之全功。若本戰僅有李靖的奔襲，而無李勣的攔截，則頡利極可能於鐵山戰敗後直接逃回漠北，可謂「擊敵半途而廢」，成爲稍早陰山南麓之戰的翻版。果如此，「鐵山之戰」的價值，亦僅止於「以少勝多」，而非「以寡殲眾」。

　　此外，本作戰突厥遭致被殲之嚴重後果，除其本身忽略駐軍間警戒措施

〔註106〕有關遭遇時的兩軍距離，史載不一。《貞觀政要》，卷二，〈任賢第三·李靖〉，頁 37，載：「靖前鋒乘霧而行，去其牙帳七里，頡利始覺」。《舊唐書·李靖傳》爲「十五里」（頁2479），同書〈蘇定方傳〉載「一里許」（頁2777）；《新唐書·李靖傳》未載，同書〈蘇定方傳〉（頁 4137）所載與《舊唐書·蘇定方傳》同。筆者認爲，其間產生差異之原因，可能是蘇定方所在的前衛，距敵陣較近，而李靖所在的本隊，距敵陣較遠之關係，撰史者似未慮及此一空間問題。由此或亦可推斷，唐軍在接敵運動中，前衛概與本隊保持十至十五里間距；而《通鑑》所載的「七里」，恐是兩傳折衷之數。筆者以爲，史載或有不同，但距離逼近，兩軍已可相互目視，應爲事實。

外，另一原因，當在棄守前方要點，並滯留於陰山與大漠兩大地障之間，缺乏戰略縱深，補給線脆弱，且無積極之作爲所致。本戰例，亦可說明北方游牧民族軍隊在漠南草原之上，對南方大軍取守勢的困難。

本作戰唐太宗詔令六路出兵，吾人由圖 10 所示之各路兵團位置，概知唐軍雖然廣正面進攻，但「主作戰」（亦即攻勢重點）明顯置於頡利牙帳所在地的定襄與白道方面；其餘方面，則應爲配合「主作戰」之「支作戰」。在「主作戰」方面，唐軍兵力三區分，分別是：以定襄爲中央突穿目標之李靖兵團，以白道爲攔截點之李勣兵團，及判斷以阻斷頡利與河套方面連絡爲目的之柴紹兵團。

在「支作戰」方面，亦區分爲三，判斷其任務分別是：營州薛萬徹兵團，負責牽制突厥在東部之兵力，使其無法轉用於陰山方面；幽州衛孝節兵團，阻斷頡利與燕山方面之連絡，並負責掩護李勣兵團攔截過程中之翼側安全；靈州李道宗兵團，負責監視與牽制突厥蘇尼失部，並阻止其與土谷渾之連絡。此三「支隊兵團」，又有構成防止頡利戰敗後脫逃包圍圈之作用。

一次戰役，擊滅一個強國，史上並不多見。吾人觀察唐太宗對本戰之戰爭準備、態勢營造、戰機掌握、全程構想、用兵指導，可謂上下扣合、一以貫之；而李靖、李勣兩位戰場指揮官看破好機、果斷專行之積極作爲，更發揮唐軍戰力於極致，使唐太宗所望之戰略目標，完全達成。唐朝獲此戰果，並非僥倖。

值得注意的是，一月上旬頡利於定襄戰敗後，撤兵陰山北麓，並「徙牙於磧口」，時唐軍未出陰山，頡利若欲規避唐軍進攻，應有足夠時間退至漠北。而「白道之戰」後，頡利雖西走鐵山，惟亦靠近磧口，在唐軍未到達前，隨時也都有渡漠而北之行動權利。但當時頡利卻一直滯留漠南，又無積極作爲，致予唐軍奇襲殲滅戰機。然而，頡利爲何於山南地區戰敗後，不立即撤回漠北？頗值探討；筆者認爲，此可能與漠北戰略環境變化對其不利有關。

蓋貞觀二年薛延陀主夷男乘頡利政衰，「率其徒屬反攻頡利，大破之」，其後並接受唐太宗冊封爲眞珠毗連可汗。接著，貞觀三年八月夷男遣其弟統特勒入朝，唐太宗賜以寶刀與寶鞭，並謂曰：「汝所部有大罪者斬之，小罪者鞭之」，〔註107〕薛延陀實際已取代東突厥，成爲漠北諸部的新權力中心。同年

〔註107〕《舊唐書》，卷一百九十九下，〈列傳第一百九十九下‧北狄傳〉，頁 5344。另，《唐會要》，卷九十六，〈薛延陀〉，頁 1726，載：「有大罪斬之，小罪鞭

九月，拔野古、僕骨、同羅、霫、奚諸部皆來朝。〔註108〕十一月，頡利也因薛延陀之受封而「大懼」，而遣使向唐稱臣，並請尚公主。〔註109〕可見當時唐朝與薛延陀等北方諸部關係密切，到了令東突厥緊張的地步，亦顯示漠北已非東突厥勢力範圍，此一戰略情勢的變化，當對東突厥極爲不利。

筆者研判，若頡利於陰山南麓戰敗後立即撤回漠北，可能產生之狀況與後果，大約有三：一是擊敗薛延陀，重新奪回漠北權力；但機會恐不大。二是如李勣所言「保於九姓」；惟亦可能淪爲鐵勒附庸，喪失原來權力與地位，非其所願。三是爲薛延陀所敗；或殺或遣送唐朝，任其處置，則等於亡國。因此，頡利若不回漠北，而選擇投降唐朝，舉國內附，至少還能保有部分權力與陰山附近草場。兩相權衡，後者似乎較爲有利，這可能是頡利兵敗山南後，滯留漠南，不立即撤回漠北的原因。

至於另一可能影響北邊戰略情勢變動的因素，則是西突厥。貞觀二年，西突厥統葉護之伯父殺統葉護而自立，是爲莫賀咄侯屈利俟毗可汗，唐太宗聞統葉護死，遣使悼之。《舊唐書・突厥傳》載當時西突厥方面之狀況，曰：

> （太宗）遣齎玉帛至其死所祭而焚之。會其國亂，不果至而止。莫賀咄侯屈利俟毗可汗，先分突厥種類爲小可汗，及此自稱大可汗，國人不附。弩失畢部共推泥孰莫賀設爲可汗，泥孰不從。時統葉護之子咥力特勤避莫賀咄之難，亡於康居，泥孰遂引而立之，是爲……肆葉護可汗。連兵不息，俱遣使來朝，各請婚於我。太宗答之曰：「汝國擾亂，君臣未定，戰爭不息，何得言婚？」竟不許。仍諷令各保所部，無相征伐。其西域諸國及鐵勒先役屬於西突厥者，悉叛之，國內虛耗……肆葉護既是舊主之子，爲眾心所歸……又興兵以擊莫賀咄，大敗之。莫賀咄遁於金山，爲咄陸可汗所害……。〔註110〕

之」，義同。《新唐書》，卷二百一十七下，〈列傳第一百四十二下・回鶻下〉，附〈薛延陀傳〉，頁 6135，載：「下有大過者，以吾鞭鞭之」，略異。

〔註108〕《新唐書》，卷二百一十五上，〈列傳第一百四十上・突厥上〉，頁 6035。《通鑑》卷一百九十三，〈唐紀九〉，貞觀四年正～二月條，頁 6066，所載略同。

〔註109〕《唐會要》，卷九十四，〈北突厥〉，頁 1689。

〔註110〕《舊唐書》，卷一百九十四上，〈列傳第一百四十四上・突厥傳上〉，頁 5182～83。《新唐書》，卷二百一十五下，〈列傳第一百四十下・突厥下〉，頁 6057，所載略同。《唐會要》，卷九十四，〈北突厥〉，頁 1689，亦載：「頡利亡，西突厥亦亂」。

統葉護死於貞觀二年，〔註111〕莫賀咄被殺於貞觀四年。〔註112〕這段期間，正是唐朝對東突厥用兵之關鍵時刻，西突厥內戰不已，自顧不暇，加上空間上的隔離，判斷應不致對唐朝與東突厥間之戰爭造成影響，故也不是頡利在山南作戰失敗後，決定是否撤回漠北之考慮因素。此外，吾人又由上引唐太宗拒絕西突厥各部請婚時所言，不但看出唐太宗已能完全掌握當時西突厥之內部狀況，而且也大底觀察到唐朝對西突厥之分化策略運用效果。本戰對北邊戰略環境變動與歷史發展之影響，大致有以下三點：

一、「皇帝天可汗」體制的出現與發展

貞觀四年二月，唐朝擊滅東突厥。三月，頡利可汗被俘解送至京師。四月，西北君長詣闕請唐太宗爲「天可汗」。〔註113〕於是北邊之戰略環境與歷史發展，正式進入「天可汗」體制時代。《通典·邊防》載曰：

> 大唐貞觀中，戶部奏言，中國人自塞外歸來及突厥前後降附開四夷爲州縣者，男女百二十萬口。時諸蕃君長詣闕頓顙，請太宗爲天可汗。制曰：「我爲大唐天子，又下行可汗事乎？」群臣及四夷咸稱萬歲。是後以璽書賜西域、北荒之君長，皆稱「皇帝天可汗」。諸蕃渠帥死亡者，必詔冊立其後嗣焉。統臨四夷，自此始也。〔註114〕

唐太宗被尊爲「皇帝天可汗」，使其既是中國皇帝，又兼西域與漠北「可汗稱謂」國家之「天可汗」，〔註115〕顯示唐朝於征服東突厥後，已成北亞的國際盟主。在此體制之下，「天可汗」所擁有的國際權力概有：一、裁判解決「成員國」糾紛；二、「成員國」受到外來侵略時，得調遣相關各國軍隊，共同抵抗保護，並予撫恤；三、得徵召「成員國」軍隊至中國作戰；四、冊立「成員國」嗣君繼位。

〔註111〕《新唐書》，卷二百一十七下，〈列傳第一百四十二下·回鶻下〉，附〈薛延陀傳〉，頁6134，載：「貞觀二年，葉護（即統葉護）死，其國亂。」

〔註112〕《新唐書》，卷二百一十五下，〈列傳第一百四十下·突厥下〉，頁6057。

〔註113〕《舊唐書》，卷三，〈本紀第三·太宗下〉，頁39；及《新唐書》，卷二，〈本紀第二·太宗〉，頁31。惟有關唐太宗被尊爲「天可汗」之時間，史書記載頗有差異，但應在東突厥亡國，俘頡利可汗到長安之時。其考證，可參朱振宏〈大唐世界與「皇帝·天可汗」之研究〉，嘉義：中正大學歷史研究所碩士論文，民89年7月，頁26。

〔註114〕《通典》，卷二百，〈邊防十六〉，頁5494。

〔註115〕章群由唐朝諸鄰國家對唐朝皇帝之稱呼方式，概將其區分爲「可汗稱謂系統」與「非可汗稱謂系統」兩類。見氏著《唐代蕃將研究》，台北：聯經出版事業公司，民75年，頁365～66。據此可知，當時尊唐太宗爲「天可汗」者，應屬「可汗稱謂系統」之西域及漠北（北荒）諸國，而非所有「四夷」。

此種自太宗至代宗朝之體制，實是一種具「和綏」功能之權力結構。〔註116〕當時的國際社會，尚無今日「主權」（sovereignty）觀念，〔註117〕各可汗國家雖仍保有對各自人民之統治權力，但在「天可汗」體制下，實際上已將部分主權交給了唐朝皇帝。故理論上，「天可汗」體制應是一個以中國皇帝爲核心的「超國」（supranational）權力互動體系，也是一個由唐朝所操控的「單一國際系統」（unipolar systems）。美國政治學者漢斯（Michael Haas）認爲，「單一國際系統」之權力結構，在歷史上甚爲罕見，但卻是最穩定的國際系統；〔註118〕唐朝「天可汗」體制下的權力運作模式，當能驗證漢斯理論。

　　此外，筆者認爲，「皇帝天可汗」體制也是一種以唐朝爲「主宰權力平衡」（dominant balance of power），北亞區域「集體安全」（collective security）架構下的「準國際組織」。〔註119〕在這種權力結構下，唐朝不但名義上是當時的「國際盟主」，實質上更是具有國際制裁地位之「霸權」（hegemony）。這與五胡十六國時期割據政權模式下，單一「國家系統」內的「胡漢體制」〔註120〕

〔註116〕羅香林〈唐代天可汗制度考〉，刊於《新亞學報》，1卷1期，香港：1955年8月。後又收入氏著《唐代文化史》，台北：台灣商務印書館，民44年12月，頁54～87。另，林天蔚《隋唐史新論》，台北：東華書局，民85年3月，頁244～49，所載略同。

〔註117〕所謂「主權」，是指國家擁有之至高無上決策與執行政策權力。此理論係於十六世紀由法國人不丹（Jean Bodin）首先提出。歐洲「三十年戰爭」（1618～1648）結束後，「主權論」已在歐陸普遍被接受，是現今「國際關係」之基礎。見前引呂亞力《政治學》，頁76。筆者按，1648年歐洲各國所訂定之「西發里亞條約」（The Treat of Westphalia），就是在「主權論」下，規範近代「國際關係」之開始。

〔註118〕Michael Haas, "*International Subsystems：Stability and Polarity.* "，American Political Science Review, 64.1970. pp.98～123。

〔註119〕筆者所以稱「天可汗」體制爲「準」（quasi）國際組織，是因在此體制之下，名義上是國與國間的交往，但實際上唐朝卻可以掌握與運用這些加盟國家的部分主權（尤指軍事與內政），故唐朝與這些國家的互動關係，應是介於國與屬地之間，不同於現今完全主權觀念下之國與國關係。

〔註120〕「胡漢體制」，是指五胡時期北中國之胡人國家君主，欲兼胡漢兩民族最高主宰於一身，乃在一國之內同時實施胡漢兩種政治體制，以分治不同生活型態人民的一種「內政」制度設計。此種制度，研究者眾，稱法不一，如：陳寅恪稱「胡漢共治」（前引萬繩楠整理《陳寅恪魏晉南北朝史講演稿》，頁124～30），劉學銚稱「雙軌政制」（《北亞游牧民族雙軌政制》，台北：南天書局，民88年11月），雷家驥師稱「一國兩制」（〈趙漢國策及其一國兩制下的單于體制〉，收入《中正大學學報》，3卷1期，人文部分，嘉義：中正大學，民81年10月，注51，頁74。）等，惟意義皆同。

相較，本質與層次完全不同，故兩者亦無法類比。

又由於唐朝是此權力結構中的唯一「協調者」兼「仲裁者」，故「天可汗」體制之興衰，當然以唐朝國力之強弱爲唯一指標。因此，太宗貞觀二十年（646）唐朝擊滅薛延陀（見表六：戰例 15），高宗顯慶二年（657）蘇定方平定西突厥；〔註121〕隨軍事勝利之進展，「皇帝天可汗」號令之效力範圍，也跟著向外擴張。但咸亨元年（670）四月，吐蕃攻陷西域十八州，唐朝放棄焉耆以西地區，將安西都護撤至西州（今新疆吐魯番）；同年八月，吐蕃復大敗唐軍於大非川（今青海共和西南切吉曠原），盡據土谷渾之地；〔註122〕「皇帝天可汗」的權力，也隨著戰爭失敗，向內退縮。此一事實，說明了在「天可汗」體制中，軍事與權力之互動關係；而自貞觀四年至咸亨元年，「天可汗」體制下的四十年北邊安定戰略環境，也證明了由唐朝主宰之「單一國際系統」穩定性。

總之，唐太宗被西域、北荒君長尊爲「天可汗」，其時機上既是在唐軍擊滅東突厥而押解頡利可汗至長安之後，故此應是李靖與李勣對東突厥汗國殲滅戰所創造之震撼效果，使北邊各國畏威，皆懼成爲唐軍下一個攻擊目標所致。在中國歷史上，農業民族之皇帝，以權力作後盾，被北方游牧民族國家擁爲共主，唐太宗是第一位。職是之故，「皇帝天可汗」體制之出現，及其權力運作之結果，使北亞戰略環境，由唐朝與東西突厥多極對立局面，轉變成爲以唐朝爲中心的一極多元系統，而中國之歷史發展，也進入了一個國際「集體安全」的階段；此貞觀四年「唐朝擊滅東突厥之戰」影響一也。

二、唐朝將漠南地區納入「羈縻」統治

貞觀四年三月，唐朝在軍事勝利的基礎上，以建立「羈縻」府州之方式，將漠南地區納入中國直接監護統治之下，此本戰影響二也。

「馬絡頭曰羈也，牛靷曰縻」，故「羈縻」有「繫連」之意；〔註123〕引

〔註121〕《舊唐書》，卷八十三，〈列傳第三十三・蘇定方傳〉，頁 2778；《新唐書》，卷一百一十一，〈列傳第三十六・蘇定方傳〉，頁 4138。

〔註122〕《舊唐書》，卷四十，〈志第二十・地理三〉，頁 1648；卷一百九十六上，〈列傳第一百四十六上・吐蕃上〉，頁 5223；及《新唐書》，卷四十，〈志第三十・地理四〉，頁 1047；卷二百一十六上，〈列傳第一百四十一上・吐蕃上〉，頁 6076。《通鑑》，卷二百一，〈唐紀十七〉，高宗咸亨元年四月條，頁 6363 及八月條，頁 6364。所載略同。

〔註123〕《漢書》，卷二十五下，〈郊祀志第五下〉，頁 1248，師古注 4 條。

伸解釋，即是以政治權力與籠絡手段爲基礎，建立與維持對邊遠地區部族統治關係的一種制度設計。唐朝於高祖武德初年，即開始在東北及西南等地區設立具有羈縻性質之府州，〔註124〕但其範圍擴大至陰山及其以北地區，並形成制度，則是在擊滅東突厥之後。《舊唐書・地理志》載曰：

> 高祖受命之初，改郡爲州，太守並稱刺史。其緣邊鎮守及襟帶之地，置總管府，以統軍戎。至武德七年，改總管府爲都督府。……貞觀元年，悉令并省。始於山河形變，分爲十道……自北殄頡利，西平高昌，北踰陰山，西抵大漠。其地東極海，西至焉耆，南盡林州南境，北接薛延陀界。〔註125〕

《新唐書・地理志・羈縻州》亦載曰：

> 唐興，初未暇於四夷，自太宗平突厥，西北諸蕃及蠻夷稍稍內屬，即其部落列置州縣。其大者爲都督府，以其首領爲都督、刺史，皆得世襲。雖貢賦版籍，多不上戶部，然聲教所曁，皆邊州都督、都護所領，著于令式……大凡府州八百五十六，號爲羈縻矣。〔註126〕

頡利被俘之後，「其下或走薛延陀，或入西域，而來降者尙十餘萬」；〔註127〕唐朝爲安置這些內附種落，遂正式設立羈縻府州。不過，如何處理東突厥降俘，乃是唐朝重大國家安全問題，故在唐太宗之朝議決策過程中，也曾引起群臣激辯。《舊唐書・溫彥博傳》載其狀況曰：

> 初，突厥之降也，詔議安邊之術。朝士多言：「突厥恃強，擾亂中國，爲日久矣。今天實喪之，窮來歸我，本非慕義之心也。因其歸命，分其種落，俘之河南，散屬州縣，各使耕田，變其風俗。百萬胡虜，可得化而爲漢，則中國有加戶之利，塞北常空矣。」惟彥博議曰：「漢建武時，置匈奴於五原塞下，全其部落，得爲捍蔽，又不離其土俗，因而撫之，一則實空虛之地，二則示無猜之心。若遣向西南，則乖物性，故非含育之道也。」太宗從之，遂處降人于朔方之地……〔註128〕

〔註124〕有關初唐羈縻府州之設置。可參劉統《唐代羈縻府州研究》，西安：西北大學，1998年9月，頁8～11。

〔註125〕《舊唐書》，卷三十八，〈志第十八・地理一〉，頁1384。

〔註126〕《新唐書》，卷四十三下，〈志第三十三下・地理七下・羈縻州〉，頁1119～20。

〔註127〕《新唐書》，卷二百一十五上，〈列傳第一百四十上・突厥上〉，頁6037。《舊唐書》，卷一百九十四上，〈列傳第一百四十四上・突厥傳上〉，頁5162，載爲「降者幾至十萬」，略異。

〔註128〕《舊唐書》，卷六十一，〈列傳第十一・溫大雅傳〉，附〈溫彥博傳〉，頁2361。

貞觀四年三月三日，唐太宗遂以溫彥博之意見爲前提，「分頡利之地爲六州，左置定襄都督，右置雲中都督，以統降俘」。〔註129〕而「其酋首至者皆拜爲將軍、中郎將等官，布列朝廷，五品以上百餘人，因而入居長安者數千家」。〔註130〕唐朝之作法，除在使東突厥部落散居塞下，受中國地方官吏管理，其酋長入京爲官，以示無猜，同時含有「質押遙控」之目的外，〔註131〕唐太宗也在這些羈縻府州採用了唐朝之官號與律令，一方面欲變其風俗，但另一方面也有落實統治，將其視爲中國版圖之意。此一政策，吾人從本戰之後唐太宗封突利爲順州都督時所語，即可看出。《通典・邊防》載曰：

> 四年，授右衛大將軍，封北平郡王，食實封七百戶，以其下兵眾置順州都督府，仍拜爲順州都督，遣率部落還蕃。太宗謂曰：「昔爾祖啓人亡失兵馬，一身投隋，隋家豎立，遂至強盛，荷隋之恩，未嘗報德。至爾父始畢，反爲隋家之害……我今所以不立爾爲可汗者，正爲啓人前事故也。改變前法，欲中國久安，爾宗族永固，是以授爾都督。當依我國法，齊整所部，如違，當獲重罪。」〔註132〕

唐分東突厥之地爲十州，〔註133〕納入唐朝羈縻統治，分置其部落於塞下，離散而力不聚，只得聽令唐朝官吏指揮，不再具有汗國時期威脅中國之統合條件，這是唐朝贏得本戰勝利之重大成就，也是維護北邊國防安全之理想狀態。但是，唐朝隨著東突厥之滅亡、北疆國防線之遠伸、天可汗體制之建立，權力運作亦走向多元化與國際化，原先以「固本」爲基本考量之國策，〔註134〕及以擊滅東突厥爲建軍備戰主要目的之國家戰略，早已不符新形勢下爭取新國家目標之需求。因此，在這樣的新形勢衝擊下，軍事戰略與邊防體系之調整，也就不可避免（詳後論）。

又，《唐會要》，卷七十三，〈安北都護府〉，頁1312～14，所載略同。

〔註129〕《唐會要》，卷七十三，〈安北都護府〉，頁1311。

〔註130〕《舊唐書》，卷一百九十四上，〈列傳第一百四十四上・突厥傳上〉，頁5163。

〔註131〕前引雷家驥師〈從戰略發展看唐朝節度體制的創建〉，頁233。

〔註132〕《通典》，卷一百九十七，〈邊防十三〉，頁5412～13。《新唐書》，卷二百一十五上，〈列傳第一百四十上・突厥上〉，頁6038；及《通鑑》，卷一百九十三，〈唐紀九〉，太宗貞觀四年五月條，頁6077，所載略同。

〔註133〕《舊唐書》，卷一百九十四上，〈列傳第一百四十四上・突厥傳上〉，頁5163，載：「自幽州至靈州，置順、祐、化、長四州都督府」。故若連同前述本戰之後「分頡利之地爲六州」，東突厥共析爲十個不相統屬的羈縻州。

〔註134〕前引雷家驥師《隋唐中央權力結構及其演進》，頁534。

三、唐朝「軍鎮制度」下新邊防體系的建立

李唐因襲楊隋，行府兵制度。在西魏以降的「關中本位政策」影響下，兵府之配置，一直以京師所在之關中地區爲重心。〔註135〕這種「內重外輕」的國防武力部署方式，實欲恃關中優勢兵力以統臨四方，建制上無地方兵團，而擔任地方鎮戍的警防體系，也以府兵輪調充之。若地方有變，則由警防體系先行應變，然後再由中央派遣大軍馳赴作戰；所以整個國家戰略構想，是以「強幹弱枝」爲主。〔註136〕不過，這種警防體系，缺乏外圍持久防禦能力，一旦遭遇外力侵略，則往往會因邊防無力，而讓敵人直趨心臟地區，對國家安全造成嚴重危害。如唐高祖武德七年（624），突厥頡利、突利兩可汗入寇，京師立即戒嚴（見表六：戰例5）。又如，武德九年（626）七月，頡利大軍輕易攻抵長安以北不遠的渭水便橋，李唐政權幾乎動搖。筆者判斷，基於上述教訓，唐太宗在對東突厥反擊作戰之整備過程中，可能已開始注意並檢討鎮戍警防體系。

到了唐太宗擊滅東突厥，被西域及北荒君長擁爲「天可汗」之後，鎮戍型的警防體系更是不能滿足唐朝以國際盟主地位，實施「國外決戰」與「遠程防禦」時之戰略需求。於是唐太宗乃在保有府兵體制精神下，適度強化邊防力量，將原僅具烽燧警報功能之邊疆「鎮戍組織」，逐漸變成「行軍留駐」型之「軍鎮制度」；〔註137〕使邊防部隊不但要「遠程防禦」，以增加守勢作戰

〔註135〕《新唐書》，卷五十，〈志第四十·兵〉，頁1325，載：「武德初，始置軍府，以驃騎、車騎兩將軍府領之。析關中爲十二道，曰：……貞觀十年（636），……凡天下十道，置府六百三十四，皆有名號，而關內二百六十有一……」。又，有關「府兵制度」之考證、建立演變與發展始末，可參谷霽光〈西魏北周和隋唐間的府兵〉（收入《中國社會經濟史集刊》5卷1期，民26年3月），〈再論西魏北周和隋唐間的府兵〉（刊於《廈大學報》3，民33年），《府兵制度考釋》（上海：人民出版社，1962年7月）；及陳寅恪〈府兵制前期史料試釋〉，收入《史語所集刊》，7-3，民37年11月；岑仲勉《府兵制度研究》，上海：人民出版社，1957年3月等論著。

〔註136〕前引雷家驥師〈從戰略發展看唐朝節度體制的創建〉，頁224；及《隋唐中央權力結構及其演進》，頁534～36。

〔註137〕「軍鎮制度」的產生，與遠程留駐或派遣駐防政策有關，乃沿襲隋朝慣例而來；延伸之，即成一種征服經略之軍事體系。見雷家驥師〈從戰略發展看唐朝節度使體制的創建〉，頁244。又，《舊唐書·李勣傳》卷六十七，頁2486所記，太宗委任李勣於并州凡十六年，以備突厥，後拜兵部尚書，未赴京，又受命爲朔州行軍總管，直接率領本部兵馬馳援李思摩一事，即是「行軍留駐」狀況下的行動。

時之戰略縱深，而且尤須有彈性部署之戰略考量，俾能隨時實施攻勢性之「國外決戰」，以落實其「天可汗」權力運作。前文所述唐太宗不修長城「人本」用兵思想之具體表現，其實就是「行軍留駐」型的兵力部署。

　　不過，這種新邊防體系的建立，其基本精神是與府兵制度相衝突的，而又由於具「國外決戰」與「遠程防禦」能力之軍隊散駐於各地區，須統一節制，才能發揮統合戰力，故其後之「節度體制」也由是而生。〔註138〕但不久唐室政弱權衰，對邊將失御，這些握有兵權的「節度使」，遂演變成一方割據軍閥，繼之釀成藩鎮之禍，促成唐朝之覆亡。〔註139〕此即《新唐書·兵志》所曰：「及府兵法壞而方鎮盛，武夫悍將雖無事時，據險要，專方面，既有土地，又有人民，又有其甲兵，又有其財賦，以布列天下。然則方鎮不得不彊，京師不得不弱……」。〔註140〕

　　因此，由唐太宗擔任「天可汗」時期，唐朝「國外決戰」與「遠程防禦」國防政策之確立，到中唐以後「軍鎮制度」下之「節度體制」創建，以及其後「節度體制」所帶來導致唐朝覆亡的藩鎮之亂，似乎也都與貞觀四年「唐滅東突厥之戰」的影響，具有相當關連性。

四、薛延陀興起與另一次北線衝突的醞釀

　　唐朝僅經過一次歷時甚短之簡單會戰，即擊滅東突厥汗國，是軍事與政治上的雙重偉大勝利，如此事例，史上並不多見。但由於決戰戰場在漠南地區，唐軍戰勝之後並未乘勢向漠北擴張戰果，故隨著東突厥亡國所形成的漠北戰略真空，讓薛延陀能迅速填補此權力空隙而興起。《舊唐書·北狄傳》載曰：「（貞觀）四年，（唐）平突厥頡利之後，朔塞空虛，夷男率其部東還故國……勝兵二十萬」，〔註141〕即指此。不過，唐太宗於貞觀二年封薛延陀夷男為真珠毗伽可汗，更於貞觀三年賜夷男寶刀與寶鞭，賦予其對所部「有

〔註138〕前引雷家驥師〈從戰略發展看唐朝節度使體制的創建〉，頁249～52。

〔註139〕邊防與兵制，是初唐武功鼎盛之重要因素，但邊防策略之缺限，及邊防軍的演變，也是安史亂後西北邊防務日漸瓦解的原因。見康樂〈唐代前期的邊防〉，刊於《台大文史叢刊》，台北：台灣大學，民68年；及孟彥弘〈唐前期的兵制與邊防〉，刊於《唐研究》，卷1，台北：民84年，頁245～76。

〔註140〕《新唐書》，卷五十，〈志第四十·兵〉，頁1328。

〔註141〕《舊唐書》，卷一百九十九下，〈列傳第一百四十九下·北狄傳〉，附〈薛延陀傳〉，頁5344。《新唐書》，卷二百一十七下，〈列傳第一百四十二下·回鶻下〉，附〈薛延陀傳〉，頁6135，載：「頡利可汗之滅，塞隧空荒，夷男率其部稍東，……勝兵二十萬」，義同。

大罪者斬之，小罪者鞭之」之權威，此舉不但等於承認薛延陀在漠北的統治地位，也間接顯示唐朝實際統治權力尚未及於該地區之事實。因此，當時漠北的狀況，是各部族自有君主，但各部族君主須接受薛延陀眞珠可汗號令，而眞珠可汗則向唐稱臣；雷家驥師稱此種權力結構模式爲「三重君主體制」。〔註142〕

　　當貞觀四年頡利被俘之時，薛延陀庭猶在鬱都軍山（今外蒙杭愛山北）下，距京師西北六千里。東突厥亡後，夷男乘漠北權力眞空之際，東遷其牙庭至獨邏河（今外蒙土拉河）之南，在京師之北三千三百里。〔註143〕史料並未顯示當時薛延陀有反叛事證，但夷男將其牙庭向東南一次推進二千餘里，卻也隱約透露其有向漠南發展之意圖。吾人從貞觀四年五月唐太宗授突利爲順州都督時，對其所曰「長爲我北藩」語，〔註144〕亦可看出唐太宗似已警覺薛延陀之坐大，故要突利率部落北還，作爲唐朝之北邊藩衛；而貞觀十三年（639）詔頡利族人李思摩之北還復國，亦基此考量（詳後論）。無論如何，隨東突厥滅亡所產生的北邊權力結構變動，雖使唐朝成爲當時的北亞國際盟主，但也埋下日後另一次北線與薛延陀衝突之種因；此本戰影響四也。

第四節　唐太宗貞觀十五年「諾眞水之戰」

　　貞觀四年東突厥被唐朝擊滅後，薛延陀乘機興起於漠北，並對中國逐漸形成威脅，唐朝乃於貞觀十五年（641）其攻擊復國後的東突厥時，發起反擊，一舉殲滅其二十萬遠征大軍，爲中國進一步羈縻統治漠北地區，奠定基礎。本戰役亦區分兩期：第一期是薛延陀越漠而南，攻擊奉唐太宗命令在陰山地區復國的東突厥；第二期是唐軍行戰略追擊，李勣擊滅薛延陀主力於諾眞水（即今內蒙達爾罕茂明安聯合旗境內之艾不蓋河，百靈廟即在該河與今塔爾洪河會流處）附近。本戰役因最後一次會戰在諾眞水附近進行，故筆者姑以「諾眞水之戰」或「諾眞水戰役」名之。

〔註142〕前引雷家驥師〈從戰略發展看唐朝節度使體制的創建〉，頁235。
〔註143〕《舊唐書》，卷一百九十九下，〈列傳第一百四十九下・北狄傳〉，附〈薛延陀傳〉，頁5344。《新唐書》，卷二百一十七下，〈列傳第一百四十二下・回鶻下〉，附〈薛延陀傳〉，頁6135，載獨邏水距京師「纔三千里而贏」。《唐會要》，卷九十六，〈薛延陀〉，頁1726，載：「獨邏水之南，猶古匈奴之故地」。
〔註144〕《新唐書》，卷二百一十五上，〈列傳第一百四十上・突厥上〉，頁6038。

　　有關薛延陀之族源、興起及其在東突厥亡國前後之狀況，已見述於前節及第四章第六節，本處不再贅論。貞觀四年（630），唐滅東突厥後，分其地為十州，納入中國都護統治之下，但薛延陀夷男卻乘「塞隧空荒」之際，佔領漠北地區，勝兵二十萬，建立起一個「東室韋，西金山，南突厥，北瀚海」的草原大汗國，立其二子大度設、突利失分將之，號南、北部。雖對中國「七年間，使者八朝」，但唐太宗還是恐其強大成為後患，而有「欲產其禍」之戰略思考，遂於貞觀十二年（638）九月下詔，拜其二子皆為小可汗，外示崇優，實分其勢。〔註145〕貞觀十三年（639）四月，京師發生突利之弟、中郎將結社率陰結種人謀反，夜襲御營事件，〔註146〕於是朝臣上書者多云「處突厥於中國，殊為非便」，唐太宗「亦始患之」。〔註147〕同年七月，唐太宗詔武侯大將軍李思摩（原姓阿史那，李為賜姓，突厥處羅可汗之後）為俟利苾可汗，統率沿邊部落，渡過河曲，北返建國，建牙於定襄。〔註148〕

　　筆者綜合觀察上述兩事件之因果關係，認為唐太宗之決心讓東突厥北還復國，表面上是為解決因結社率謀反所衍生的內部安全問題，但實際上恐還是針對薛延陀坐大而來。蓋唐朝當時在北邊的大戰略，本是維持西突厥與薛延陀的均勢，而利用前者以牽制後者。〔註149〕惟西突厥局勢一直不穩，而於貞觀十二年又發生內戰，以伊列河（今新疆伊犁河）為界，東屬咥利失，西屬咄陸，西突厥遂分兩國。翌年，再分裂為南庭與北庭，仍以伊列河為界，

〔註145〕《新唐書》，卷二百一十七下，〈列傳第一百四十二下・回鶻下〉，附〈薛延陀傳〉，頁 6135；及《舊唐書》，卷一百九十九下，〈列傳第一百四十九下・北狄傳〉，附〈薛延陀傳〉，頁 5344。

〔註146〕本事件，《唐會要》，卷九十四，〈北突厥〉，頁 1689，載曰：「十三年四月。突利之弟結社率，貞觀初，入朝為中郎將，久不進秩。從幸九成宮，陰結故部落四十餘人，夜襲御營。折衝孫武開等率眾擊之，盜馬北走，追斬之」。另，同書卷七十三，〈安北都護府〉，頁1314，記載細節較詳。《新唐書》，卷二百一十五上，〈列傳第一百四十上・突厥上〉，頁 6039，所載略同。

〔註147〕《舊唐書》，卷一百九十四上，〈列傳第一百四十四上。突厥上〉，頁 5163。《唐會要》，卷九十四，〈北突厥〉，頁 169；《新唐書》，卷二百一十五上，〈列傳第一百四十上・突厥上〉，頁6039，所載略同。

〔註148〕《舊唐書》，卷三，〈本紀第三・太宗下〉，頁 50。《舊唐書》，卷一百九十四上，〈列傳第一百四十四上。突厥傳〉，附〈李思摩傳〉，頁 5164。《新唐書》，卷二百一十五上，〈列傳第一百四十上・突厥傳上〉，附〈李思摩傳〉，頁 6040；及《通鑑》，卷一百九十六，〈唐紀十二〉，貞觀十五年正月條，頁 6165，所載略同。

〔註149〕同注 138。

彼此交戰不已。〔註150〕

　　在這種狀況之下，唐朝顯然無法寄望藉西突厥的力量來牽制薛延陀，於是只得調整原先在北邊建立羈縻府州之戰略，而一面分化薛延陀，一面重建東突厥，以保持北邊之「戰略平衡」，似乎就成了唐朝不得不採取的應變措施。由此角度觀察，唐太宗重建東突厥政策之形成，概應在拜夷男二子爲小可汗及西突厥爆發內戰之時，亦即在結社率事件發生前一年。結社率謀反，雖暴露了唐朝徙置東突厥之若干負面效應，但僅是一次意外而又孤立之事件，故恐非唐太宗作如此大戰略決策之主要考量因素；要之，也僅是爲此決策之推行，找到合理化之藉口而已。

　　不過，唐朝允許東突厥北還復國，卻引起夷男的極度不滿，並出現「心惡思摩，甚不悅」之情緒反應。〔註151〕而初時李思摩也因畏懼薛延陀，不肯出塞。唐太宗爲此還特別派遣司農卿郭嗣本賜薛延陀璽書，曰：

>　……中國禮儀，不滅爾國，前破突厥，止爲頡利一人爲百姓之害，所以廢而黜之，實不貪其土地，利其人馬也。自黜廢頡利以後，恆欲更立可汗，是以所降部落等並置河南，任其放牧，今戶口羊馬日向滋多。元許冊立，不可失信，即欲遣突厥渡河，復其國土。我冊爾延陀日月在前，今突厥理是居後，後者爲小，前者爲大。爾在磧北，突厥居磧南，各守土境，鎮撫部落。若其踰越，故相抄掠，我即將兵各問其罪。〔註152〕

對於唐太宗之重建東突厥，筆者認爲，夷男必完全瞭解唐朝以此牽制薛延陀，保持北邊「戰略平衡」，並阻止其向南發展之用意。薛延陀在唐太宗此一安撫與威脅兼而有之的璽書下，雖曰「敢不奉詔」，〔註153〕而暫時未對東突厥北還

〔註150〕《舊唐書》，卷一百九十四下，〈列傳第一百四十四下。突厥下〉，頁5184～85。《新唐書》，卷二百一十五下，〈列傳第一百四十下·突厥下〉，頁6058～59，所載略同。

〔註151〕《舊唐書》，卷一百九十九下，〈列傳第一百四十九下·北狄傳〉，附〈薛延陀傳〉，頁5344。《新唐書》，卷二百一十七下，〈列傳第一百四十二下·回鶻下〉，附〈薛延陀傳〉，頁6135，所載略同。

〔註152〕《舊唐書》，卷一百九十四上，〈列傳第一百四十四上。突厥傳〉，附〈李思摩傳〉，頁5164。《新唐書》，卷二百一十五下，〈列傳第一百四十上·突厥上〉，附〈李思摩傳〉，頁6039～40，所載略同。

〔註153〕《舊唐書》，卷一百九十四上，〈列傳第一百四十四上。突厥傳〉，附〈李思摩傳〉，頁5164。另，《新唐書》，卷二百一十五上，〈列傳第一百四十上·突厥傳上〉，附〈李思摩傳〉，頁6040，載爲「謹頓首奉詔」，義同。

復國採取攻擊行動，但實已暗藏武力衝突因子；對薛延陀而言，發動對東突厥之戰爭，只是時機問題。薛延陀於貞觀十五年（641）十一月渡漠而南所引發之戰爭，概分兩期，析論如下：

一、第一期作戰

貞觀十五年十一月，薛延陀可汗夷男得知太宗將封泰山，認為機會到來，於是派遣其子大度設率領漠北各國聯軍，踰漠而南，以進攻東突厥，揭開「諾眞水之戰」第一期作戰之序幕。《唐會要・沙陀突厥》載曰：

> 十五年十一月，薛延陀眞珠可汗聞將東封，境內以虛，我此時取思摩奴，如拉朽耳。乃命其子大度設勒諸部兵，合二十萬，擊突厥。思摩不能禦，帥部落入長城，保朔州（今山西朔縣），遣使告急。〔註154〕

有關薛延陀進攻東突厥之路線，吾人由《舊唐書・北狄傳》所載：「大度設勒兵二十萬，屯白道川（白道以南，今呼和浩特一帶），據善陽嶺（今山西朔縣北高地）以擊思摩之部」，〔註155〕可知其係沿「白道作戰線」而下。當時李思摩只有「眾十餘萬，勝兵四萬，馬九萬匹」，〔註156〕在戰力劣勢之情形下，乃「留精騎以拒戰（薛）延陀」，〔註157〕主力則退入長城，向唐求援。唐朝於接到戰報後，開始調兵遣將，展開對薛延陀之反擊。《新唐書・回鶻傳》載曰：

> 大度設……率一兵得四馬，擊思摩。思摩走朔州，言狀，且請師。於是詔營州（今遼寧朝陽）都督張儉統所部與奚、霫、契丹乘其東；朔州道行軍總管李勣眾六萬，騎三千，營朔州；靈州道行軍總管李大亮眾四萬，騎五千，屯靈武（今寧夏永固西南）；慶州道行軍總管

〔註154〕《唐會要》，卷九十四，〈沙陀突厥〉，頁 1695。

〔註155〕《舊唐書》，卷一百九十九下，〈列傳第一百四十九下・北狄傳〉，附〈薛延陀傳〉，頁 5345。《新唐書》，卷二百一十七下，〈列傳第一百四十二下・回鶻傳下〉，附〈薛延陀傳〉，頁 6135；及《通鑑》，卷一百九十六，〈唐紀十二〉，貞觀十五年十一月條，頁 6170，所載略同。

〔註156〕《新唐書》，卷二百一十五上，〈列傳第一百四十上・突厥傳上〉，附〈李思摩傳〉，頁 6040。另，《舊唐書》，卷一百九十四上，〈列傳第一百四十四上。突厥傳〉，附〈李思摩傳〉，頁 5164，載爲「渡河者凡十萬，勝兵四萬人」，未載馬匹數。《通鑑》，卷一百九十六，〈唐紀十二〉，貞觀十五年正月條，頁 6165，載爲「有戶三萬，勝兵三萬，馬九萬匹」，略異。

〔註157〕李昉《太平御覽》，卷二百八十九，〈兵部二十・機略八〉，台北：中華書局，民 49，頁 1336。

張士貴眾萬七千，出雲中（今內蒙托克托東北）；涼州（今甘肅武威）
道行軍總管李襲譽經略之。帝敕諸將曰：「延陀度漠，馬已疲。夫用
兵者，見利疾進，不利亟去。今虜不急擊思摩，又不速還，勢必敗，
卿等勿與戰，須自歸，可擊也。」〔註158〕

唐太宗命唐軍五路進軍，廣正面出擊，為一次置重點於朔州方面，以應援東
突厥為目的，分進而相機追擊大度設之外線作戰。時值塞北雪季，唐太宗顯
已掌握東突厥在遲滯作戰過程中「燒薙秋草」，造成薛延陀「逾漠而南，行數
千里」到達陰山南麓之後，面對「焦土清野」戰場，不但「糧糗日盡，野無
所獲」，戰力無法就地因補，甚至連馬匹都陷入「齧林木枝皮略盡」窘境之情
報；〔註159〕故料定其不久必退兵，可乘機追擊。《新唐書・回鶻傳》載薛延陀
後續作戰狀況曰：

大度設次長城，思摩已南走，大度設不可得，乃遣人乘長城罵之。
適會勣兵至，行壍屬天，遽率眾走赤柯（判斷在白道川南，今地名
不詳），度青山（即陰山），然道回遠……〔註160〕

本作戰，大度設勒兵二十萬，又「率一兵得四馬」，應是一支機動力強大的騎
兵大軍。但在其連續渡過大漠與陰山兩道地障，經白道進入白道川後，補給
線長而脆弱，持續戰力受到極大限制，加上天寒地凍，糧草在無法就地補充
之狀況下，攻勢早已衰竭；故最後隨大度設「逼長城」之兵力，只有三萬騎，
〔註161〕此恐是其見到唐朝增援部隊抵達，立即退兵之緣故（見表六：戰例 12）。

　　本次作戰，薛延陀以五倍於東突厥之優勢兵力，最後無功而退，除後勤
與補給問題外，地障對用兵之限制，也應是重要因素。蓋薛延陀的二十萬騎
兵，必須逐次通過白道，才能到達白道川攻擊東突厥，故難有奇襲機會。而
在薛延陀大軍通過白道的過程中，東突厥當有較充分的時間堅壁清野與避戰

〔註158〕《新唐書》，卷二百一十七下，〈列傳第一百四十二下・回鶻傳下〉，附〈薛延
　　　　陀傳〉，頁 6135。《通鑑》，卷一百九十六，〈唐紀十二〉，貞觀十五年十一月
　　　　及十二月條，頁 6171～72，所載略同。又，按李勣時已拜兵部尚書，但未赴
　　　　京就任，當時人在并州，受命後直接趕往朔州。見《舊唐書》，卷六十七，〈李
　　　　勣傳〉，頁 2486。《通鑑》，卷一百九十六，〈唐紀十二〉，貞觀十五年十二月
　　　　條，頁 6172，所載略同。
〔註159〕《通鑑》，卷一百九十六，〈唐紀十二〉，貞觀十五年十一月條，頁 6171。
〔註160〕《新唐書》，卷二百一十七下，〈列傳第一百四十二下・回鶻傳下〉，附〈薛延
　　　　陀傳〉，頁 6136。
〔註161〕《通鑑》，卷一百九十六，〈唐紀十二〉，貞觀十五年十一月條，頁 6172。

脫離，而留置擔任遲滯作戰的掩護部隊，亦可沿補給線逐次抵抗與垂直退卻，進入長城之線。因此，薛延陀才無法創造「迫敵決戰」之態勢，不但不能速戰速決，反而師老兵疲，未戰已敗。貞觀十五年十一月，薛延陀大度設兵團擊東突厥之戰經過，概如圖 41 示意。

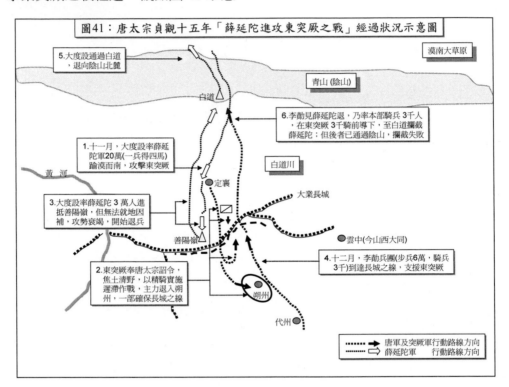

圖41：唐太宗貞觀十五年「薛延陀進攻東突厥之戰」經過狀況示意圖

本作戰另一值得研究的問題，是薛延陀與唐軍決戰時所採用之「步戰」戰法。據《舊唐書‧薛延陀傳》所載：

> 先是，延陀擊沙鉢羅及阿史那社爾等，以步戰而勝。及其將來寇也，先講武於國中，教習步戰，每五人，以一人經習戰陣者使執馬，而四人前戰，克勝即授馬以追奔，失應接罪至於死，沒其家口，以賞戰人，至是遂行其法。〔註162〕

筆者認為，薛延陀在發動本戰之前，一再於其國內演練「步戰」協同之戰法，

〔註162〕《舊唐書》，卷一百九十九下，〈列傳第一百四十九下‧北狄傳〉，附〈薛延陀傳〉，頁 5345。《新唐書》，卷二百一十七下，〈列傳第一百四十二下‧回鶻下〉，附〈薛延陀傳〉，頁 6136；及《通鑑》，卷一百九十六，〈唐紀十二〉，貞觀十五年十二月條，頁 6171～72，所載略同。

訂定嚴格之戰場「連坐」規定，並在攻擊東突厥時，有擊滅對方之企圖；因此，本次薛延陀踰漠而南，儘管仍賴就地因補以維持續戰力，但型態上應視爲一次「正規作戰」，不同於草原游牧民族傳統游擊式之劫掠行爲。而本戰薛延陀之無功而退，也驗證了北方游牧民族大軍，由漠北連續越過大漠與陰山，以「非正規」補給手段，欲在陰山以南地區實施「正規」作戰時之不利狀況。

二、第二期作戰

　　本戰役之第二期作戰，係自大度設退兵與李勣追擊開始，至諾眞水會戰結束止。貞觀十五年十二月，當李勣接到唐太宗反擊薛延陀之命令，兼程由并州駐地趕往朔州與李思摩會合時，發現薛延陀已向北退卻，於是立即以唐兵及突厥兵各三千人，合六千精騎，發起追擊，欲截斷薛延陀退路，判斷俟增援兵力到達後，相機會殲薛延陀於白道以南地區。〔註163〕《舊唐書・薛延陀傳》載李勣兵團追擊大度設，及越陰山與薛延陀在諾眞水沇附近會戰之狀況，曰：

> 踰白道川至青山，與大度設相及，追之累月，至諾眞水，大度設知不脫，乃互十里而陳兵……突厥兵先合輒退，延陀乘勝而逐之。勣兵拒擊，而延童萬矢俱發，傷我戰馬。乃令去馬步陣，率長稍數百爲隊，齊奮以衝之，其眾潰散。副總管薛萬徹率數千騎收其執馬者，其眾失馬，莫之所從，因大縱……〔註164〕

此「累月」應爲「累日」之誤。《新唐書・薛延陀傳》亦載曰：

> ……勣選敢死士與突（厥）騎逕臘河（今名不詳），趣白道，及大度設，尾之不置。大度設顧不脫，度諾眞水，陣以待……卻騎不用，率五人爲伍，一執馬，四前鬥……及戰，突厥兵迮，延陀騰逐，勣救之，延

〔註163〕《新唐書》，卷九十三，〈列傳第十八・李勣傳〉，頁3819；與《通鑑》，卷一九六，〈唐紀十二〉，貞觀十五年十二月條，頁6172；皆載李勣之追擊兵力爲唐、突混編，總數六千。惟《舊唐書》，卷六十七，〈列傳第十七・李勣傳〉，頁2486。僅載唐兵三千，未載突厥兵力。但突厥熟悉作戰地區地形特性，當前導追擊。筆者據此判斷，唐軍在追擊編組中之兵力，應爲李勣之本部騎兵三千人，其餘爲突厥兵，也就是後者亦有三千人。追擊兵團之總兵力，則爲六千人。

〔註164〕《舊唐書》，卷一百九十九下，〈列傳第一百四十九下・北狄傳〉，附〈薛延陀傳〉，頁5345。另《通鑑》，卷一九六，〈唐紀十二〉，貞觀十五年十二月條，頁6172，載「大度設走累日」，餘略同。

陀縱射，馬輒死。勣乃以步士百人爲隊，擣其礜，虜潰。部將薛萬徹率勁騎先收執馬者，故延陀不能去，斬首數千級，獲馬萬五千。大度設亡去，萬徹追弗及。殘卒奔漠北，會雪甚，眾鞴踣死者十八。〔註165〕兩者記載略異。有關唐兵下馬後之編組，前者載爲「數百爲隊」，後者載爲「百人爲隊」，《通鑑》則未載。大體而言，此編組應是屬於一種戰場獨立戰鬥的小群（即今所謂之「戰鬥隊」），爲方便口令與視號指揮，人數當以百人上下爲宜。又，關於薛萬徹之出擊兵力，前者與《通鑑》皆載「數千騎」，後者則未載；而《舊唐書·薛萬徹傳》及《新唐書·薛萬徹傳》均載爲：「率數百騎爲先鋒」。〔註166〕筆者以爲，唐兵僅三千，且遭遇戰時「薛延陀萬矢齊發，唐馬多死」，再扣除「數百爲隊」或「百人爲隊」的正面接戰兵力，當時薛萬徹恐不致有「率數千騎」的兵力與馬匹條件。因此，薛萬徹的出擊兵力，應以「數百騎」較爲接近事實。至於薛萬徹之攻擊方向，雖未見於新、舊《唐書·薛延陀傳》及《通鑑》，但新、舊《唐書·薛萬徹傳》卻明確記載其「繞擊」薛延陀陣地之後，〔註167〕故爲一次成功的「側背攻擊」行動。

　　吾人概由上述狀況瞭解，或因李勣發起追擊時機過遲，唐軍到達白道時，薛延陀大軍已先通過陰山而去，李勣兵團遂未能在地障之前攔截大度設，錯失有利戰機。十二月甲辰（十七日，陽曆次年 1 月 23 日），薛延陀大軍通過當時已結冰、不構成障礙之諾眞水後，「勒兵還戰」，〔註168〕佈下縱深十里的「步戰陣勢」，決定等待李勣兵團前來決戰。按大度設面對唐軍追擊，史載皆謂其「知不脫」、「度不能脫」，故而「勒兵還戰」，似乎認定薛延陀當時是「被迫決戰」。〔註169〕

　　惟筆者以爲，薛延陀在通過諾眞水汊，距大漠入口已近之際，不思儘速脫離戰場，反而有時間「勒兵還戰」，並部署陣勢以待追擊兵團到達，且其兵

〔註165〕《新唐書》，卷二百一十七下，〈列傳第一百四十二下·回鶻下〉，附〈薛延陀傳〉，頁 6136。

〔註166〕《舊唐書》，卷六九，〈列傳第十九·薛萬徹傳〉，頁 2518；及《新唐書》，卷九四，〈列傳第十九·薛萬徹傳〉，頁 3831。惟此處之「先鋒」，或指薛萬徹在唐軍追擊序列之位置言。

〔註167〕同上注。

〔註168〕《通鑑》，卷一九六，〈唐紀十二〉，貞觀十五年十二月條，頁 6172。

〔註169〕《舊唐書》，卷一百九十九下，〈列傳第一百四十九下·北狄傳〉，附〈薛延陀傳〉，頁 5345；及《新唐書》，卷二百一十七下，〈列傳第一百四十二下·回鶻下〉，附〈薛延陀傳〉，頁 6136。

力絕對優勢，故恐是「主動求戰」，而非「被迫決戰」。而薛延陀兵之先練「步
戰」戰法，其編組實存有「中國式」之作戰觀念，亦似早有使用此戰法與唐
軍決戰之準備，不僅只為攻擊突厥諸部而已；故當薛延陀設下此陣勢以待唐
軍之時，其「主動求戰」之企圖，已至為明顯。

再試從另一角度看，薛延陀是優勢馬軍主動撤退而先行，李勣兵團是劣
勢馬軍見薛延陀撤退而後追，其他諸路唐軍則相距甚遠，均以步兵為主，也
未見史料顯示其有隨後來援李勣之行動，故以李勣兵團當時狀況言，恐亦無
迫薛延陀決戰之條件。李勣兵團追擊狀況，概如圖 42 示意。

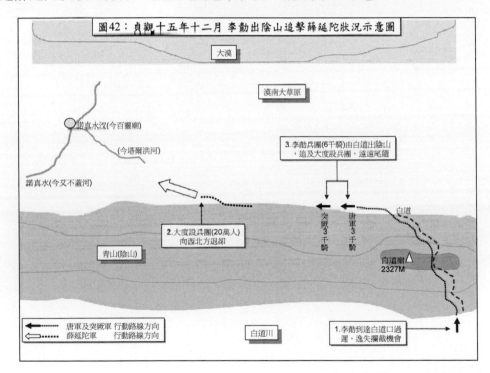

圖42：貞觀十五年十二月 李勣出陰山追擊薛延陀狀況示意圖

大度設在諾真水西側完成決戰部署後，不久李勣兵團到達，薛延陀先擊
走前導的三千突厥部隊，並對隨後跟進的唐兵三千騎展開攻擊。初期唐軍不
利，李勣即以一部按步兵「戰鬥隊」方式編組，下馬衝刺，阻止薛延陀向前
擴張。另以一部，集結為騎兵「特遣隊」，由副總管薛萬徹率領，攻擊薛延陀
陣地之側背。結果，薛延陀居然一戰即潰，二十萬大軍須臾土崩瓦解。薛萬
徹以「數百騎」兵力，卻能發生左右戰局之巨大效果，戰場上「側背攻擊」
之威力，再得例證（見表六：戰例 13）。貞觀十五年「諾真水會戰」經過，概
如圖 43 示意。

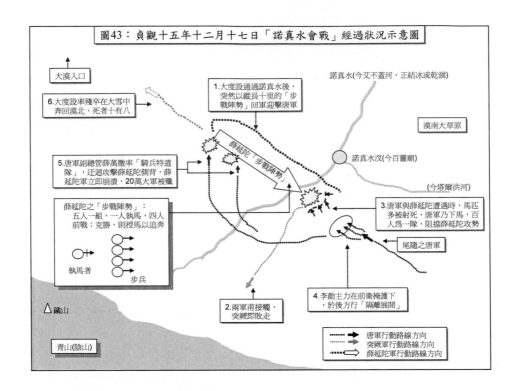

圖43：貞觀十五年十二月十七日「諾真水會戰」經過狀況示意圖

　　筆者認為，「諾眞水會戰」可能是歷史上最偉大的「以寡擊眾」殲滅戰。吾人研究戰史，論及殲滅戰時，每津津樂道西方公元前216年之「坎尼會戰」（Battle of Cannae），〔註170〕咸奉其爲史上無出其右的殲滅戰經典之作。然就武器裝備相若、訓練效能概等、而兵力對比懸殊狀況下所創造出來的殲滅戰而言，發生在我國唐太宗貞觀十五年（641）之「諾眞水會戰」，李勣以唐兵三千，擊滅漠北強族薛延陀二十萬人，創造一比六十六之戰果，當屬史上僅見，較之以五萬人擊滅六萬九千人之「坎尼會戰」，高出不知凡幾？筆者謂其爲「歷史上最偉大的殲滅戰」，應能成立！「諾眞水戰役」唐朝獲得殲滅戰果，

〔註170〕　筆者按：公元前三世紀，羅馬人佔領義大利半島後，欲奪西西里，遂與迦太基人發生衝突，雙方戰爭長達百餘年（前260～前146），史稱「布匿戰爭」（Punische War）；「坎尼會戰」就是其中最著名的戰役。是役也，漢尼拔率領迦太基步兵8萬、騎兵1萬1千及象37頭，由北非渡地中海，以西班牙爲基地，繞高盧（法國），越阿爾卑斯山入羅馬，再南下，經半年行軍，終於在紀元前216年11月，到達義大利南部一個名爲坎尼的小村落附近，與瓦羅所率領的羅馬大軍遭遇。決戰時，羅馬軍總兵力6萬9千（含騎兵6千），以步兵在中央，騎兵在兩翼，採縱深配置。漢尼拔軍共步兵4萬、騎兵1萬參戰，排成梯次陣勢，攻勢重點指向羅馬軍右翼，結果突破羅馬軍陣線，並造成兩翼包圍態勢，擊滅羅馬軍4萬8千人。此戰被西方戰略家奉爲殲滅戰經典之作。

其對北邊戰略環境與歷史發展之影響，大約有三：

一、開創唐朝羈縻統治漠北地區之有利條件

本戰之勝，顯示了唐太宗以「天可汗」身分，對不聽規範、破壞區域和平與安全者，「言出必行」的制裁決心與能力，具有震懾四夷與顯示「國際盟主」權威之積極意義。經此一戰，薛延陀力量大受折損，眞珠可汗乃遣使向唐太宗奉表謝罪請降。唐太宗趾高氣揚地對其使者曰：

> 吾約汝與突厥以大漠爲界，有闞侵者，我則討之。汝自恃其強，踰漠攻突厥。李世勣所將纔數千騎耳，汝已狼狽如此！歸語可汗，凡舉措利害，可善擇其宜。〔註171〕

貞觀十九年（645）九月，眞珠毗伽可汗卒，嫡子拔灼殺其庶兄（眞珠庶長子）曳莽，自立爲頡利俱利薛沙多彌可汗。十二月，多彌乘唐征高麗之際，率兵進攻河南（北河之南，即今河套地區），並深入至夏州（今陝西靖邊白城子），但被唐軍擊退（見表六：戰例14）。二十年（646），唐太宗詔江夏王李道宗、代州都督薛萬徹等六將，率兵分道並進，以擊薛延陀。薛延陀聞唐兵至，諸部大亂，多彌引數千騎逃往史阿德時健部落，爲回紇攻殺。餘衆約七萬餘口西走，共立眞珠兄子咄摩支爲伊特勿失可汗，尋去可汗號，遣使奉表，請居鬱督軍山之北。太宗「恐其爲磧北之患」，乃命李勣與「九姓敕勒」共同攻擊薛延陀。李勣與李道宗兵至，薛延陀餘部分別投降（見表六：戰例15）。

觀察貞觀二十年「唐滅薛延陀之戰」的全過程，唐軍多路出兵，但未見較大規模的會戰與抵抗行爲，薛延陀各部即已紛紛投降，似乎勝來輕鬆。而參戰之兵力除唐軍外，尚包括突厥、回紇、僕骨、同羅及「九姓敕勒」等部族軍隊，又可視爲一次在「國際盟主」統一指揮調度下的多國聯盟作戰行爲。因此，就「唐滅薛延陀之戰」的性質言，於其說是戰爭，不如說是「天可汗」爲維護區域安全而發動的一次「國際警察」行動。而過程中所顯示的薛延陀戰力衰落，及漠北諸部聽命唐朝指揮調度，則恐是受到唐軍在「諾眞水之戰」擊滅薛延陀二十萬有生戰力之影響。而其影響效應之擴大，即是貞觀二十一年（647）唐太宗以漠北諸部置六都督府、七州，又置燕然都護府以統之；〔註172〕漠北地區遂正式納入大唐羈縻版圖。這是歷史上農業中國第一次統治漠北，意義重大。

二、北邊劫掠威脅之減輕

〔註171〕《通鑑》，卷一九六，〈唐紀十二〉，貞觀十五年十二月條，頁6172。
〔註172〕《唐會要》，卷七十三，〈安北都護府〉，頁1314。

　　自貞觀二十年（646）唐滅薛延陀起，至高宗調露元年（679）東突厥復叛，擊敗單于大都護府長史蕭嗣業後，南來劫掠止（見表六：戰例 18，19），北邊概約維持了三十餘年和平，未見抄寇。究其原因：其一是正值唐朝國力強盛，挾一戰滅東突厥、再戰滅薛延陀之餘威，漠北諸部莫不畏服，或有叛離，但不敢劫掠。其二是唐朝將漠北地區納入中國之羈縻行政區域後，大漠南北歸於同一政權統治，漠北草原民族既「以貂皮充賦稅」，〔註 173〕就有在一國之內自由遷徙、游牧與貿易之自由，較無劫掠必要，因此與農業民族衝突之機會也自然減少。高宗開耀元年（681）以後，雖又屢見牧族抄寇，但至唐亡之 225 年間，陰山地區共發生劫掠戰事 13 次（見表六：戰例 22～26，28，30，31，36，38，39，41，44），平均 16.07 年一次，仍是中古時期牧族抄寇陰山地區最緩和的一段時間。而在這些抄寇事件中，又多屬對「點」的單純攻擊，類似以往匈奴、鮮卑、柔然、突厥等草原帝國或部落大聯盟時期，動輒大軍壓境，不時緣邊「總劫掠」之狀況，已不復再見。在在說明「諾眞水會戰」之後，唐朝北邊出現了較爲平靜的戰略環境；此亦本戰之影響也。

三、「區域衝突」成為陰山戰爭之主要型態

　　薛延陀滅亡之後，中國將漠北地區納入羈縻統治，至貞觀二十三年（649）十月「諸突厥歸化」，唐朝遂各以其酋帥爲都督、刺史，並置郵驛以爲交通，號爲「參天可汗道」；〔註 174〕對漠北之權力，堪稱穩固。不過，貞觀末年因唐太宗之親征高麗，及高宗總章元年（668）薛仁貴之拔平壤，並設安東都護府重兵監護，正式將朝鮮也納入唐朝羈縻統治之下後，東北即取代陰山地區，成爲當時的北邊戰略重心。〔註 175〕但是自高宗龍朔三年（663）吐蕃擊敗吐谷渾，佔領今青海一帶，威脅中原通往西域之交通線，〔註 176〕咸亨元年（670）吐蕃復於大非川擊敗唐軍，〔註 177〕及至永隆元年（680）吐蕃「盡據羊同、党項及諸羌之地，東接涼、松、茂、嶲等州，南鄰天竺，西陷龜茲、疏勒等四

〔註 173〕同上注。
〔註 174〕《唐會要》，卷七十三，〈安北都護府〉，頁 1314～15。
〔註 175〕《舊唐書》，卷四，〈本紀第四・高宗上〉，頁 81；《新唐書》，卷三，〈本紀第三・高宗〉，頁 67；及《通鑑》，卷二百一，〈唐紀十七〉，高宗總章元年九月條，頁 6355～56。
〔註 176〕《通鑑》，卷二百一，〈唐紀十七〉，高宗龍朔三年五月條，頁 6336。
〔註 177〕《舊唐書》，卷八十三，〈列傳第三十三・薛仁貴傳〉，頁 2782～83；《新唐書》，卷一百一十一，〈列傳第三十六・薛仁貴傳〉，頁 4142；及《通鑑》，卷二百一，〈唐紀十七〉，高宗咸亨元年八月條，頁 6364。

鎮，北抵突厥，地方萬餘里，諸胡之盛，莫與爲比」，〔註178〕中國在北方的戰略重心，又由高麗轉到河西方面。調露元年（679）十月，居白道以南的東突厥阿史德溫傳、奉職兩部反，陰山地區情勢又開始緊張（見表六：戰例18）。

不過，觀察本時間點以後的唐朝陰山戰爭，一共27場，平均8.41年發生一次，遠低於中古時期6.07年／次之平均指數。又根據表六「唐朝時期陰山戰爭表」附記欄之統計，在上述的27次陰山戰爭中，除2次是唐朝內戰（見戰例37、40）外，其餘的25次，有18次是唐朝對突厥作戰（見戰例18～33，36、41），2次是唐朝參與突厥內戰（見戰例34、35），3次是唐朝對回紇作戰（見戰例38，39，44），2次是回紇內戰（見戰例42、43）。這些戰爭中，除高宗永隆元年「黑山之戰」，唐朝動用三十餘萬大軍（見戰例19），及武后聖曆元年（698）「默啜反武則天之戰」，突厥以十餘萬騎遠寇河北諸郡（見戰例29）外，其餘大致都是小兵力、小戰場之「區域衝突」。值得注意的是，調露元年東突厥復叛後，當時陰山地區已非唐朝國防重心，但與中古其他以陰山地區爲國防重心的時期相比，反而是戰略環境最安定、戰爭發生次數最少、作戰規模也較小的一段時間。筆者以爲，這可能與唐朝擊滅薛延陀後所規範與建構之北方權力模式有關。

在這種權力模式下，唐朝是中央政府，各部族是地方政府，彼此互動以縱向的直接指揮關係爲主，各地方政府間的橫向連繫似乎並不顯著，其最大特點即是容易維持區域「戰略平衡」，防杜強權出現。調露元年以後，既使唐朝戰略重心他移，北邊局勢似乎並未脫序，戰爭規模也概止於區域衝突，這大概就是上述權力結構使各小權相互制衡，沒有強權出現的關係。而唐朝中後期，雖然內政紊亂，藩鎮、宦官、黨爭，交互爲患，但北方情勢卻相對穩定，這不能不說是初唐羈縻統治漠北時所建立之分權架構所致，而此權力架構之所以能夠落實，則應是建立在貞觀十五年李勣一戰而擊滅薛延陀主力之軍事勝利基礎上。

〔註178〕《通鑑》，卷二百二，〈唐紀十八〉，高宗永隆元年七月條，頁6396。《舊唐書》，卷一百九十六上，〈列傳第一百四十六上·吐蕃上〉，頁5224；《新唐書》，卷二百一十六上，〈列傳第一百四十一上·吐蕃上〉，頁6077～78，所載略同。

第八章　對中古時期南方政府陰山渡漠戰爭的檢討

　　中國中古時期，北方草原民族的南下劫掠，主要是為了經濟與生產目的，南方政府的渡漠作戰，則大抵是為消除邊患。而彼此之間之交流與互動，也往往藉戰爭而進行，戰爭遂成推動北邊戰略環境變遷與影響歷史發展的主要媒介。但是，中古時期南方政府出陰山渡漠攻擊北方草原游牧民族，概有 30 次（見附表十一），除唐太宗貞觀二十年（646）擊滅薛延陀之後，將漠北諸部納入中國羈縻統治，數十年未見劫掠外，在此之前，漠北地區均非南方實際統治權力所及；而北方游牧民族踰漠南下劫掠農業社會的行動，也未因南方大軍之屢屢渡漠作戰而稍有中止。可見中古時期唐朝以前南方政府對漠北地區的戰爭，缺乏權力運用與保持觀念，應有值得研究檢討之處。

第一節　中古時期由陰山渡漠之戰爭及其類型

　　筆者統計，中古時期南方政府出陰山的渡漠作戰，約有 30 次。其中：西漢 8 次（含新莽），東漢 2 次，兩晉 7 次，南北朝 8 次，唐朝 5 次；曹魏及楊隋時期均無。詳如下表：

表十一：中古時期南方政府由陰山渡漠戰爭一覽表

時間及名稱	目　的	兵力運用	攻勢到達位置	結　果
1.漢武帝元朔六年（前123）春「衛青兩出定襄擊匈奴之戰」。	尋求匈奴主力決戰。	一路出擊。	大漠之中。	匈奴戰敗，退向漠北。（見表一戰例21）
2.漢武帝元狩四年（前119）夏「漠北之戰」。	尋求匈奴主力決戰。	兩路出擊。	今西伯利亞貝加爾湖之線。	匈奴戰敗，向北退卻。（見表一戰例22）
3.漢武帝元鼎六年（前111）冬「公孫賀、趙破奴奔襲匈奴之戰」。	尋求匈奴主力決戰。	兩路出擊。	漠北至西域之線。	不見匈奴一人而還。（見表一戰例24）
4.漢武帝太初二年（前103）春「趙破奴擊匈奴之戰」。	尋求匈奴主力決戰。	一路出擊。	濬稽山之線。	無功而還，匈奴追擊，俘趙破奴。（見表一戰例26）
5.漢武帝天漢四年（前97）春「余吾水之戰」。	尋求匈奴主力決戰。	四路出擊。	今外蒙土拉河之線。	單于以十萬騎待水南，與漢軍決戰，漢軍不勝而退。（見表一戰例28）
6.漢武帝征和三年（前90）夏「郅居水之戰」。	尋求匈奴主力決戰。	三路出擊。	今外蒙色楞格河之線。	貳師將軍李廣利降匈奴，漢軍全軍覆滅。（見表一戰例29）
7.漢宣帝本始二年（前72）夏「漢五將軍會擊匈奴之戰」。	尋求匈奴主力決戰。	五路出擊。	漠北之線。	匈奴受重創。（見表一戰例33）
8.王莽建國二年（10）冬「遣十二將擊匈奴之戰」	迫匈奴屈服。	十路出擊。	漠北之線。	分匈奴土地人民為十五，立十五單于。（見表一戰例36）
9.東漢和帝永元元年（89）夏「稽落山之戰」。	肅清北匈奴。	三路出擊。	今外蒙杭愛山、古爾連察汗嶺及邦察干湖之線。	北單于遁走。（見表二戰例14）
10.東漢靈帝熹平六年（177）夏「漢鮮之戰」。	尋求鮮卑主力決戰。	三路出擊。	大漠之中或漠北南緣之線。	東漢三路兵團皆被殲滅。（見表二戰例14）
11.晉惠帝元康七年（297）至永寧原年（301）「拓跋鮮卑北巡之戰」。	開拓與鞏固勢力範圍。	一路出擊。	漠北至西域之線。	降附二十餘國，積五歲而還。（見表三戰例3）

12. 晉哀帝興寧元年（363）秋「代王擊高車之戰」。	掠奪。	不詳。	漠北之線。	獲牲畜百餘萬頭。（見表三戰例12）
13. 晉孝武帝太元十三年（388）春「拓跋珪北巡之戰」。	掠奪及擴張勢力。	不詳。	漠南草原北緣至大漠南緣之間。	征服地區部族。（見表三戰例19）
14. 晉孝武帝太元十五年（390）夏「拓跋珪征服北方部落之戰」。	掠奪。	不詳。	今外蒙哈爾和林北。	獲牲畜二十餘萬頭。（見表三戰例19）
15. 晉孝武帝太元十六年（391）秋「拓跋珪襲柔然之戰」。	追擊柔然。	入漠後三路追擊。	今外蒙哈爾和林西及阿爾泰山東脈之線。	擊潰柔然。（見表三戰例22）
16. 晉安帝隆安三年（399）冬「拓跋珪攻高車之戰」。	掠奪。	四路出擊。	今外蒙鄂爾渾河與色楞格河之線。	虜獲人口三十萬，馬近四十萬，雜畜百餘萬。（見表三戰例26）
17. 晉安帝義熙六年（410）春「長孫嵩擊柔然之戰」。	尋求柔然決戰。	一路出擊。	可能到達漠北。	可能無功，退兵時遭柔然追擊。（見表三戰例30）
18. 北魏太武帝始光二年（425）秋「拓跋燾伐柔然之戰」。	尋求柔然決戰與掠奪。	五路出擊。	漠北之線。	柔然北走避戰，魏軍無功而還。（見表四戰例2）
19. 北魏太武帝神䴥二年（429）夏「栗水之戰」。	尋求柔然決戰與掠奪。	兩路出擊。	今貝加爾湖東西之線。	柔然敗走，虜人口數十萬，馬百餘萬匹。（表四戰例3）
20. 北魏太武帝太延四年（438）夏「白阜之戰」。	尋求柔然決戰與掠奪。	五路出擊。	今外蒙杭愛山之線。	不見柔然而還遇漠北大旱軍馬多死。（見四戰例4）
21. 北魏太武帝太平眞君四年（443）秋「鹿渾谷之戰」。	尋求柔然決戰與掠奪。	四道出擊。	今外蒙色楞格河之線。	遭遇戰時，拓跋燾遲豫不決，柔然退走。（見表四戰例6）
22. 北魏太武帝太平眞君十年（449）秋「拓跋燾伐柔然之戰」。	尋求柔然決戰與掠奪。	三路出擊。	漠北之線。	柔然退走，虜人戶畜產百餘萬而還（見表四戰例7）
23. 北魏文成帝太安四年（458）秋「拓跋濬北巡之戰」。	尋求柔然決戰。	騎十萬，車十五萬輛，可能是一路出擊。	漠北之線。	柔然遠走，刻石記功而還。（見表四戰例8）

24.北魏孝文帝太和十六年（492）秋「王頤等擊柔然之戰」。	尋求柔然決戰。	三路出擊。	漠北之線。	無具體戰果。（見表四戰例 17）
25.北魏孝明帝正光四年（523）夏「李崇追擊柔然之戰」。	追擊柔然，欲奪回被劫人口牲畜。	一路出擊。	今貝加爾湖之線。	不及而還。（見表第四戰例 19）
26.唐太宗貞觀二十年（646）夏「唐滅薛延陀之戰」。	肅清漠北薛延陀勢力。	多路出擊。	漠北之線。	在漠北各部族協力下擊滅薛延陀將漠北地區納入中國羈縻統治。（見表六戰例 15）
27.唐高宗永徽元年（650）夏「唐擊突厥車鼻可汗之戰」。	收服突厥車鼻可汗。	一路出擊。	漠北金山之線。	車鼻被擒，其眾皆降。（見表六戰例 16）
28.唐高宗顯慶五年（660）秋「鄭仁泰擊漠北四部之戰」。	征服叛唐之思結等四部。	一路出擊。	漠北之線。	三戰皆捷，斬其酋長而還。（見表六戰例 17）
29.武則天垂拱三年（686）秋「唐反擊突厥寇邊之戰」。	中郎將爨寶璧貪功，引軍出塞與突厥戰。	一路出擊。	漠北之線。	突厥嚴陣以待，唐軍一萬三千全軍被殲。（見表六戰例 24）
30.唐玄宗天寶元年（742）秋「唐擊突厥烏蘇可汗之戰」。	收服突厥烏蘇可汗。	四路出擊。	大漠之中。	烏蘇退去唐軍取其右殺之部而歸。（見表六戰例 35）
附記	一、上表所列戰爭，除戰例 13 跨越四季外，餘依季節區分，概為：春季 5 次，夏季 11 次，秋季 10 次，冬季 3 次，春夏合計為 16 次，佔 55.1%。秋冬合計 13 次，佔 44.9%。 二、漢武帝時期由陰山越漠出擊匈奴 6 次，除 1 次為冬季外，餘均集中於春夏兩季。唐太宗統一漠北之戰亦在夏季。 三、渡漠作戰之兵力區分，除 3 次不詳外，其餘 27 次中，8 次為「一路出擊」，佔 29.6%。19 次為「多路出擊」，佔 70.4。 四、上表所列戰爭，除戰例 27～30 為國土之內之綏靖性質外，其餘 26 次均為境外作戰，就作戰結果言，區分如下：戰勝即退 5 次（1、2、7、9、15），佔 19.2%。與敵主力決戰無法取勝而退 1 次（5），佔 3.8%。戰敗或被殲 2 次（6、10），佔 7.6%。無功而還 7 次（3、18、20、21、23、24、25），佔 27%。無功而還且被追擊 2 次（4、17），佔 7.6%。掠奪而退 6 次（12、13、14、16、19、22），佔 23.1%。戰勝而佔領其地 3 次（8、11、26），佔 11.6%。			

　　筆者根據上表所列，概將中古時期南方政府由陰山地區發動的渡漠戰爭，區分五大類型，就「經略」〔註 1〕觀念，析論如下：

〔註 1〕　「經略」者，籌劃全局，以求治理也。台灣商務印書館編審委員會《辭源》，

一、消耗型

此類型作戰，主要是指漢武帝時期經陰山渡漠對匈奴的戰爭而言；其背景爲中國強大，匈奴亦爲草原強權。其特徵爲漢軍挾豐沛的國力，不惜龐大戰損與軍費支出，以重騎兵、車兵爲主之優勢正規兵力，大舉由陰山進入漠北地區，尋求與匈奴主力決戰或實施威力掃蕩，著眼於摧毀匈奴之有生戰力與其賴爲生計的家畜牲口，使其喪失進犯中國的能力，以保邊塞安全。

筆者以爲，這是一種純軍事考量，以「消耗」匈奴國力，但也造成本身「相對消耗」的一種「兩敗俱傷」型戰爭。作戰中，漢軍殺戮甚大，如元朔六年（前123），大將軍衛青率六將軍部，兩次由定襄進入大漠攻擊匈奴之戰，分別「斬首數千級」及「斬首虜萬餘級」（見表一：戰例 21）；又如元狩四年（前 119）「漠北之戰」，漢軍西路之衛青兵團「行斬捕匈奴首虜萬九千級」，東路之霍去病兵團更「得胡首虜七萬餘級」（見表一：戰例 22）。

當時「匈奴人眾不能當漢之一郡」，漢軍如此殺戮，對匈奴有限之有生戰力而言，當是慘痛損失。而漢軍經常選定春夏牧族之牲畜繁殖哺育季節，作爲發動渡漠戰爭的時機（見表十一附記二），這對畜牧型經濟的游牧民族而言，傷害尤其嚴重。《漢書‧匈奴傳》載漢武帝時期「漢兵深入窮追二十餘年，匈奴孕重墮殰，罷極苦之」的狀況，[註2] 大致說明了匈奴面對漢軍於其駐牧季節持續攻擊的痛苦與不堪。但是漢武帝在對匈奴的長期遠程用兵中，雖然給予匈奴嚴重打擊，但自己也付出了幾乎動搖國本的沉重代價，此即筆者所謂的「相對消耗」。以衛青、霍去病率軍渡漠作戰的消耗狀況爲例，《史記‧匈奴列傳》載曰：

> 初，漢兩將軍大出圍單于，所殺虜八九萬，而漢士卒物故亦數萬，
>
> 漢馬死者十餘萬。匈奴雖病，遠去，而漢亦馬少，無以復往。[註3]

這還只是漢軍人員與馬匹的損失而已，尤其甚者，漢朝更因對匈奴作戰兵革歲動之餘，國家財政亦陷於枯竭，甚至連漕運之費與軍人的薪餉犒賞都發不

台北：台灣商務印書館，民 73 年 8 月，頁 1648。

〔註2〕　《漢書》，卷九十四上，〈匈奴傳第六十四上〉，頁 3781。惟筆者按，漢武帝第一次派遣大軍入匈奴地遠程作戰，是元朔二年（前127）「河南之戰」。漢軍第一次出陰山作戰，是元朔五年（前125）「漠南之戰」。其在位期間最後一次派軍越漠擊匈奴，是征和三年（前90）「郅居水之戰」。故漢武帝時漢軍對匈奴作戰之「深入窮追」，應有三十餘年。班書所載「二十餘年」，恐有錯誤。

〔註3〕　《史記》，卷一百十，〈匈奴列傳第五十〉，頁 2911。

出去。〔註4〕王莽部將嚴尤就曾評漢武帝對匈奴作戰之功過曰:「漢武帝選將練兵,約齎輕糧,深入遠戍,雖有克獲之功,胡輒報之,兵連禍結三十餘年,中國罷耗,匈奴亦創艾,而天下稱武,是為下策」;〔註5〕此似為對漢武帝「相對消耗」型態作戰,一針見血之論。值得注意的是,漢武帝時對匈奴三十餘年的進攻,雖然使匈奴受到嚴重創艾,成為其日後分裂衰落原因之一;惟漢武帝選將練兵,深入遠戍,所費無算,不但沒有迫使匈奴屈服,甚至連阻止其掠邊的目標都未能達成,最後漢軍還連續在居延、余吾水與郅居水等戰役中全軍覆滅(見表一:戰例28、29)。史上用兵之勞而無功,恐莫此為甚。可見中古時期南方大軍在廣大的漠北地區作戰,僅憑單純的軍事攻擊,若無政治上經略的手段配合,恐甚難獲致決定性戰果與所望國家目標。

二、淨空型

此類型作戰,以一世紀東漢對北匈奴「遠引」時之戰爭為代表;其背景為東漢軍力強大,又有諸胡相助,而北方之匈奴則權力分裂與衰落。其特徵亦為南方以優勢兵力進入漠北地區,尋求北匈奴主力決戰;惟作戰目的僅在迫使北匈奴屈服與(或)驅逐其殘部,並無佔領與經略該地區之規劃。例如,東漢和帝永元元年(89)「稽落山之戰」,竇憲大軍擊滅北匈奴一萬三千人,也接受其八十一部、二十餘萬人投降,最後刻石勒功而還(見第五章第四節)。

竇憲班師之後,又遣軍司馬吳汜、梁諷奉金帛遺北單于,宣明國威,並繼續招降北匈奴。永元三年(91)東漢復破北匈奴於金微山,《後漢書・竇憲傳》載曰:「克獲甚眾,北單于逃走,不知所在。」〔註6〕東漢在北匈奴「遠引」過程中一連串的攻擊行動,徹底擊潰北匈奴有生戰力,並將其勢力驅逐出大漠地區;就軍事戰略觀點言,可說獲得了重大成就。但東漢在招降與驅逐北匈奴後,也立即退出大漠,並且不准南匈奴北上復國,使草原地區一時權力「淨空」,不久此一戰略空隙乃被鮮卑人輕易填補。筆者以為,東漢未乘軍事作戰勝利的同時,在政治戰略上採取較積極之跟進配合措施,造勢而不

〔註4〕《史記》,卷三十,〈平準書第八〉,頁1422,載:「……又興十餘萬人築衛朔方……費數十百巨萬,府庫益虛……明年,大將軍將六將軍仍再出擊胡(指衛青於元朔六年出定襄之戰)……而漢軍之士馬死者十餘萬,兵甲之財轉漕之費不與焉。於是……稅賦既竭,猶不足奉戰士」。《漢書》,卷二十四下,〈食貨志第四下〉,頁1158~59,所載同。

〔註5〕《漢書》,卷九十四下,〈匈奴列傳第六十四下〉,頁3824。

〔註6〕《後漢書》,卷二十三,〈竇融列傳第十三〉,附〈竇憲傳〉,頁817~18。

用勢，缺乏全程國家戰略指導下的權力建立與保持作爲，錯失經略北邊良機，並予鮮卑興起之機，殊爲可惜。

三、掠奪型

此類型作戰，專指所謂「滲透王朝」（見第六章第三節注 63）攻擊漠北部族之戰爭。其特徵爲以優勢輕裝大軍入漠奔襲，尋求牧族決戰，並乘機掠奪其牲畜及俘虜強徙其人口。如表十一戰例 12「代王什翼犍擊高車之戰」、戰例 16「拓跋珪攻高車之戰」、戰例 19「栗水之戰」、戰例 22「拓跋燾伐柔然之戰」，都是此類例子。就戰爭本質言，應屬一方面藉主動出擊消除牧族掠邊威脅，一方面也藉「相對劫掠」所獲，以增強其本身經濟力量，但無經略考量的一種特殊作戰模式。

四、經略型

此類型作戰，在中古時期概有 3 例：分別是王莽建國二年（10），分匈奴爲十五單于之戰；晉惠帝元康七年（297），拓跋猗㐌北巡西略，降附二十餘國之戰；及唐太宗貞觀二十年（646），唐軍聯合漠北諸部擊滅薛延陀，將漠北地區置於中國羈縻統治之戰（以上戰爭，見表十一戰例 8、11、26）。其中，王莽之立呼韓邪子爲十五單于，開中國對漠北地區權力分割之先河，可惜此一經略作爲，旋因其政權覆亡而終止，否則北邊可能出現迥異之歷史發展。拓跋猗㐌之北巡，連續停留漠北與西域長達五年之久，顯有經略之事實與目的，惟當時拓跋氏仍爲陰山地區的游牧小權，對北邊戰略環境影響甚微，故其作爲亦無足論述。

因此，就經略之手段、過程、結果及其對歷史發展的影響言，貞觀二十年（646）唐太宗以唐朝皇帝兼「天可汗」身分，調動多國軍隊，擊滅薛延陀，並將漠北地區納入中國羈縻統治，應是中國歷史上南方政權經略北邊唯一成功之例，意義重大。唐太宗之征服漠北，係以貞觀四年（629）與十五年（641）兩次殲滅戰的震撼效果爲基礎，以唐朝充沛的國力與強大的軍力爲後盾，以「國際盟主」大戰略之構想爲指導，使軍事作戰與政治戰略相結合，故而跟隨軍事勝利而來的，就是在漠北地區建立並保持權力。在貞觀二十年對薛延陀的戰爭中，唐太宗曾訓令李勣「降則撫之，叛則討之」；〔註7〕顯示唐太宗一方面固欲以武力摧毀薛延陀之權力結構，另一方面似亦兼顧心

〔註7〕　《通鑑》，卷一百九十八，〈唐紀十四〉，太宗貞觀二十年六月條，頁 6237。

理戰略之運用，著眼招降包括薛延陀在內的漠北諸部，以建立向心，爲其政治上的經略創造有利環境。

而唐太宗更隨軍事之底定，立即於次年（647）正月在漠北地區置六都督府，分官設職，通驛納稅，正式將其納入中國監護統治之下。筆者以爲，唐太宗之經略漠北，是以國家戰略爲指導中心，運用大戰略以統合聯盟力量，以軍事戰略爲基礎，以心理戰略爲輔助，最後再以政治戰略收戰果，可謂上下連貫，畢經略之全功於一役。此唐太宗與漢武帝時期的渡漠作戰，前者事半功倍，後者事倍功半，其間差異之所在也。

五、綏靖型

此類型作戰，概指唐太宗將漠北地區納入中國羈縻統治後，北邊發生動亂時，唐朝派兵渡漠平亂之作戰言。本類型作戰約有 4 例（見表十一戰例 27～30），因理論上唐軍係在「國內」用兵，故筆者謂其爲「綏靖」行爲，是保持國家在該地區權力的一種手段，而其效果則須視當時國家權力之強弱狀況而定。

第二節　漢朝與北魏時期由陰山渡漠作戰之特質及影響因素

筆者統計中古時期南方大軍出陰山的渡漠作戰，自漢武帝元朔六年（前123）大將軍衛青第一次入漠以擊匈奴開始，到唐太宗貞觀二十年唐朝征服薛延陀之前爲止，南方政府一共由陰山地區向漠北出擊了 25 次（見表十一戰例1～25）。一般而言，這些戰爭因須渡過陰山與大漠兩個大地障，故在作戰模式上，似乎也出現了若干「同質性」（homogeneity）。筆者試以較具代表性的西漢武帝、東漢和帝、東漢靈帝及北魏太武帝等四個時期的 13 次作戰爲例（見表十一戰例 1～6、9、10、18～22），分析說明南方大軍渡漠作戰的特質如下：

一、在兵力運用上

除兩次使用一條作戰線單刀直入外（表十一戰例 1，4），餘均爲使用多條作戰線之分進合擊行動。亦即以「外線作戰」爲主，佔總作戰次數的 84.6%。

二、在作戰季節上

分別爲：春季 3 次，夏季 6 次，秋季 3 次，冬季 1 次；春夏兩季合計 9次，佔總作戰次數的 69.2%，是渡漠作戰的重點時間。而漢武帝時期春夏兩季

渡漠作戰的比例，更高達 85.7%（見表十一附記）。

三、在迫敵決戰上

能達到決戰目的者，僅有 4 次，佔總作戰次數的 30.8%。在這 4 次之中，2 次是北方嚴陣以待，主動求戰（表十一戰例 2、5）；1 次是北方逆戰誘擊，「相機」求戰（表十一戰例 10），都是發生在牧族有決戰企圖之狀況下。而南方大軍眞正達到迫敵主力決戰目的者，可說僅只 1 次（表十一戰例 9），佔總作戰次數的 7.69%。

四、在敵情掌握上

因敵情掌握不實，而影響作戰者共 10 次，佔總作戰次數的 76.9%。包括：不見敵蹤或無功而還者，共 4 次（表十一戰例 3、4、18、20）；與敵遭遇，但狀況不明不敢發起攻擊，而任敵逸去者 1 次（表十一戰例 21）；追擊不及，未能與敵保持接觸，或雖戰勝，但敵仍脫逃者，共 6 次（表十一戰例 1、2、9、18、19、22）。

五、在作戰成果上

因大漠地形單調，缺乏明顯地物可供大軍機動時檢驗管制之用，故在渡漠過程中，不論採取數條或單一「前進軸線」，均易出現指揮掌握困難，及兵力無法立即集中之不利狀況。如元狩四年（前 119）李廣在「漠北之戰」中迷路（見表一：戰例 22）；又如北魏太武帝太平眞君四年（443）在「鹿渾谷之戰」中的猶豫（見表四：戰例 6）。而因此使作戰不利或戰敗者有 4 次，佔總作戰次數的 36.7%。其中包括：全軍被殲或指揮官被俘者 3 次（表十一戰例 4、6、10）；不能取勝而退者 1 次（表十一戰例 5）。

六、在攻勢進抵上

大致均在大漠北緣至今外蒙哈林格爾之線，最遠也曾兩次抵今西伯利亞貝加爾湖一帶（表十一戰例 2、19）。但未有超過貝加爾湖而北者。

七、在停留時間上

因受補給線脆弱影響，除北魏太武帝「栗水之戰」（表十一戰例 19）在漠北停留幾達四個月外，餘均未作較長時間留滯。一般作戰程序概爲：大軍由陰山出發，渡過大漠，到達漠北，尋求決戰；但不論成果如何，除戰敗被殲外，均迅速撤離。

由以上戰例的分析與歸納可以看出，中古時期南方政府大部分的渡漠作

戰，大致具有：分進合擊、春夏行動、力求立即決戰、迅速撤退的共同特質。春夏行動的目的，前已詳析，不再贅論。分進合擊之目的，是由於漠北遼闊，掌握敵軍動態不易，故須多路出兵以加大搜捕正面。立即決戰與迅速撤退，則是因遠離基地，補給線長而脆弱之故。

筆者研究又發現，南方大軍在上述共同特質的作戰行動中，亦存有甚多共同弱點；大約包括：缺乏持續戰力、停留目標區時間不能過長、指揮掌握與協調連絡困難、攻勢到達線不夠深遠、難以迫敵決戰、擊敵經常半途而廢與不知敵軍遠遁所在等。這些弱點，常使南方大軍在渡漠作戰時，難以爭取「所望戰果」，甚至全軍覆沒，而即使能夠爭取，亦無法保持。

探討造成上述南方大軍渡漠作戰時這些共同特質與弱點之原因，筆者以爲，大約有三：其一，北上陰山及大漠地障對南方大軍行動的限制；其二，北方游牧民族有一個規避作戰的大後方；其三，受心理因素影響。本節先分析前兩者，第三項心理因素下節再論。

一、北上陰山及大漠地障的限制

有關陰山之地障作用，已詳析於第三章，不再贅述，本節專論大漠之阻礙。大漠概位於今內蒙之北，是一片廣大的沙磧之地，東西寬約一千八百公里，南北縱深約一千一百公里，亦爲一天然軍事地障。關於大漠的地理特性及其對古時候農、牧兩大民族活動的限制與影響，前引札奇斯欽《蒙古社會與文化》中曾分析曰：

> 由於內陸和高山環繞的關係，使這一塊大地，與海洋溼潤而有助於植物生長的氣候隔絕，使它的心臟部份，形成了戈壁和沙漠的地帶。戈壁是一片平坦，地表堅硬，佈滿沙礫石塊，風力甚強，枯乾荒涼的大平原……這就是中國古文獻中所說的瀚海，或是不毛之地。戈壁並不是沙漠，可是在它的中間或四周，也有若干斷斷續續的沙丘……沙漠之中……是植物稀少，極度荒涼的地方……戈壁的橫隔，曾防止了南方農業民族對蒙古高原的佔有，也限制了游牧民族自己力量的集中。〔註8〕

由於地理因素的限制，南方大軍進入大漠對北方游牧民族發動一場戰爭，其

〔註8〕 前引札奇斯欽《蒙古社會與文化》，頁8。

在地障中與通過地障後，都可能遭遇一些困難與不利狀況；此正如《漢書·
匈奴傳》載嚴尤諫阻王莽伐匈奴時所曰：

> ……胡地沙鹵，多乏水草，以往事揆之，軍出未滿百日，牛必物故
> 且盡，餘糧尚多，人不能負，此三難也。胡地秋冬甚寒，春夏甚風，
> 多齎鬴鍑薪炭，重不可勝，時糒飲水，以歷四時，師有疾疫之憂，
> 是故前世伐胡，不過百日，非不欲久，勢力不能，此四難也。輜重
> 自隨，則輕銳者少，不得疾行，虜徐遁逃，勢不能及，幸而逢虜，
> 又累輜重，如遇險阻，銜尾相隨，虜要遮前後，危殆不測，此五難
> 也。大用民力，功不可必立，臣伏憂之。〔註9〕

對無渡漠經驗者而言，似乎甚難想像人們如何在三倍於台灣長度之絕漠中生
活與行動，及軍隊如何在如此艱困自然條件下維持戰力之景況。清人張穆在
《蒙古游牧記》中，曾以日記方式載述內蒙烏蘭察布盟游牧所在地所見，或
可幫助吾人瞭解部分大漠生態環境與其對大軍行軍機動之影響。曰：

> 漠北日記：二十八日，行平道四十三里，次哈納烏蘇河，水盡牛溲，
> 臭不堪飲。童阜沙磧，止產得勒蘇枯莖，間雜嫩艸，牧馬駝以此，
> 深慮不足。二十九日，行平沙中，一望無際，寸艸不生，馬前惟見
> 沙堆累累，古人所謂大漠也。出此三十里，忽有青艸百畝，肥脆茂
> 盛，停驂牧馬，殆有神助。過此復平沙六十里，駐阿爾七金地面，
> 乾潤有蘆葦，勉強牧馬。下濕處掘地三寸餘得水，有土氣。三十日，
> 出軍門滿地矮樹紛披，狀如小柏，生采爲薪，即能然。踰平崗六十
> 里，亭午渴甚，無水可求。下崗二十里，駐喀倫，平阜夾岸，怪石
> 槎枒，地勢低凹，掘三尺餘水鹹，煮羊烹茶，變黑色，令人腹痛。
> 地枯無草無薪，軍中拾馬矢（屎）供爨。〔註10〕

大漠自然環境之惡劣，大致如此，而其對軍隊作戰行動之妨害，也不難想像。
尤其其縱深達千餘公里，馬匹持續而行，亦需十餘日，大軍糧草攜行與軍隊
保健，在在都是問題。因此，在沒有機械化交通工具的古代條件下，大軍渡
漠作戰不論在兵力調集、接敵運動、指揮掌握、協調連絡與補給維持，都是
極度困難的事情。而尤有甚者，南方大軍遠赴漠北作戰時，在渡過大漠之前，
還須先通過陰山；雙重地障，四次進出地障口，更增加補給線的脆弱性。因

〔註9〕　《漢書》，卷九十四下，〈匈奴傳第六十四下〉，頁3824～25。
〔註10〕　前引張穆《蒙古游牧記》，頁221。

此，有了這些因陰山與大漠地障所帶來的限制因素，南方大軍的渡漠作戰才會出現前述缺乏持續戰力、停留目標區時間不能過長、指揮掌握與協調連絡困難、攻勢到達線不夠深遠、難以迫敵決戰、擊敵經常半途而廢的共同特質與弱點。

東漢光武帝建武二十四年（48），匈奴內鬨，分裂為南北兩部，南匈奴附漢，有人建議應乘機擊滅北匈奴，但光武帝以「誠能舉天下之半，以滅大寇，豈非至願；苟非其時，不如息人」為理由，未予採納。〔註 11〕可見在南方主政者心目中，即使越漠去攻擊一個分裂與勢衰的草原游牧民族，當時都是極度困難而無意願去做的事情。

二、北方游牧民族有一個規避作戰的「大後方」（戰略腹地）

在中古時期南方大軍的渡漠作戰中，經常出現北方游牧民族「遠遁」（表一：戰例 21）、「遁去」（表二：戰例 14）、「遠走」（表四：戰例 8）、「未見敵蹤」（表四：戰例 4、7）、「不見一人」（表一：戰例 24）或「北走避戰」（表四：戰例 2）等作戰目標突然消失之狀況，每使南方大軍踰漠而北，行數千里，最後無功而還。此狀況亦經常出現在南方大軍戰勝後，還來不及發起追擊，游牧民族早已脫離戰場，遠遁不知所在，而令南方大軍擊敵半途而廢，作戰目的完全落空。所以會產生這種現象，據筆者研究，其原因應是北方草原游牧民族有一個可以規避南方大軍攻擊的「大後方」，亦即「戰略腹地」。這個「大後方」或「戰略腹地」，幅員廣大，在優勢南方大軍前來進攻時，不但提供了北方游牧民族幅員寬廣的有生戰力安全庇護所，使其保有「敵進我退，敵退我回」之行動彈性空間，而且還可能是一個後勤物資屯儲豐富的大縱深基地，扮演北方草原民族持續戰力重要來源角色。這個「戰略腹地」，在秦漢之際可能是渾庾、屈射、丁零、鬲昆、薪犁等北方民族活動的地方，後來被匈奴冒頓單于所征服，成為匈奴之地；〔註 12〕而《史記‧匈奴列傳》中的一些記載，似乎也能旁證這個「大後方」的存在。

如，漢武帝元狩四年「漠北之戰」，投降匈奴之漢前將軍翕侯趙信「教（伊稚邪）單于益北絕幕，以罷誘漢兵」，而會戰時，漢軍西路衛青兵團雖勝，但單于「西北遁走」；東路霍去病兵團於擊敗匈奴左賢王部後，進展順

〔註 11〕《後漢書》，卷十八，〈吳蓋陳臧列傳第八〉，頁 696。
〔註 12〕《史記》，卷一百十，〈匈奴列傳第五十〉，頁 2893。

利，進抵北海（今西伯利亞貝加爾湖）東，惟仍無法追及敗退之匈奴（見表一：戰例 22，圖 44）；而單于如何「西北遁走」？當然是西北方向要有一個避戰的空間。

又如，上述戰後「匈奴雖病，遠去」，〔註13〕但其戰力顯然猶在，致漢武帝又繼續由陰山地區對匈奴發動了四次渡漠作戰（表十一戰例 3～6），但還是無法擊滅匈奴，最後自己反遭居延、余吾與郅居諸戰之連續慘敗。這些事實，在在均說明匈奴在漠北深遠處，一直就有一個「進可攻，退可避」、又可作為「戰略腹地」的「大後方」地區；這個地區的位置，筆者判斷就在今俄屬貝加爾湖以北的西伯利亞大森林與草原之內。觀察表十一戰例，中古時期南方大軍渡漠作戰最遠只到達瀚海，可見這個「大後方」是中古時期南方政府軍事力量從未到達過的地方，遙遠而陌生，當然不會納入渡漠作戰計畫訂定時的考量因素；南方大軍之經常不見敵縱與擊敵半途而廢，這應是重要原因。當然，現在資訊發達，天涯比鄰，吾人已知貝加爾湖附近是一塊風景美麗、漁畜豐富的土地，其北的西伯利亞，更是無際的森林與草原。

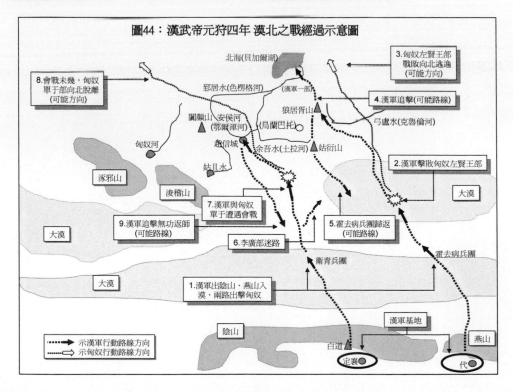

圖44：漢武帝元狩四年 漠北之戰經過示意圖

　　如今大漠與漠北已屬「蒙古國」領土，古來牧族累世而居的貝加爾湖地區及其以北之西伯利亞，更爲俄人所據；每思於此，不勝感慨。研究中國邊疆史地的大陸學者，對漠北這塊土地有著這樣的景況描述：

> 貝加爾湖地區和黑龍江流域是片美麗富饒的土地。這裡既有沃野平川，又有苔原草地，更多的丘陵峻嶺。到處有茂密森林，參天拔地，郁郁蒼蒼。在布滿落葉松和白樺的原始森林中，出產各種名貴的毛皮獸——黑貂、黑狐、猞猁、灰鼠等，尤以紫貂聞名於世。河裡湖中有各種鮮美的魚類，地下蘊藏著豐富的金、銀等礦產，人們形容這裡的許多地方是：「棒打獐子瓢舀魚，野雞飛到飯鍋裡。」〔註14〕

可見漠北地區除因緯度高而多季寒冷外，其餘季節並不如《史記》、《漢書》等史書中所描述的「地澤鹵」、「苦寒無水草之地」與「不生五穀」等不適人居之狀況（後文再論）。而北方草原游牧民族之所以在秋冬之際「徙度漠南」，其目的只在「背寒向溫」，以求減少人畜過冬時的損害，並可乘機劫掠農業地區；若狀況不允許（如北魏時於秋冬兩季屯兵漠南，柔然即無法南下），只要儲備足夠糧草，亦能在漠北度過冬天，惟較艱苦。這塊對中古以前農業民族極度陌生的土地，一直到唐太宗時代征服薛延陀，並通「參天可汗道」後，中國史書上才對漠北地區多國林立的人情、風土與物產狀況，有較完整的記錄。《新唐書·回鶻傳》載曰：

> 拔野古，一曰拔野固，或爲拔曳固。漫散磧北，地千里，帳戶六萬，兵萬人。地有薦草，產良馬、精鐵……僕骨，亦曰僕固，……帳戶三萬，兵萬人。地最北……同羅，在薛延陀北……距京師七千里而贏，勝兵三萬……骨利幹，處瀚海（應指瀚海都護府）北，勝兵五千。草多百合，產良馬，首似槖它，筋骼壯大，日中馳數百里。其地北距海（指小海，即貝加爾湖），去京師最遠。又北度海則晝長夜短（應指北海，已近北極圈）……白霫，居鮮卑故地，直京師東北五千里……地圓袤二千里，山繚其外，勝兵萬人……斛薛，處多濫葛北，勝兵萬人……又有鞠，或曰袚，居拔野古東北，有木無草，地多苔。無羊馬，人麋鹿若牛馬（應指馴鹿），惟食苔，俗以駕車……又有駮馬者，或曰弊刺……直突厥之北，距京師萬四千里。隨水草，

〔註14〕呂光天、古清堯《貝加爾湖地區和黑龍江流域各族與中原的關係史》，〈前言〉，哈爾濱：哈爾濱黑龍江教育出版社，1998 年 12 月，頁 2。

　　然喜居山，勝兵三萬。地常積雪，木不彫。以馬耕田……北極於海
　　（應指今北極海），雖畜馬而不乘，資湩酪以食……大漠者，處鞠之
　　北。饒羊馬，人物頎大……黠戛斯，古堅昆國也……眾數十萬，勝
　　兵八萬，直回紇西北三千里，南依貪漫山（今阿爾泰山之西北主
　　脈）……氣多寒，雖大河亦半冰。稼有禾、粟、大小麥、青稞，步
　　碓以爲麥麨。稷以三月種，九月穫，以飯，以釀酒，而無果蔬。畜，
　　馬至狀大，以善鬥者爲頭馬，有橐它、牛、羊。牛爲多，富農至數
　　千……魚，有蔑者長七八尺……松高者，仰射不能及顚，而樺尤多。
　　有金、鐵、錫，每雨，俗必得鐵……〔註15〕

吾人由以上記載可以看出，在這片以貝加爾湖周邊地區爲中心，東起太平洋、
西抵中亞草原、北至北極海的廣大土地中，唐朝以前就是北方草原民族居住、
活動與繁衍的場所。而《新唐書》等史料所記載該地區之物產、畜牧，以及
森林草原地貌，也與前引《貝加爾湖地區和黑龍江流域各族與中原的關係史》
文中描述之今日現地狀況概同。如果說這塊尤較中原幅員爲大的土地，是北
方游牧民族對南方大軍踰漠攻擊時規避決戰的「大後方」與「戰略腹地」，理
論與實徵上應都能成立。

　　因此筆者認爲，中古時期南北雙方沿陰山各作戰線所進行的戰爭，若以
漠南草原至陰山間的帶狀東西走廊爲兩大勢力的接觸與緩衝線，那麼大漠就
是北方大軍對南方大軍的「警戒」、「掩護」與「抵抗」地帶。而大漠以北至
貝加爾湖以南地區，則是其誘南方大軍深入、相機決戰或遲滯作戰之戰場。

　　至於貝加爾湖以北的廣大地區，亦即筆者所謂的「大後方」，就自然成爲
了北方大軍在狀況不利時用來規避決戰、保存戰力及準備隨時再向南進出的
「戰略腹地」。這個北方大軍用以避戰轉進的「大後方」與「戰略腹地」，理
論上其縱深可遠達北極海，約爲陰山至貝加爾湖距離的兩倍以上。

　　觀察中古時期南方大軍之渡漠作戰，最遠僅到達貝加爾湖附近之線，從
未進入過北方游牧民族「大後方」前緣的貝加爾湖北畔地區。因此，在南方
大軍渡漠攻擊時，只要散牧於大漠與貝加爾湖之間的漠北游牧民族，能及時

〔註15〕《新唐書》，卷二百一十七下，〈列傳第一百四十二下・回鶻傳下〉，頁6139
　　　　～47。另，《唐會要》，卷九十六，頁1717～26；《通典》，卷一百九十九，〈邊
　　　　防十五〉，頁5464～70；《舊唐書》，卷一百九十九下，〈列傳第一百四十九
　　　　下・北狄傳〉，頁5354～64，亦有略同記載，惟《新唐書》較詳，故引之。

獲得警報而向北規避，大致都能保全有生力量不被殲滅，並能待南方大軍撤退後，重返原駐牧之地，一切又回到原點。這就是唐朝以前南方政府屢屢越漠作戰，但卻始終無法徹底解決北疆邊患的主要原因之一。

第三節　心理因素對中古時期南方大軍渡漠作戰的影響

除了大漠的地障作用及游牧民族擁有一個避戰「大後方」兩大因素，影響中古時期南方大軍的渡漠作戰，使其在作戰過程中產生一些相同之特質與弱點外，心理層面「佔領漠北無用論」的出現，恐也是另一個侷限南方大軍作戰發展的重要問題。筆者所謂的「佔領漠北無用論」，是指南方政府從漢武帝時代與匈奴作戰開始，對漠北地區心理上一直存在的一種消極保守價值觀念；這種價值觀念，概包括兩大部分，一為「其地不可用」的地理認知，二為「其民不可役」的民族歧視。這種觀念反映在北邊國防政策上，就是「防禦」；而在「防禦」過程中所採取的最積極手段，就只有純軍事考量的「有限反擊」。這種「有限反擊」的戰略指導，反映在渡漠作戰上，就是「只攻不佔」與「速決而退」。因此，漢武帝在北邊對匈奴的戰爭上，僅見單純的軍事作戰行動，而無經略考量的政治作為，致國家權力始終無法隨軍事的勝利在漠北立足，匈奴走而復回，漢軍屢戰而無功；吾人由前節所分析的戰例，大致已經觀察到了這個事實。

夷夏之分，上古即有。至於筆者所謂的「漠北佔領無用論」，則可能起於秦始皇時李斯之奏言，而其具體出現，則在漢武帝於陰山地區對匈奴之用兵上。《史記・平津侯主父列傳》載元朔元年（前 128）主父偃以諫伐匈奴事，奏於漢武帝曰：

> ……昔秦始皇……欲攻匈奴，李斯諫曰：「不可。夫匈奴無城郭之居，委積之守，遷徙鳥舉，難得而制也。輕兵深入，糧食必絕；踵糧而行，重不及事。得其地不足以為利也，遇其民不可役而守也。勝必殺之，非民父母也……」秦始皇不聽，遂使蒙恬將兵攻胡，辟地千里，以河為境。地固澤鹵，不生五穀。然後發天下丁男以守北河。暴兵暴師十有餘年，死者不可勝數，終不能踰河而北。是豈人眾不

足，兵革不備哉？其勢不可也……﹝註16﹞

其後，主父偃又數見漢武帝，上書言事，詔拜其爲謁者，一歲四遷；﹝註 17﹞可見漢武帝應已接受主父偃所引李斯對匈奴「得其地不足以爲利，遇其民不可役而守」的觀念。不過，元朔二年（前 127）「河南之戰」後，主父偃卻又盛言：「朔方地肥饒，外阻河，蒙恬之以逐匈奴，內省轉輸戍漕，廣中國，滅胡之本也」。雖朝議多有反對，但最後漢武帝還是採用主父偃意見，使蘇建興十餘萬人築朔方城（今內蒙杭錦旗北）。﹝註18﹞而當時反對築朔方城最力者，爲御史大夫公孫弘，其所持理由即謂朔方爲「無用之地」，可見在當時一些人的認知中，山南之朔方尚且如此，況漠北地區。﹝註 19﹞至此，漢武帝以陰山之線構工築城取守勢，以爲「滅胡之本」的「積極防禦」政策，乃告確立。

元朔六年（前 123）以後的漢軍由陰山渡漠作戰，可以說就是在這種「積極防禦」政策指導下的「局部反擊」與「有限攻勢」，其目的只在「滅胡」，而不在超越軍事層次的政治「經略」；漢武帝時期對漠北地區「只攻不佔」與「速決而退」的作戰模式，也就此而固定。

觀察戰史，從漢武帝第一次令衛青越漠出擊匈奴，至東漢和帝遣竇憲驅逐北匈奴「不知所在」爲止，「佔領漠北無用論」似乎就是主導中國北邊國防政策的理論根據，而這種狀況甚至還存在於「滲透王朝」的北魏時期。筆者以爲，此可能是受到司馬遷《史記》對漠北錯誤認知記載的流傳，及南方社會對游牧民族傳統歧視的雙重影響所致。析論如下：

一、對漠北地區的錯誤認知

由前節所引《新唐書‧回鶻傳》所載唐時漠北各國狀況，及今人對貝加爾湖一帶自然環境和出產之描述，瞭解漠北除多季酷寒，生態受影響外，其實是一片美麗富饒的土地。但司馬遷在《史記》中對漠北狀況之記述，卻予人甚大負面印象，造成後人認知上的錯誤。司馬遷行年約與漢武帝共始終，又曾遠赴北塞，「行觀蒙恬所爲秦長城亭障」，﹝註 20﹞應能直接掌握漢武帝時

﹝註16﹞《史記》，卷一百十二，〈平津侯主父列傳第五十二〉，頁 2954。
﹝註17﹞《史記》，卷一百十二，〈平津侯主父列傳第五十二〉，頁 2960。
﹝註18﹞《史記》，卷一百十二，〈平津侯主父列傳第五十二〉，頁 2961～62。
﹝註19﹞《史記》，卷一百十二，〈平津侯主父列傳第五十二〉，頁 2950。不過，儒家仁
　　　政思想：「不爲無用之地而煩擾中國」影響，恐也是一因。
﹝註20﹞《史記》，卷八十八，〈蒙恬列傳第二十八〉，頁 2570。

期所有渡漠作戰的第一手史料，這個部分沒有問題。

不過，司馬遷並未到過大漠，其對漠北之記述，散見於《史記》各列傳之中，有些是引用前人所言或歷史文件所載，但未加評論。如〈平津侯主父列傳〉記載主父偃引李斯所曰：「得其地不足以爲利也，遇其民不可役而守也。勝必殺之，非民父母也。……地固澤鹵，不生五穀」。又如，〈匈奴列傳中〉記載漢文帝前元六年（前 174）朝議時公卿所曰：「且得匈奴地，澤鹵，非可居也」。〔註21〕同傳又引漢文帝後元二年（前 162）文帝致匈奴單于書中所曰：「匈奴處北地，寒，殺氣早降」。〔註22〕有些是引用當時出使匈奴使者之言，如元封元年（前 110）漢武帝北巡至朔方（見表一：戰例 25），遣郭吉告單于所曰：「亡匿於幕北寒苦無水草之地，毋爲也」。〔註23〕有些是引用當時所得戰報中的戰場景況，如〈衛將軍驃騎列傳〉載元狩四年（前 119）衛青兵團在漠北作戰「大風起，沙礫擊面，兩軍不相見」。〔註24〕

但諸如以上所述，只是局部、片段與漠地之中的北地景況，與實際情形落差極大，但因《史記》的歷史權威地位，這一小部分卻似乎成了後人對漠北認知的全部。更重要的是，上列相關人物，除元狩四年霍去病曾到達貝加爾湖東南畔一次外，其餘衛青、郭吉最遠或僅止於單于庭（今外蒙哈林格爾附近），故對筆者所謂的「大後方」與「戰略腹地」，應無所知，而司馬遷亦復如是。

其後，班固在《漢書》有關漠北的記載中，又以《史記》爲本，幾乎原文照錄，延續並加強了司馬遷在這方面的觀點。司馬遷與班固都是成一家之言的大史學家，這些漠北景況的記述，對「有土斯有財」觀念根深柢固的農業民族而言，當有一定程度影響；而此影響投射到渡漠作戰上，似乎就是前述「只攻不佔」，惟求「速決而還」，遂成中古時期南方大軍渡漠作戰具有概同特質與弱點的重要原因。而又因南方政府無知於游牧民族擁有大縱深之避

〔註21〕《史記》，卷一百十，〈匈奴列傳第五十〉，頁 2896。《漢書》，卷九十四上，〈匈奴傳第六十四上〉，頁 3757，所載同。

〔註22〕《史記》，卷一百十，〈匈奴列傳第五十〉，頁 2903。《漢書》，卷九十四上，〈匈奴傳第六十四上〉，頁 3762，所載同。

〔註23〕《史記》，卷一百十，〈匈奴列傳第五十〉，頁 2912。《漢書》，卷九十四上，〈匈奴傳第六十四上〉，頁 3772，所載同。

〔註24〕《史記》，卷一百十一，〈衛將軍驃騎列傳第五十一〉，頁 2935。《漢書》，卷五十五，〈衛青霍去病傳第二十五〉，頁 2484，所載同。

戰空間，故經常在「不知戰地，不知戰日」〔註 25〕之狀況下，沿用固定作戰模式，千里而會戰，豈能有功乎？

雖然《漢書》作者班固，曾於東漢和帝永元元年（89）參與「稽落山之戰」，隨軍目睹北地狀況，寫下所見「幕北地平，少草木，多大沙」之景象。〔註 26〕此或與部分大漠狀況相符，但北地幅員甚廣，班氏隨軍所到之處，僅其一角而已，若以此部分而論其全豹，則恐又有以偏蓋全之失。

兩漢之後，中國進入魏、晉、南北朝長期分裂之時期，加上五胡為亂，中原與漠北更加隔絕，農業社會對陰山以北地區的認識，恐主要還是來自《史記》與《漢書》中相關記載的流傳。直到南北朝時期，南方對漠北「得之無用」的刻板印象與錯誤認知，可能才漸被扭轉；例如北魏太武帝朝的太常卿崔浩，就曾於廷辯時說：「漠北高涼，不生蚊蚋，水草美善，夏則北遷。田牧其地，非不可耕而食也」。〔註 27〕但北魏來自北方，志在南方，於盛樂、平城時期歷次對柔然與高車的渡漠作戰中，亦充分表現其「滲透王朝」的劫掠特質。故雖然知道漠北水草美善、可耕可牧，但卻無意回頭經略北方，渡漠作戰之目的只在消除邊患，並以劫掠增長國力而已。南方政府對漠北地區的有效經略，直到是唐太宗時代，才正式展開。

二、民族的偏見與歧視

四夷成為後來夏夷觀念中被輕視的民族，在西周末時已可找到線索；而夏夷觀念的逐漸確立，大概是在東周初期。春秋諸侯爭霸而「尊王攘夷」，「夷」不是接受諸夏，就是漸漸被「攘」迫於諸夏之外；大致到了戰國以後，「夏夷」與「內外」的分層才趨於明朗。因此，先秦時期的嚴夷夏之防，有文化意識，也有政治作用，而夷夏之別，是在禮俗，而不在種族。〔註 28〕

也就是說，當時只有文化的區隔，並無種族的歧視。到了漢朝初年，司馬遷作《史記》，開中國正史為四夷立傳的先河，其〈匈奴列傳〉，客觀記載了當時的北亞民族——匈奴的生活型態、風俗習慣、社會文化、政治組織與作戰方式，並將該列傳置於李將軍與衛將軍驃騎兩漢族英雄人物列傳之間，

〔註 25〕《孫子兵法》，篇六，〈虛實〉。
〔註 26〕《漢書》，卷九十四下，〈匈奴傳第六十四下〉，頁 3803。
〔註 27〕《魏書》，卷三十五，〈列傳第二十三·崔浩傳〉，頁 816。
〔註 28〕前引王明蓀師《中國民族與北疆史論》（漢晉篇），頁 37，38，46～48。

可見司馬遷除在地理上不瞭解漠北地區外，對夷狄應無歧視之心。到東漢班固寫《漢書·匈奴傳》時，他對由來已久的夷狄之患，提出個人綜合看法與批評，曰：

> ……是以《春秋》內諸夏而外夷狄。夷狄之人貪而好利，被髮左衽，人面獸心……辟居北垂寒露之野，逐草隨畜，射獵為生，隔以山谷，雍以沙幕，天地所以絕外內也。是故聖王禽獸畜之，不與約誓，不就攻伐；約之則費賂而見欺，攻之則勞師而招寇。其地不可耕而食也，其民不可臣而畜也，是以外而不內，疏而不戚，政教不及其人，正朔不加其國；來則懲而御之，去則備而守之。其慕義而貢獻，則接之以禮讓，羈縻不絕，使曲在彼，蓋聖王制御蠻夷之常道也。〔註29〕

王明蓀師認為，班氏之言未必全是，既不主和，也不主戰，根本主張是兩國對立，敵來則戰，去則守；〔註30〕其實這就是一種消極的防禦思想。不過，這也是中古時期正史上首次出現史官稱夷狄為「禽獸」之民族歧視現象；同一狀況，又見於《漢書·匈奴傳》引樊噲之言。〔註31〕影響所及，范曄在《後漢書·鮮卑列傳》中，亦載靈帝朝議郎蔡邕所曰：「天設山河，秦築長城，漢起塞垣，所以別內外，異殊俗也。苟無蹙國內侮之患，則可矣，豈與蟲螘狡寇計爭往來哉！」〔註32〕而歐陽脩《新唐書·回鶻傳》中也曰：「夷狄資悍貪，人外而獸內，惟剽奪是視。」〔註33〕以上所載，一是廟堂發言，一是官修前朝史，應可相當程度地反映出當時農業社會對游牧民族的偏見。蔡邕、歐陽脩所言，不但總結說明了秦至兩漢在北邊採取守勢國防的原因，也似乎延續了班固以降農業民族歧視北方草原游牧民族的心態。尤其甚者，連強調「實錄直書」的劉知幾，〔註34〕似乎都不能跳脫這種狹隘的種族情節；如其在《史

〔註29〕 《漢書》，卷九十四下，〈匈奴傳第六十四下〉，頁3834。

〔註30〕 前引王明蓀師《中國民族與北疆史論》（漢晉篇），頁77。

〔註31〕 《漢書》，卷九十四上，〈匈奴傳第六十四上〉，頁3755，載曰：「冒頓……使使遺高后，……高后大怒，召丞相平及樊噲、季布等，議……發兵而擊之。樊噲曰：『臣願得十萬眾，橫行匈奴中。』問季布，布曰：『……且夷狄譬如禽獸，得其善言不足喜，惡言不足怒也，……』高后曰：『善』。……遂和親。」筆者按，武帝以前史料，《漢書》以抄錄《史記》為主，此段原載於《史記》，卷一百，〈季布欒布列傳第四十〉，頁2730～31。但無「夷狄譬如禽獸」之語，此應為班氏所加。

〔註32〕 《後漢書》，卷九十，〈烏桓鮮卑列傳第八十〉，頁2992。

〔註33〕 《新唐書》，卷二百一十七下，〈列傳第一百四十二下·回鶻傳下〉，頁6151。

〔註34〕 有關劉知幾之「實錄直書」，可參雷家驥師《中古史學觀念史》，頁687～703。

通‧斷限》中曰：

> 自五胡稱制，四海殊宅。江左既承正朔，斥彼魏胡，故氐、羌有錄，
> 索虜成傳。魏本出於雜種，竊亦自號眞君。其史黨附本朝，思欲凌
> 駕前作，遂乃南籠典午，北吞諸僞，比之群盜，盡入傳中。但當有
> 晉元、明之時，中原秦、趙之代，元氏膜拜稽首，自同臣妾，而反
> 列之於傳，何厚顏之甚邪！〔註35〕

劉知幾似乎對拓跋鮮卑特別存有偏見，除稱其「索虜」，責其「竊號」外；又
於《史通‧稱謂》中載曰：

> 至如元氏，起於邊朔，其君乃一部之酋長耳。道武追崇所及，凡二
> 十八君。自開闢已來，未之有也。而《魏書‧序紀》，襲其虛號，生
> 則謂之帝，死則謂之崩，何異沐猴而冠，腐鼠稱璞者矣！〔註36〕

或許劉知幾等人所代表者，是一種大環境模塑下的意識型態，受其影響而不自
知。但這種極力疏遠，不屑與夷狄往來的思想，確曾普遍支配南方政權對北方
游牧民族的政策，甚至到了晚近的明朝，還是有人做出同樣的主張。〔註37〕值
得注意的是，這樣的種族歧視，不僅限於漢人對胡人，也存在於漢化胡人對未
漢化胡人之間。最顯著的例子，就是北魏拓跋鮮卑對待柔然的態度。拓跋鮮卑
雖來自草原，其先亦是牧族，但在進入雲中與桑乾河流域後，生活型態逐漸漢
化，惟其卻對族源關係密切的柔然，充滿歧視。〔註38〕

　　這種歧視現象，吾人由北魏太武帝拓跋燾「以其無知，狀類於蟲」，而稱
柔然爲「蠕蠕」，可知一般。又如，北魏太和八年（484），高閭上表孝文帝曰：
「北狄悍愚，同於禽獸」；〔註39〕正光三年（522）柔然入寇涼州，詔令費穆

〔註35〕蒲起龍釋（劉知幾原著）《史通通釋》，卷四，〈斷限〉，台北：里仁書局，民
　　　　69 年 9 月 20 日，頁 97。

〔註36〕《史通通釋》，卷四，〈稱謂〉，頁 108。

〔註37〕前引札奇斯欽《北亞游牧民族與中原農業民族間的和平戰爭與貿易之關係》，
　　　　頁 12。另，顧炎武在處理降服胡落問題上認爲：「夫蕃人貪而好利，乍臣乍叛，
　　　　荒忽無常……是故聖人以禽獸畜之。」似亦有種族歧視觀念。見《日知錄》，
　　　　黃汝成集釋，台北：世界書局，民 60 年，頁 691。

〔註38〕（孝明帝）正光元年（520），柔然可汗阿那瓌奔北魏。《魏書》，卷一百三，〈列
　　　　傳第九十一‧蠕蠕傳〉，頁 2299。載曰：「阿那瓌求詣殿前，詔引之，阿那瓌
　　　　再拜跽曰：『臣先世源由，出於大魏。』」《北史》，卷九十八，〈列傳第八十六‧
　　　　蠕蠕傳〉，頁 3259，所載略同，可見柔然與拓跋鮮卑族源密切。

〔註39〕《魏書》，卷五十四，〈列傳第四十二‧高閭傳〉，頁 1201。

往討之，費穆謂其所部曰：「夷狄獸心，唯利是視」；〔註40〕均足顯拓跋氏對柔然之歧視，其口氣亦與班固、蔡邕似無二致。北魏以這種心態對待游牧民族，柔然自然難以心服，而兩者之關係，也陷入「掠奪」與「報復」之惡性循環中，最後兩敗俱傷。

然而，北方游牧民族真是像禽獸一樣的「野蠻人」嗎？以匈奴人爲例，《史記·匈奴列傳》所載：「其坐，長左而北鄉」，〔註41〕與《後漢書·耿秉傳》所載「匈奴聞（耿）秉卒，舉國哭號，或至剺面流血」；〔註42〕此兩事例，若以漢人之觀點看，至少就表達了匈奴人長幼有序與有情有義的美德，豈是「禽獸」所能爲？漢人爲何不以此爲例，加以稱讚呢？其實，每個民族的風俗習慣都自有其形成的原因，也自有其存在的合理性，爲他族人所難以理解者。例如，《史記·匈奴列傳》所載匈奴人「壯者食肥美，老者食其餘。貴壯健，賤老弱。父死，妻其後母；兄弟死，皆取其妻妻之。」〔註43〕此爲匈奴在其特殊經濟條件下所形成的風俗文化，中國士大夫視以禽獸行爲，蓋以中國之標準批評也，實者並不客觀。

明白了這一點，無論那一個民族，即使文化水準再高，也一樣有別族視爲不可思議，而自己卻認爲理所當然的習俗。因此，任何一個民族，均不應以自己的文化爲標準，去衡量與要求別的民族一定要跟自己一樣，而把與自己不同者，視爲落後、野蠻，而加以鄙薄與歧視。這是筆者對中古時期農業民族歧視游牧民族的一些看法與感想。

總之，中古時期南方政府這種因種族歧視而產生的自大、不肖與游牧民族往來的近乎閉關作法，自然影響其對漠北地區的經略，而此心態反映在渡漠戰爭上，就是純軍事考量的武裝暴力行爲；東漢對北匈奴之掃蕩，及北魏對柔然、高車的劫掠，似乎都是這種心態模塑下的產物。直到唐時，在政治權力結構中歧視牧族的心態，可能已逐漸趨於淡薄，成爲一種胡漢兼容並蓄的文化型態。〔註44〕而唐太宗就在這樣的歷史背景下，接受「北荒君長」之

〔註40〕《魏書》，卷四十四，〈列傳第三十二·費于傳〉，附〈費穆傳〉，頁1003。

〔註41〕《史記》，卷一百十，〈匈奴列傳第五十〉，頁2892。

〔註42〕《後漢書》，卷十九，〈耿弇列傳第九〉，附〈耿秉傳〉，頁718。

〔註43〕《史記》，卷一百十，〈匈奴列傳第五十〉，頁2879。

〔註44〕傅樂成〈唐代夷夏觀念的改變〉，刊於《大陸雜誌》，25卷8期，民51年8月。

請，被擁爲北亞游牧民族國家之「天可汗」，大量起用胡人爲官爲將，〔註45〕繼而以軍事與政治相結合經略北邊，在貞觀四年（630）及十五年（641）對東突厥及薛延陀兩次大殲滅戰（見第七章第三、四節）所建立之震撼效果上，將漠北地區納入中國羈縻統治。其高瞻遠矚之大戰略思考，畢北患於一役之事績，恐均非只懂使用武力、窮追匈奴數十年而無功的漢武帝所能及（後文再論）。

　　總歸來說，中古時期南方社會對漠北地理上的錯誤認知，與心理上的歧視排斥，加上傳統以長城爲北邊界線之守勢國防思想的藩籬，也對南方大軍渡漠作戰之全程指導構想、目標選定、用兵方式、戰果處理及後續行動，產生一定程度影響，是中古時期渡漠作戰特質與弱點形成原因之一。

第四節　從戰爭與權力的關係看漢武帝與唐太宗對漠北的經略

　　唐朝以前，南方大軍雖多次贏得渡漠戰爭勝利，但卻無法保持戰果，爲政治上的經略營造有利環境，其關鍵在南方大軍對漠北「只攻不佔」與北方游牧民族有一個避戰「大後方」兩大原因上。後者是南方大軍對作戰地區特性之資訊不足、認知錯誤，致所策定的渡漠作戰戰略計畫與指導，並無強化補給線與向漠北推進基地或遠程縱深追擊之規劃，不符實戰需求，故每出現擊敵半途而廢的狀況，有利態勢因而落空。前者則是受傳統守勢國防思想，及「漠北無用論」偏差觀念與對牧族歧視心態影響，缺乏向漠北開疆闢土的誘因、企圖與積極作爲所致，故雖有渡漠作戰，但也僅是純軍事的有限攻勢或反擊行爲，並無權力之建立與保持觀念，遑論經略；此戰爭與權力脫節現象也。而中古時期能充分運用權力，以戰爭爲手段，達到經略漠北之目的者，亦僅唐太宗一人而已。

　　筆者從權力與「系統」（system）角度觀察中古時期陰山戰爭發現，自先秦農業民族國家「築長城以拒胡」，到唐太宗擊滅薛延陀正式將漠北納入中國監護統治爲止，南方政權與漠北草原游牧民族國家間的互動，都應屬於「權力爭奪」階段的「國際關係」。惟在今日「國際關係」領域中，對權力之定義，似仍無定論，但國家追求權力之目的，主要是爲達成自身「國家利益」，則應

〔註45〕唐朝起用番將狀況，見前引章群《唐代番將研究》。

無爭議。

以美國政治學者莫根索（Hans. J. Morgenthau）的觀念爲例，他認爲：「權力就是人對人心志與行動的控制，只要有人群居，權力就存在」；又說：「國際政治，就是權力的爭奪。」〔註 46〕但是國家在爭取權力之前，需要具備一些基本要素；這些基本要素，包括有形的人口、地理、自然資源、經濟與軍事力量，及無形的國民士氣、國家領導、政治系統與國家戰略等；其具體的表現，就是「國家權力」。〔註47〕莫氏的說法，當爲權力之一般概念，古今中外皆然。「國家權力」平時受到國際「權力均勢」的規範與限制，只對其他國家或政治系統產生「影響」作用，〔註 48〕但當「均勢」破壞，或某一方拒絕接受規範，其最激烈的反射，似乎就是戰爭；英國政治學者羅森（Steven J. Rosen）等人，即將「權力失衡」（power asymmetry）視爲戰爭發生的首要原因。〔註49〕

吳子亦曰：「凡兵之所起者有五，一曰爭名，二曰爭利，三曰積惡，四曰內亂，五曰因饑」，〔註 50〕前四者也是屬於權力爭奪與衝突之範疇。因此，戰爭與國家權力的運用，當爲一體兩面之事；也就是說，戰爭須依「國家戰略」指導，是打破舊權力結構，重組新「權力平衡」機制的重要手段，其過程須包括野戰用兵與權力運作兩大層次，雙管齊下，而不應只止於單純的戰場決勝。

中國自古以來，農業民族與游牧民族的衝突與互動，是歷史發展的重要部分。吾人若由宏觀的權力角度觀察中古時期的東亞戰略環境，應能發現農

〔註46〕 Hans. J. Morgenthau and Kenneth W. thompson，"*Politics Among Nations*"，New York： Knopf，1985., pp.31, 127～168.

〔註47〕 朱張碧珠《國際關係》，台北：三民書局，民 79 年 12 月，頁 167～81。

〔註48〕 影響（influence）與反影響（counter-influence），皆爲國際系統之主要特徵；但解釋「國際影響」的理論並不多見，其中以辛格（J. David Singer）之「國家間影響的模式」（International influence model），較爲著名。見前引朱張碧珠《國際關係》，頁 112。

〔註49〕 戰爭原因的因素，包括：1.權力不平衡，2.民族主義、分離主義與領土歸併主義，3.國際社會達爾文主義（International social Darwinism），4.溝通失效，5.毫無控制的武器競賽，6.藉外在衝突促進內部統一，7.侵略本能、文化上暴力傾向，8.經濟與科學刺激，9.軍事與工業勢力的勾結（military-industry complex），10.相對的困乏（relative deprivation），11.人口限制，12.解決衝突。見 Rosen，steven J.，and Walter S. Jones，"*The Logic of International Relations*"，Cambridge，Mass.，Winthrop Publishers，Inc., 1980., pp.307～335。

〔註50〕 吳起《吳子·圖國第一》，收入《武經七書》，台北：中華戰略學會，民 77 年 10 月 20 日，頁 155～56。

牧兩大民族時戰時和，各自內部亦離合相繼，彼此交往雖絕大部分可以看成「國際關係」，但實際上兩者卻是處於同一權力結構下的雙向影響系統中。也就是說，此系統內之成員（actors），其行動是相互關連的，日本學者多有持此觀念者。〔註 51〕故當游牧甲國之行為「影響」農業乙國時，甲國本身亦可能受到乙國反應行為之「影響」；這就是今日「國際關係」理論中的所謂「反影響」（counter-influence），也是國際系統的主要特徵之一。〔註 52〕此種國與國間的相互「影響」與「反影響」現象，或亦陳寅恪在《唐代政治史述論稿》中，以「唐亡由於南詔」為例，論唐朝「外患與內政之關係」時所指。〔註 53〕

　　衡諸中古歷史，農業與游牧兩大民族之互動，可說完全在「影響」與「反影響」模式中雙向進行，彼此關連。例如，漢初匈奴南下劫掠邊郡，迫使漢朝與匈奴和親、饋贈、通關市，並在北邊採取守勢國防政策，這是匈奴對漢朝的「影響」；而漢朝為消除邊患，亦於漢武帝時開始向北出擊，「窮追」匈奴數十年，終使匈奴國力受創而衰落，這是匈奴「影響」漢朝時所受到的「反影響」。又如，柔然經常掠邊，並多次進入北魏「畿內」的雲中地區，造成北魏統一北方與對南朝作戰時之後方嚴重威脅，這是柔然對北魏的「影響」；而北魏為排除威脅，也不時大規模越漠反擊，並乘機大肆劫掠其人畜，造成柔然有生力量的重大損失，這是柔然「影響」北魏時所受到的「反影響」。由此「影響」與「反影響」的現象可以看出，中古時期中原與漠北之間雖有大漠阻隔，但本質上卻是一個完整的權力互動系統，而不同時期與不同環境之下，亦調適出不同型態

〔註51〕有關古代中國與周邊國家之互動關係，日人多有所論。如西嶋定生在〈6～8世紀的東亞〉（收入《岩波講座日本歷史》2（舊版），1962 年）中認為，中國王朝與周邊國家的關係是「冊封體制」，並在《岩波講座日本歷史》4,〈總論〉（1970）中，提出其「東亞世界」觀點。又，窟敏一在〈東亞歷史像如何構成？〉（刊於《歷研》276，1963 年）中認為，隋唐時代的對外統轄，已不限於「冊封體制」，諸民族與中國對應於現實權力的關係，而呈現多樣性。此外，強調「北亞世界」存在的田村實造，在其〈唐帝國的世界性〉（收入《史林》，52 卷 1 期，1969 年）中亦認為，唐將東亞諸國置於「衛星」關係之上，而與北亞世界的回紇，則是「同盟」關係，故其「世界性」是有限的。以上說法雖不一，但無論如何，日本學者對自古以來中國與周邊民族即是一個互動關連體系的看法，概略是一致的。

〔註52〕前引朱張碧珠《國際關係》，112。及 J. David Singer，"*Inter-Nation Influence：A Formal Model*," in James N. Rosenau，ed.，"*International Politics and Foreign Policy*"，New York： The free Press，1969，p.381.

〔註53〕前引陳寅恪《隋唐制度淵源略論稿・唐代政治史述論稿》，頁 296～97。

的「權力平衡」，使東亞雖戰爭不斷，惟大致仍能維持系統穩定。

自漢興至初唐，筆者依東亞「權力平衡」出現的系統模式，大約分其爲六個時期：一、漢高帝平城戰敗，至呼韓邪一世匈奴分裂，是漢匈兩極對立的「緊密」（tight）國際系統時期。二、匈奴第一帝國向東漢稱臣，至北匈奴逃亡不知所在，是漢匈兩極、一大一小對立的「鬆散」（loose）國際系統時期。三、北匈奴退出漠北，至鮮卑檀石槐擊敗東漢前，是東漢一極獨大的「鬆散」國際系統時期。四、鮮卑擊敗東漢崛起至東晉滅亡，是多極「不穩定」國際系統時期。五、北魏統一北方至楊堅篡周，是柔然（後期是突厥）、北朝、南朝三極對立的「緊密」國際系統時期。六、隋至唐初，是突厥（後期是薛延陀）與中國兩極對立的「不穩定」國際系統時期。唐太宗統一漠北後，此國際系統即告結束，代之而起的，是以唐朝一極國家權力系統爲核心的「權力平衡」時期。

國家的一切活動，必然涉及「權力」，因爲政治活動的本質，即是「權力」的爭取、行使和控制。〔註54〕廣義而言，戰爭應是國家運用權力所進行的最重要政治活動，故須與「國家目標」相結合；孫子曰：「兵者，國之大事，死生之地，存亡之道，不可不察也」，〔註55〕近代西方兵學家克勞塞維茲（Clausewitz）亦曰：「戰爭是政策的工具」，〔註56〕或即此理。中古時期，東亞既是一個成員間相互「影響」與「反影響」的權力互動系統，故南方政府單純以消滅、驅逐、掠奪與遷徙牧族爲目的之渡漠戰爭，當無法有效解決農業與游牧兩大民族之間長久存在的複雜衝突問題，而恐應以「國家權力」爲後盾，以軍事作戰爲手段，以政治經略爲目標，最後落實在草原地區的實際佔領並能有效行使統治權力之上，使此權力系統一元化，才是正本清源、一勞永逸之道。

西漢時期，在呼韓邪降漢前，漢朝大軍一共由陰山渡漠攻擊匈奴 7 次（見表十一），但均爲「攻而不略」，戰爭與權力之運用顯然脫節，致戰果無法保持並迅速落空，每次渡漠作戰都須從原點開始，形成國力之大浪費。惟檢討其作

〔註54〕 林碧炤《國際政治與外交政策》，台北：五南圖書出版公司，民 80 年 10 月，頁 304。

〔註55〕 《孫子兵法》，篇一，〈始計〉。

〔註56〕 英譯 "It is clear that war should never be thought of as something autonomous but as an instrument of policy." 見 Von Clausewitz Karl，"On War."，1：1，edited by Micheal Howard and Peter Paret. Princeton，N.J.，p.88。中譯本爲黃煥文譯《大軍學理》（戰爭論），上下冊，台北：台灣商務印書館，民 70 年 10 月，頁 6。

戰效果不彰，政治權力始終無法在漠北立足之原因，除了戰爭與權力運用不能合一外，亦與漢武帝在陰山方面採取守勢國防政策有關（見第四章第五節）。

　　關於戰爭與權力關係的問題，筆者再試舉西漢宣帝時期對西域經略成功之例說明之。西漢對西域的經略，源於漢武帝欲聯合月氏共擊匈奴，以「斷匈奴右臂」之大戰略構想。〔註57〕漢武帝於建元三年（前138）至元狩四年（前119），先後兩次派遣張騫出使西域，中原勢力開始向西延伸。〔註58〕從張騫第二次出使西域之後，漢武帝一共對該方面發動了四次規模較大的作戰，先負後勝；〔註59〕但吾人由《史記·大宛列傳》所載：「而敦煌置酒泉都尉，西至鹽水，往往有亭。而侖頭（今新疆輪臺）有田卒數百人，因置使者護田積粟，以給使外國者」的記載，〔註60〕可知漢朝終武帝之世，中國與西域之互動關係，僅只停留在「通使」與「影響」階段；或此已是「經略」，惟積極性不足耳。而漢朝正式將西域置於國家權力的羈縻統治下，是在漢宣帝神爵三年（前59）漢使鄭吉「都護」西域南北兩道之後；〔註61〕接著西漢又在西域（復）置戊己校尉、伊循校尉等軍政合一的組織，以行使漢朝統治權力；〔註62〕並駐兵屯田，以為長久計。〔註63〕一般說來，西漢在西域的權

〔註57〕《漢書》，卷六十一，〈張騫李廣利傳第三十一〉，頁2692。

〔註58〕《史記》，卷一百二十三，〈大宛列傳第六十三〉，頁3157。

〔註59〕西漢對西域的四次較大規模用兵：第一次是漢武帝元鼎六年（前111），浮沮將軍公孫賀將一萬五千騎出五原二千餘里，匈河將軍趙破奴將萬餘騎出令居數千里，「以斥逐匈奴，不使遮漢使」；惟「皆不見匈奴一人」（見表十一戰例3）。第二次是元封三年（前108），驃騎將軍趙破奴領屬國騎及郡兵數萬，出擊西域（見《史記》，卷一百二十三，〈大宛列傳第六十三〉，頁3171），結果「虜樓蘭王，遂破姑師，因暴兵威以動烏孫、大宛之屬。……匈奴聞，發兵擊之，於是樓蘭遣一子質匈奴，一子質漢」（見《漢書》，卷五十五，〈衛青霍去病傳第二十五〉，附〈趙破奴傳〉，頁2493；及卷九十六上，〈西域傳第六十六上〉，頁3876～77）。第三次是太初元年（前104），貳師將軍李廣利「發屬國六千騎及郡國惡少年數萬人」，西擊大宛（見《史記》，卷一百二十三，〈大宛列傳第六十三〉，頁3174；《漢書》，卷六十一，〈張騫李廣利傳第三十一〉，頁2699；及卷九十六上，〈西域傳第六十六上〉，頁3877；所載同）。第四次是太初三年（前102），武帝以「宛小國而不能下，則大夏之屬漸輕漢，而宛善馬絕不來，烏孫、輪臺易苦漢使，為外國笑。」乃再發兵六萬，西擊大宛（見《史記》，卷一百二十三，〈大宛列傳第六十三〉，頁3176。《漢書》，卷六十一，〈張騫李廣利傳第三十一〉，頁2699～700）；所載同。

〔註60〕《史記》，卷一百二十三，〈大宛列傳第六十三〉，頁3179。

〔註61〕《漢書》，卷九十六上，〈西域傳第六十六上〉，頁3874。

〔註62〕《漢書》，卷十九上，〈百官公卿表第七上〉，頁738；及卷九十六上，〈西域傳

力算是相當穩固，而其所憑藉，應該就是漢武帝時期幾次對西域作戰、及「窮追」匈奴數十年之戰果累積，並以此爲基礎，實施屯田、駐軍、設機關之政治經略手段，以建立與鞏固統治權力。因此吾人可以說，漢武帝時期對匈奴及西域戰爭之累積成果，加上國家權力的持續運用，是武帝以後繼任者經略西域成功的條件。

唐太宗時期，僅於貞觀二十年（646）發動了一次渡漠作戰，但卻能將漠北地區納入唐朝版圖，爲中國在北邊權力運作模式，開創新例。有關唐太宗在北邊國防上之戰略思想、對牧族作戰之戰爭準備，及貞觀二十年「滅薛延陀之戰」之經過、戰果處理與影響等，筆者已第四章第五節與第七章第四節論及，不欲重複。本處僅再就「權力平衡」問題，提出研究所見。貞觀二十一年（647）唐於漠北置燕然都護府，羈縻統治北邊諸部之時，唐太宗採取了一種讓北方各草原民族在唐朝政令下，能「高度自治」的政策。在此政策之下，各羈縻州、府的領導人物，既是各部族原來的領袖，又是唐朝政府的地方官員，有效收編了各部族的武裝力量，使其成爲唐朝軍隊的一部分；東亞地區以唐朝爲核心的一元權力系統，就此建立。又根據《唐會要》的記載，唐朝平定薛延陀後，在漠北設府、州兩級行政組織，再加上都護府，一共三級，層層節制，並設郵驛，以「參天可汗道」溝通大漠南北，有效行使唐朝的政令，落實了中國在此地區的監護式管轄權力。〔註64〕從另一角度看，行政區劃既多，地方官吏的權力就相對減小，較不致出現一方獨大的併吞與中央失御狀況，使各地方力量治民有餘，謀反不足，亦能相互監視制衡，是羈縻統治保持區域「權力平衡」的較佳方法。

由於當時唐朝國力強盛，又有貞觀四年（630）與十五年（641）兩次大殲滅戰的震撼效果，故雖唐朝無漠北屯田駐軍記錄，但在高宗調露元年（679）突厥阿史德溫博叛唐（見表六：戰例 18）以前，唐朝在北邊的統治力量大致穩固。不過，這種不留駐軍隊而能控制遠邊之狀況，恐怕只適用於中原強盛

第六十六上〉，頁 3874，3878。又，有關漢代在西域的軍事制度與組織，可參勞榦〈漢代的西域都護與戊己校尉〉，收入《史語所集刊》28，台北：中研院，民 45 年 12 月。

〔註63〕如元鳳四年（前 77）漢遣司馬一人，屯田鄯善伊循城。見《漢書》，卷九十六上，〈西域傳第六十六上〉，頁 3878；及地節二年（前 68）鄭吉「將免刑罪人田渠犁」；元康四年（前 62）漢又屯田車師。見《漢書》，卷九十六下，〈西域傳第六十六下〉，頁 3922 及 3924。

〔註64〕《唐會要》，卷七十三，〈安北都護府〉，頁 1314。

與草原各部族權力分割之時，遇狀況才能隨時就近機動調兵擊之。如唐高宗顯慶五年（660）漠北思結、拔也固、僕骨、同羅四部反，唐朝即遣左衛大將軍鄭仁泰將兵平亂（見表六：戰例 17）。惟若中國勢衰，御邊能力不足，或草原又出現強權，則此漠北部族與部族之間的區域「戰略平衡」態勢亦具有易脆性，「以夷統夷」架構下的經略政策即難維持；此即唐朝中期政衰以後的北邊突厥與回鶻相繼爲亂戰略環境形成原因。不過無論如何，唐太宗貞觀二十年在渡漠作戰中，所表現戰爭與權力運用相結合的經略手段，及建構東亞地區成爲以唐朝爲核心的一極權力系統，都是歷史上開創性的偉大戰略成就。

第九章　結　論

　　陰山山脈位於大漠與黃河河套與土默川平原之間,居古中國帶狀「農畜牧咸宜區」的中央位置。中古時期,散牧於陰山以北「畜牧優勢區」之草原游牧民族,長期沿著以陰山爲中心的「農畜牧咸宜區」,向南方「農業優勢區」的黃河流域不斷推移調適。因此,陰山地區就成爲中古時期北方草原游牧民族與南方農業社會兩大勢力交會之所,從而產生頻繁互動。在此雙方互動調適的過程中,又因彼此社會文化、觀念認知、意識形態與生活方式上的歧異,衝突不斷,戰爭時而發生,是改變北邊戰略環境與影響歷史發展的重要推動力量。

　　本研究之斷限,起自漢高帝元年(前 206),終於唐昭宣帝天祐三年(906),共 1112 年,不含游牧民族小兵力、單方面之劫略行爲,共彙整中古時期陰山地區戰爭凡 183 例。根據對戰爭之分析統計,中古時期陰山地區平均約 6.08 年發生戰爭一次。其中,隋朝時期的 1.87 年/次(28 年,15 次),遠超過中古時期之平均值,爲陰山地區發生戰爭頻率最高的時期,顯示當時北邊權力最不穩定,這可能與突厥崛起和隋末喪亂雙重原因所造成之特殊戰略環境影響有關。其餘西漢時期 6.16 年/次(208 年,37 次)、東漢時期 6.32 年/次(196 年,31 次)、魏晉時期 6.41 年/次(199 年,31 次)、南北朝時期 6.83 年/次(164 年,24 次)、唐朝時期 6.55 年/次(288 年,44 次),戰爭發生之頻率指數概等,略低於中古時期之平均值。說明除隋朝之外,中古時期的陰山地區不論由農業民族或游牧民族控制,似乎都維持了某種程度的「規律性」戰爭循環週期,此或可視爲中古時期北邊戰略環境變動中之特殊現象。

　　就地緣與地形特性論，陰山山脈地略上南扼山南平原，北接漠南草原及大漠，自古即是南北勢力競逐的「四戰之地」。又因其地形南麓陡峭，越野通過困難，具備軍事上天然「地障」之條件。因此，縱貫其上、由東向西併列之白道、稒陽、高闕與雞鹿塞等四條交通道路，遂成跨陰山南北用兵「作戰線」必經之戰略通道，在中古時期游牧與農業民族衝突過程中，居於重要地位。中古時期跨越各陰山道而進行之戰爭，共有 159 次（包括一次戰爭使用多條陰山道者）。其中，最東之白道 68 次（42.7%），最多；其西之稒陽道 37 次（23.9%），次之；稒陽道西之高闕道 31 次（19.5%），又次之；最西之雞鹿塞道 23 次（13.9%），最少；呈現由東向西遞減曲線。四道之中，因僅白道能「通方軌」，較適合正規大軍作戰，故道上及其南北延伸線上之戰爭次數亦多，是中古時期陰山第一軍道。

　　陰山北接漠南草原，越過漠南草原，即是大漠。因為大漠的阻絕作用，對北方大軍踰漠而南之作戰行動，形成極大限制；而漠南草原縱深有限，又無瞰制地形可用，也不利於建立前進基地或就地實施防禦。因此對南方大軍而言，通常只要佔領山南地區，就等於控制了陰山通道，故較具備「跨陰山作戰」之有利條件。中古時期通過陰山而進行之戰爭約有 159 次，其中由北向南作戰者，計 49 次，佔 30.82%。由南向北作戰者，計 110 次，佔 69.18%。後者次數為前者之 2.24 倍，大致可以證明這種現象。

　　此外，陰山既為阻斷南北溝通之障礙，其上四條南北向山道為跨越陰山必經之路，理論上只要在四道築堅固之堡壘固守，即可防止北人越陰山而南；但中古時期君王中，除北魏太武帝設鎮於白道之上外，似乎均無此作為。趙武靈王「築長城，自代並陰山下，至高闕為塞」；秦始皇使蒙恬「悉收河南地，因河為塞」；漢武帝遣衛青「取河南地，築朔方，復繕秦時蒙恬所為塞，因河為固」，令「因杅將軍（公孫）敖築受降城」，使「光祿徐自為出五原塞數百里，遠者千餘里，築城障列亭」；這些防禦工事亦都不在陰山之上，而是在山南，或山北，而又以山南為多。究其原因，這可能與陰山地緣不利北方大軍向南作戰有關，尤其是背對陰山作戰。

　　中古時期游牧民族以經濟生產為目的之劫掠作戰，是造成中古時期的「南北衝突」的源頭，也是推動北邊戰略環境變動與影響歷史發展的重要力量。在這樣的歷史大環境模塑之下，中古各時期北邊遂出現了以戰爭為中心之權力互動關係，概為：

一、西漢時期：

是漢匈兩大帝國對峙之局面，漢匈關係與戰略情勢發展，大致能以「白登之戰」、「河南（地）之戰」與「郅居水之戰」三次陰山戰爭為里程碑，劃分為三個階段。第一個階段，時匈奴為北方帝國，漢匈概沿長城為界，雙方以平等的「國際關係」互動，漢朝藉和親、互市、饒給維持北邊和平。第二個階段，漢朝經「文景之治」，國力漸強，漢武帝乃對匈奴轉守為攻，漢朝大軍經常出陰山、越大漠出擊匈奴，兩者之間呈現戰爭狀態的「國際關係」。第三個階段，漢朝因武帝時期對匈奴作戰耗費過鉅，昭帝即位之後乃不再主動出擊匈奴，而匈奴也首次出現大分裂，南匈奴先南下附塞向漢稱臣，後又在漢監護下北歸復國，漢匈互動乃進入一個不對等的「統屬關係」時期。

二、東漢時期：

亦以「稽落山之戰」與「漢鮮之戰」兩場陰山戰爭為指標，明顯地將北邊戰略環境區分成兩個截然不同的階段。第一個階段，代表匈奴的分裂與地位降落；第二個階段，代表鮮卑勢力的崛起與五胡時代的來臨。

三、魏晉時期：

本時期因北邊成為胡人勢力範圍，故陰山戰爭在性質均屬「胡胡相爭」之「區域衝突」，戰略環境變動不大，戰爭對歷史發展之影響亦微。惟發生於東晉孝武帝太元二十年（北魏登國十年，395）的「參合陂之戰」，北魏戰勝後燕，成為分裂局面下的北中國新強權。戰後其勢力開始伸向中原，終於統一北方，使中國進入南北朝對峙之時代。

四、南北朝時期：

北魏時期，陰山戰爭概以拓跋魏與與柔然間之衝突為主，屬於一種所謂「滲透王朝」與游牧汗國間「相互劫掠」之行為模式，「栗水之戰」是其代表。其後因「六鎮之亂」而爆發的「白道戰役」，則使北魏走向衰落分裂，也為南北朝局面逐漸劃上句點。接著魏分東西，隨後並為北齊、北周所代，北中國成為兩個東西對立的政權，雙方概沿黃河縱流之線相爭。當時陰山地區為柔然所佔，後來突厥擊敗柔然，北周滅北齊，楊隋篡北周，北中國權力結構遂又重組。

五、隋朝時期：

突厥興起後，迅速取代柔然成為中國最大邊患。因此，隋朝時期北邊之戰略環境，主要是隨隋、突相對力量之消長而變動，其關鍵戰爭有二：一是

開皇三年楊爽於白道擊敗突厥沙鉢略可汗之戰，使得歷經五胡分裂後的統一中國，又重新掌握對陰山地區的控制權。二是大業十一年的「雁門之戰」，突厥脫離隋朝而獨立，並成為隋末唐初介入操縱中原政局的強大力量。

六、唐朝時期：

發生在陰山地區的關鍵戰爭有二，均在唐太宗貞觀年間。一是貞觀四年李靖與李勣共同攻滅東突厥之戰，戰後唐太宗贏得「天可汗」尊號，中國成為北亞「國際盟主」，並出現「單一系統」的國際權力結構。另一是貞觀十五年李勣殲滅薛延陀主力二十萬人之戰，為貞觀二十年將漠北地區納入中國羈縻統治，創造有利條件。

漠北地區納入中國羈縻統治之後，牧族納稅通貢，並可在「一國之內」遷徙放牧，其酋長並為唐朝官吏，已無漢朝以降之「劫掠」與「反劫掠」問題，「南北衝突」之歷史條件亦不存在，陰山地區之戰略環境於是直轉急下，進入一個以內部「綏靖」作戰為主的階段。接著，又隨唐朝對高麗與吐蕃戰爭的需要，北邊國防重心先後向東北與西北轉移，陰山地區遂在國家戰略改變之狀況下，更不復具發生關鍵戰爭的條件。而其後中國雖與突厥及回鶻又有衝突，但其規模與重要性皆不足以創造對歷史發展有較大影響的新戰略環境。唐末五代之際，北邊更降為北族「內地」，傳統「南北衝突」線先東移、後又南移，陰山地區乃逐漸淡出歷史發展的舞台。

吾人由上述陰山戰爭與中古時期北邊戰略環境變動及歷史發展之互動關係可以看出，中古時期陰山戰爭的發生，不論其直接原因為何，大致都應是緣於牧族勢力向南發展而導致「南北衝突」下的產物。在此歷史發展所造成之大環境中，透過戰爭，可解決衝突與建立階段性的「戰略平衡」；但因衝突之因子始終存在，故在此框架之內，戰爭或能解決原有的衝突，但也每是另一次新衝突的源頭。而在歷史發展的過程中，**戰爭更使北邊的「戰略平衡」，進入一個反覆建立、維持、破壞與重建的循環系統，而其最大影響因素，就是陰山與大漠兩大地障**。也就是說，游牧民族移動的歷史發展條件，創造了陰山地區「南北衝突」之戰略環境，而此戰略環境之「輸出」（output），即是戰爭。戰爭之結果，又「反饋」（feedback）「輸入」（input）戰略環境之中，再產生新的戰略環境，而戰爭也往往一方面牽動戰略環境變化，一方面又直接影響歷史大環境之轉變，塑造歷史發展之新方向。換言之，中古時期在「南

北衝突」的歷史框架下，「陰山戰爭」、「北中國戰略環境」與「歷史發展」三者之間，應存有一種以「陰山戰爭」爲中心的系統循環互動關係。這種關係，筆者嘗試以下圖示意：

圖 45：中古時期陰山戰爭、北邊戰略環境、歷史發展互動關係示意圖

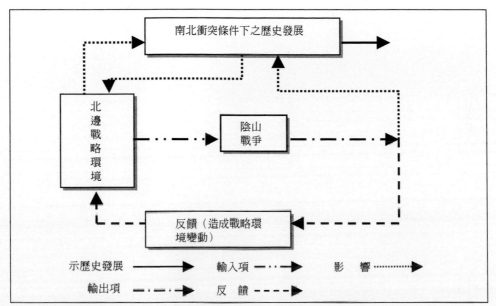

中古時期南方大軍出陰山渡漠攻擊北方游牧民族之戰爭，概有 30 次。但因受大漠地障限制、地理上錯誤認知及心理上「漠北無用論」等因素影響，在唐太宗貞觀二十年以前，南方政府之此類型作戰，大致具有分進合擊、春夏行動、力求立即決戰、迅速撤退之共同特質，而軍事推進之深度，最遠也僅到達貝加爾湖南一帶而已，對游牧民族擁有「戰略腹地」之事實，則是全然無知。故而吾人在南方的渡漠戰爭中，只見單純之軍事作戰行動，並無權力建立及保持之經略觀念與作爲；南軍稍攻即退，牧族走而復回，戰爭與權力脫節現象不斷重演。

又由於南方大軍渡漠作戰之「攻而不略」，致軍事勝利之戰果迅速落空，師疲而無功，每次渡漠作戰都須從原點開始，形成國力之大浪費。吾人觀察北魏以前北方游牧民族踰漠而南之劫掠行動，從未因南方大軍之屢屢越漠出擊而終止，即可看出純軍事性渡漠作戰的徒勞無功。而中古時期真正能充分運用權力，以戰爭爲手段，達到經略漠北目的者，亦僅唐太宗一人而已。

參考資料

一、基本史料

1. 王欽若等，《冊府元龜》北京：中華書局，1989 年 11 月。
2. 王溥，《唐會要》，台北：世界書局，民國 78 年 4 月。
3. 司馬光，《資治通鑑》，香港：中華書局香港分局，1956 年 6 月。
4. 司馬遷，《史記》，台北：鼎文書局，民國 86 年 10 月。
5. 令狐德棻等，《周書》，台北：鼎文書局，民國 85 年 11 月。
6. 玄奘，《大唐西域記》，上海：人民出版社，1997 年 10 月。
7. 李百藥，《北齊書》，台北：鼎文書局，民國 85 年 11 月。
8. 李吉甫，《元和郡縣圖志》，北京：中華書局，1983 年 6 月。
9. 李林甫等，《大唐六典》，台北：文海出版社，民國 51 年 11 月。
10. 李延壽，《南史》，台北：鼎文書局，民國 83 年 9 月。
11. 李延壽，《北史》台北：鼎文書局，民國 83 年 9 月。
12. 杜佑，《通典》，北京：中華書局，1996 年 8 月。
13. 李昉，《太平御覽》，北京：中華書局，1960 年。
14. 李昉，《文苑英華》，台北：新文豐出版社，民國 68 年 4 月。
15. 李靖，《李衛公問對》，台北：台灣商務印書館，民國 72 年 7 月。
16. 沈約，《宋書》，台北：鼎文書局，民國 85 年 11 月。
17. 宋綬等，《唐大詔令集》，台北：鼎文書局，民國 61 年 9 月。
18. 宋應星，《天工開物》，台北：世界書局，1996 年 8 月。
19. 吳兢，《貞觀政要》，上海：古籍出版社，1978 年 9 月。
20. 房玄齡，《晉書》，台北：鼎文書局，民國 84 年 6 月。
21. 長孫無忌，《唐律疏議》，台北：台灣商務印書館，民國 85 年 7 月。

22. 姚思廉，《梁書》，台北：鼎文書局，民國 85 年 5 月。

23. 姚察，《陳書》，台北：鼎文書局，民國 85 年 11 月。

24. 范曄，《後漢書》，台北：鼎文書局，民國 85 年 11 月。

25. 班固，《漢書》，台北：鼎文書局，民國 86 年 10 月。

26. 袁珂，《山海經校注》，台北：里仁書局，民國 84 年 4 月 15 日

27. 桓寬，《鹽鐵論》，台北：商務印書館，民國 45 年 4 月。

28. 馬端臨，《文獻通考》，台北：新興書局（景清乾隆殿本），民國 52 年 10 月。

29. 陸贄，《陸宣公奏議》，台北：台灣商務印書館，民國 45 年 4 月。

30. 陳壽，《三國志》，台北：鼎文書局，民國 86 年 5 月。

31. 戚繼光，《紀效新書》，北京：中華書局，1996 年 11 月。

32. 張九齡，《唐六典》，蘭州：甘肅人民出版社，1997 年 11 月。

33. 湯球，《十六國春秋輯補》（收入《晉書》冊六），台北：鼎文書局，民國 84 年 6 月。

34. 溫大雅，《大唐創業起居注》，台北：新興書局，民國 64 年。

35. 楊衒之，《洛陽伽藍記》，台北：三民書局，民國 83 年 3 月。

36. 蒲起龍釋（劉知幾原著）《史通通釋》，台北：里仁書局，民國 69 年 9 月 20 日。

37. 樂史，《太平寰宇記》，台北：文海出版社，出版時間不詳。

38. 劉昫，《舊唐書》，台北：鼎文書局，民國 83 年 10 月。

39. 歐陽脩，《新五代史》，台北：藝文印書館據清乾隆武英殿刊本影印（冊 28）。

40. 歐陽脩等，《新唐書》，台北：鼎文書局，民國 83 年 10 月。

41. 鄭樵，《通志》，台北：新興書局（景清乾隆殿本），民國 52 年 10 月。

42. 蕭子顯，《南齊書》，台北：鼎文書局，民國 85 年 11 月。

43. 魏收，《魏書》，台北：鼎文書局，民國 85 年 11 月。

44. 魏徵等，《隋書》，台北：鼎文書局，民國 85 年 11 月。

45. 嚴可均，《全後魏文》，北京：中華書局，1958 年。

46. 顧炎武，《日知錄》，黃汝成集釋，台北：世界書局，1971 年。

47. 顧祖禹，《讀史方輿紀要》，上海：二林齋屬圖書集成集校印，光緒二十五年（1899）。

48. 酈道元，《水經注》，上海：中華書局據長沙王氏合校本校刊，出版時間不詳。

49. 《嘉慶重修一統志》台北：中華書局，出版時間不詳。

二、考古報告

1. 中國長城協會《中國長城遺跡調查報告集》，北京：文物出版社，1981年。

2. 內蒙古文物工作隊、內蒙古博物館，〈和林格爾發現一座重要的東漢壁畫墓〉，刊於《文物》，呼和浩特：1974 年（第 1 期）。

3. 史念海，〈秦始皇直道遺跡的探索〉，收入《陝西師大學報》，西安：1975年 3 月。

4. 史念海，〈黃河中游戰國及秦時諸長城遺跡探索〉，刊於《陝西師大學報》（哲學社會科學版），西安：禮泉印刷廠，1978 年，第 2 期（總第 19 期）。

5. 米文平，〈鮮卑石室的發現與初步研究〉，刊於《文物》，1981 年 2 月。

6. 吳榮曾，〈內蒙古呼和浩特東郊塔布禿村漢城遺址調查〉，刊於《考古》，1961 年 4 月。

7. 汪宇平，〈呼和浩特市北部地區與白道有關的文物古蹟〉，刊於《內蒙古文教考古》，第 3 期，內蒙古自治區考古學會及內蒙古自治區文物工作，呼和浩特：1984 年 3 月。

8. 汪宇平，〈呼和浩特東郊二十家子村的新石器文化遺址〉，收入《考古》，北京：考古雜誌社，1963 年 1 月。

9. 耿世民，〈古代突厥文碑銘述略〉，收入《突厥與回紇歷史論文選集》，上冊，新疆人民出版社，出版時間不詳。

10. 張郁，〈大青山後東漢北魏古城調查記〉，呼和浩特：刊於《考古通訊》，1958 年，第 3 期。

11. 張郁，〈漢朔方郡河外五城〉，收入《內蒙古文物考古》，呼和浩特：1997年 2 月。

12. 張郁，〈呼和浩特地區的古戰場〉，刊於《內蒙古文物考古》，內蒙古自治區文化廳及內蒙古自治區考古博物館學會，呼和浩特：1996 年 1～2 期。

13. 興和縣文物考察組崔利明，〈興和縣叭溝村鮮卑墓葬〉，刊於《內蒙古文物考古》，呼和浩特：內蒙古自治區文物考古研究所及內蒙古自治區考古學會，1992 年 1～2 期。

三、中文專書及論文

（一）中文專書

1. 王文楚，《古代交通地理叢考》，北京：中華書局，1996 年 7 月。

2. 王仲犖，《魏晉南北朝隋初唐史》，上海：人民出版社，1961 年。

3. 王明蓀，《中國民族與北疆史論·漢晉篇》，台北：丹青圖書有限公司，民國 76 年 4 月。

4. 王建東，《孫子兵法思想體系精解》，台北：文岡圖書公司，民國 68 年 3 月。

5. 王崇煥，《中國古代交通》，台北：台灣商務印書館，民國 82 年 10 月。

6. 王爾敏，《史學方法》，台北：東華書局，民國 68 年。

7. 王壽南，《隋唐史》，台北：三民書局，民國 75 年。

8. 王權柟，《新疆國界圖志》，香港：新華印刷公司據清宣統元年陶廬刻本重印，1963 年 7 月。

9. 方詩銘、方小芬，《中國史曆日和中西曆日對照表》，上海：辭書出版社，1987 年 12 月。

10. 扎奇斯欽，《北亞游牧民族與中原農業民族間的和平戰爭與貿易之關係》，國立政治大學叢書，台北：正中書局，民國 61 年。

11. 扎奇斯欽，《蒙古文化與社會》，台北：台灣商務印書館，民國 76 年 11 月。

12. 中國文明史編纂工作委員會，《中國文明史·秦漢時代》，上冊，台北：地球出版社，民國 86 年 9 月。

13. 內蒙古自治區測繪局，《內蒙古自治區地圖冊》，呼和浩特：內蒙古自治區新聞出版局發行，1989 年 6 月。

14. 史念海、曹爾琴、朱士光等，《黃土高原森林與草原的變遷》，西安：陝西人民出版社，出版不詳。

15. 左文舉，《匈奴史》，台北：三民書局，民國 66 年 5 月。

16. 朱張碧珠，《國際關係》，台北：三民書局，民國 79 年 12 月。

17. 池萬興，《司馬遷民族思想闡釋》，西安：陝西人民教育出版社，1995 年 8 月 1 日。

18. 岑仲勉，《府兵制度研究》，上海：人民出版社，1957 年 3 月。

19. 余太山，《嚈噠史研究》，北京：齊魯書社，1986 年 9 月。

20. 呂光天、古清堯，《貝加爾湖地區和黑龍江流域各族與中原的關係史》，哈爾濱：黑龍江教育出版社，1998 年 12 月。

21. 呂思勉，《兩晉南北朝史》（2 冊），台北：開明書局，民國 58 年。

22. 呂亞力，《政治學》，第九章，〈威權獨裁〉，台北：三民書局，民國 80 年 4 月。

23. 李大龍，《兩漢時期的邊政與邊吏》，哈爾濱市：黑龍江教育出版社，1998 年 12 月。

24. 李均明，《孫臏兵法譯注》，石家莊市：河北人民出版社，1995 年 4 月。

25. 李解民，《尉繚子譯注》，石家莊市：河北人民出版社，1992 年 6 月。

26. 李樹桐，《唐史考辨》，台北：台灣中華書局，民國 54 年 4 月。

27. 李樹桐，《漢唐史論集》，台北：聯經出版事業公司，民國 66 年 9 月。

28. 杜士鋒，《北魏史》，太原：山西高校聯合出版社，1992 年 8 月。

29. 杜維運，《史學方法論》，台北：華世出版社，民國 68 年 2 月。

30. 宋超，《漢匈戰爭三百年》，北京：華夏出版社，1997 年 1 月。

31. 谷霽光，《府兵制度考釋》，上海：人民出版社，1962 年 7 月。

32. 周一良，《魏晉南北朝史論集》，北京：中華書局，1963 年。

33. 林天蔚，《隋唐史新論》，台北：東華書局，民國 85 年 3 月。

34. 林碧炤，《國際政治與外交政策》，台北：五南圖書出版公司，民國 80 年 10 月。

35. 林旅之，《匈奴史》，台北：中華文化事業公司，民國 52 年

36. 林旅之，《鮮卑史》，台北：中華文化事業公司，民國 56 年。

37. 林恩顯，《突厥研究》，台北：台灣商務印書館，民國 77 年 4 月。

38. 林幹，《匈奴通史》，北京：人民出版社，1986 年 8 月。

39. 林幹、再思，《東胡烏桓鮮卑研究與附論》，呼和浩特：內蒙古大學出版社，1995 年 8 月。

40. 施丁，《司馬遷行年新考》，西安：陝西人民教育出版社，1995 年 8 月。

41. 侯伯林，《唐代夷狄邊患史略》，台北：台灣商務印書館，民國 61 年。

42. 姚秀彥，《秦漢史》，台北：三民書局，民國 72 年。

43. 姚從吾，《歷史方法論》，收入《姚從吾先生全集》（一），台北：正中書局，民國 60 年。

44. 梁方仲，《中國歷代戶口、田地、田賦統計》，上海：人民出版社，1980 年 8 月。

45. 梁冰，《鄂爾多斯歷史管窺》，呼和浩特：內蒙古大學出版社，1989 年 8 月。

46. 馬長壽《北狄與匈奴》，北京：三聯書局，1962 年。

47. 馬長壽，《烏桓與鮮卑》，上海：人民出版社，1962 年。

48. 馬長壽，《突厥人和突厥汗國》，上海：人民出版社，1957 年 5 月。

49. 唐長孺，《魏晉南北朝史論拾遺》，北京：中華書局，1983 年 5 月。

50. 費省，《唐代人口地理》，西安：西北大學出版社，1996 年 5 月。

51. 孫金銘，《中國兵制史》（實踐叢刊），台北：陽明山莊印，民國 49 年 1

月。

52. 畢長樸,《回紇與維吾爾》,台北:新文豐出版公司,民國 75 年 1 月。

53. 高連升,《軍事史學方法論》,北京:軍事科學出版社,1994 年 12 月。

54. 許冠三,《史學與史學方法》(上、下冊),香港:龍門書店,1975 年。

55. 章群,《唐代番將研究》,台北:聯經書局,民國 75 年。

56. 陳序經,《匈奴史稿》,天津:古籍出版社,1989 年。

57. 陳寅恪,《隋唐制度淵源略論稿‧唐代政治史述論稿》,台北:里仁書局,民國 83 年 8 月。

58. 婁熙元、吳樹平,《吳子譯注‧黃石公三略譯注》,石家莊:河北人民出版社,1995 年 4 月。

59. 婁熙元、吳樹平,《六韜譯注》,石家莊:河北人民出版社,1992 年 6 月。

60. 勞榦,《秦漢史》,台北:中國文化學院,民國 69 年。

61. 馮倫意(蔣中正總統審定)《戰爭原則釋義》,台北:國防部印刷廠,民國 48 年 6 月 15 日。

62. 鈕先鍾,《第一次世界大戰史》,台北:燕京文化事業公司,民國 66 年 3 月。

63. 鈕先鍾,《中國戰略思想史》,台北:黎明文化事業公司,民國 81 年 10 月。

64. 程世和,《史記──偉大人格的凝聚》,西安:陝西人民教育出版社,1995 年 7 月。

65. 張大年,《新疆史》,台北:蒙藏委員會,民國 53 年 10 月。

66. 張玉法,《歷史學的新領域》,台北:聯經出版社,民國 68 年 12 月。

67. 張志堯,《草原絲綢之路與中亞文明》,烏魯木齊:新疆美術攝影出版社,1994 年 11 月。

68. 張穆(李毓澍編)《蒙古游牧記》(中國邊疆叢書第一輯),台北:文海出版社,民國 54 年 12 月。

69. 張儐生,《魏晉南北朝史》,台北:幼獅文化事業公司,民國 67 年。

70. 黃麟書,《秦皇長城考》,香港:珠海書院,1959 年。

71. 項英杰,《中亞:馬背上的文化》,杭州:浙江人民出版社,1993 年 10 月。

72. 傅樂成,《中國戰史論集》,台北:中華文化出版事業委員會,民國 43 年。

73. 傅樂成,《隋唐五代史》,台北:中華文化出版事業委員會,民國 46。

74. 雷家驥,《李靖》,台北:聯鳴文化事業公司,民國 69 年。

75. 雷家驥,《中古史學觀念史》,台北:台灣學生書局,民國 79 年 10 月。

76. 雷家驥，《隋唐中央權力結構及其演進》，台北，東大圖書公司，民國 84 年。

77. 雷海宗，《中國文化與中國的兵》，台北：里仁書局，民國 73 年 3 月。

78. 萬繩楠（整理）《陳寅恪魏晉南北朝講演稿》，台北：啓明出版社，民國 88 年 11 月。

79. 董珍等，《中國軍事史》，北京：解放軍出版社，1988 年。

80. 廖伯源，《歷史與制度——漢代政治制度釋義》，台北：臺灣商務印書館，民國 87 年 5 月。

81. 趙克堯、許道勛，《唐太宗傳》，北京：人民出版社，1991 年 12 月。

82. 葛劍雄，《西漢人口地理》，北京：人民出版社，1986 年。

83. 逯耀東，《從平城到洛陽——拓跋魏文化轉變的歷程》，台北：聯經出版事業公司，民國 68 年。

84. 潘國鍵，《北魏與蠕蠕關係研究》，台北：台灣商務印書館，民國 77 年 3 月。

85. 臺灣商務印書館編審委員會，《增修辭源》（上、下冊），台北：台灣商務印書館，民國 73 年 8 月。

86. 劉文典撰，馮逸、喬華點校，《淮南鴻烈集解》，北京：中華書局，1997 年 1 月。

87. 劉統，《唐代羈縻府研究》，西安：西北大學，1998 年 9 月。

88. 劉學銚，《北亞游牧民族雙軌政制》，台北：南天書局，1999 年 11 月。

89. 劉義棠，《回突研究》，台北：經世書局，民國 79 年 1 月。

90. 錢穆，《國史大綱》，長沙：商務印書館，民國 30 年。

91. 錢穆，《中國歷史研究法》，台北：三民書局，民國 58 年。

92. 魏光燾等，《戡定新疆記》，台北：台灣商務印書館，民國 52 年 6 年。

93. 駢宇騫，《唐太宗李衛公問對譯注》，石家莊：河北人民出版社，1995 年 4 月。

94. 魏嵩山，《中國歷史地名大辭典》，廣州：廣東教育出版社，1995 年 5 月。

95. 薩孟武，《中國社會政治史》（第一冊），台北：三民書局，民國 65 年。

96. 譚其驤，《中國歷史地圖集》（二～四冊），上海：地圖出版社，1985 年 10 月（第二冊，秦漢時期）及 1989 年 10 月（三國至隋唐五代時期）。
譚其驤《中國歷史地圖集》（二～四冊），上海：地圖出版社，1985 年 10 月。（第二冊，秦漢時期）及 1989 年 10 月（三國至隋唐五代時期）。

97. 嚴耕望，《中國地方行政制度史》，上篇，卷中，〈魏晉南北朝地方行政制度〉，台北：中研院史語所專刊之 45，民國 52 年

98. 嚴耕望，《治史經驗談》，台北：台灣商務印書館，民國 85 年 2 月。

99. 嚴耕望,《唐代交通圖考》(第一～五卷),台北:中研院史語所專刊之 83,民國 74 年 5 月。

(二)中文論文

1. 王伊同,〈五胡通考〉,刊於《中國文化研究彙刊》,3 期,民 25 年 9 月。

2. 王吉林,〈契丹與南唐外交關係之探討〉,刊於《幼獅學誌》,5 卷 2 期, 民國 55 年 12 月。

3. 王吉林,〈元魏建國前的拓跋氏〉,刊於《史學彙刊》,8 期,民國 66 年 8 月。

4. 王吉林,〈北魏建國時期與塞外遊牧民族之關係〉,刊於《史學彙刊》,9 期,民國 67 年 10 月。

5. 王吉林,〈統一期間北魏與塞外遊牧民族的關係〉,刊於《史學彙刊》,10 期,民國 69 年 6 月。

6. 王家儉,〈鼂錯籌邊策形成的時代和歷史意義〉,刊於《簡牘學報》5,台 北:民國 66 年 1 月。

7. 王曾才,〈北魏時期的胡漢問題〉,刊於《幼獅學報》,卷三,二期,台北: 幼獅學報編輯委員會,民國 50 年。

8. 文崇一,〈漢代匈奴人的社會組織與文化型態〉,收入《邊疆論文集》,台 北:中華文化出版事業委員會,民國 42 年 12 月。

9. 札奇斯欽,〈對「回紀馬」問題的一個看法〉,刊於《食貨復刊》,1 卷 1 期,民國 60 年 4 月。

10. 毛漢光,〈北魏東魏北齊之核心集團與核心區〉,收入《中研院史語所集 刊》57～2,民國 75 年。

11. 毛漢光,〈晉隋之際河東地區與河東大族〉,收入《中央研究院第二屆國 際漢學會議論文集》,台北:中研院史語所,民國 78 年 6 月。

12. 毛漢光,〈中古核心區核心集團之轉移〉,收入《民國以來國史的研究與 展望研討會論文集》,台灣大學,民國 78 年 8 月。

13. 毛漢光,〈從考古發現看魏晉南北朝生活型態〉,收入《考古與歷史》,《慶 祝高去尋先生八十大壽論文集》(下),民國 81 年。

14. 毛漢光,〈隋唐軍府演變之比較與研究〉,刊於《國立中正大學學報》,6 卷,1 期,〈人文部分〉,嘉義民雄:國立中正大學出版,民國 84 年 12 月。

15. 史念海、馬馳,〈關隴地區的生態環境與關隴集團的建立與鞏固〉,收入 《漢唐長安與黃土高原》,(中日歷史地理合作研究論文集第一輯),西 安:陝西師範大學,1998 年 4 月。

16. 史念海,〈黃土高原的演變及其對漢唐長安城的影響〉,收入《漢唐長安

與黃土高原》,(中日歷史

17. 地理合作研究論文集第一輯),西安:陝西師範大學,1998 年 4 月。

18. 史念海,〈沿革地理學的肇始和發展〉,收入《河山集》(六),太原:山西人民出版社,1997 年 12 月。

19. 史念海,〈中國歷史地理學的淵源和發展〉,收入《河山集》(六),太原:山西人民出版社,1997 年 12 月。

20. 朱大渭,〈北魏末年人民大起義若干史實的辨析〉,收入《中國農民戰爭史論叢》,河南人民出版社,1984 年 4 月。

21. 朱振宏,〈大唐世界與「皇帝‧天可汗」之研究〉,嘉義民雄:中正大學歷史研究所碩士論文,民國 89 年 7 月。

22. 刑義田,〈漢代的以夷制夷論〉,收入《中國史學論文選集》(第二輯),台北:幼獅文化事業公司,民國 66 年 12 月。

23. 邢義田,〈東漢的胡兵〉,刊於《政大學報》,28 期,台北:政治大學,民國 62 年 12 月。

24. 吳其昌,〈魏晉六朝邊政的借鑑〉,刊於《邊政公論》,1 期 11、12 卷;及 2 期 3、5 卷,民國 31 年 7 月,及民國 32 年 8 月。

25. 谷霽光,〈鎮戍與防府〉,刊於《禹貢》,3 卷 12 期,民 24 年 11 月。

26. 谷霽光,〈西魏北周和隋唐間的府兵〉,收入《中國社會經濟史集刊》,5 卷 1 期,民 26 年 3 月。

27. 谷霽光,〈再論西魏北周和隋唐間的府兵〉,刊於《廈大學報》3,民國 33 年。

28. 李震,〈唐代國防軍制沿革史略〉,刊於《三軍聯合月刊》,12 卷 7 期,台北:民國 63 年 9 月。

29. 李逸友,〈朔方雞鹿塞〉,收入《內蒙歷史名城》,呼和浩特:1993 年 8 月。

30. 李樹桐,〈唐高祖稱臣於突厥考辨〉,1～2,刊於《大陸雜誌》,26 卷,1 ～2 期,台北:民國 52 年 1～2 月。

31. 李樹桐,〈再辨唐高祖稱臣於突厥事〉,刊於《大陸雜誌》,37 卷,8 期,台北:民國 57 年 10 月。

32. 李樹桐,〈唐代的軍事與馬〉,刊於《師大歷史學報》,5 期,台北:師範大學,民國 66 年 4 月。

33. 李樹桐,〈三辨唐高祖稱臣於突厥事〉,刊於《大陸雜誌》,61 卷,4 期,台北:民國 69 年 10 月。

34. 岑仲勉,〈北魏國防的六鎮〉,刊於《中央日報文史周刊》,54 期,民國 36 年。

35. 宋常廉，〈唐代的馬政〉（上、下），刊於《大陸雜誌》，29 卷 1、2 期，民國 53 年 7 月。

36. 宋龍泉，〈兩漢經營西域之政策〉，刊於《中國邊政》，19 期，台北：民國 56 年 9 月。

37. 金發根，〈東漢至西晉初期中國境內游牧民族的活動〉，刊於《食貨復刊》，13 期 9、10 卷，台北：民國 73 年 1 月。

38. 周一良，〈北魏鎮戍制度考〉，刊於《禹貢》，3 卷 9 期，民 24 年 6 月。

39. 昌彼得，〈西漢的馬政〉，刊於《大陸雜誌》，5 期 3 卷，台北：民國 41 年 8 月。

40. 邱添生，〈唐朝起用外族人士的研究〉，刊於《大陸雜誌》，38 卷 4 期，民國 58 年 2 月。

41. 林冠群，〈漠北時期回紇形勢之探討──以肅代德爲中心〉，刊於《中國邊政》，78 期，民國 71 年 6 月。

42. 孟彥弘，〈唐前期的兵制與邊防〉，刊於《唐研究》，卷 1，台北：民國 84 年。

43. 施丁，〈秦漢郡守兼掌軍事略説〉，收入《文史》（13 輯），北京：中華書局，1982 年 3 月。

44. 南衣，〈隋煬帝三次伐高麗之經過與檢討〉，刊於《中華文化復興月刊》，15 卷 7 期，台北：民國 71 年 7 月。

45. 俞大綱，〈北魏六鎮考〉，刊於《禹貢》，1 卷 12 期，民 23 年 6 月。

46. 胡秋原，〈突厥與回紇帝國之興衰〉，刊於《反攻》，314 期，民國 50 年 12 月。

47. 侯守潔，〈隋文帝離間政策對突厥分裂的影響〉，刊於《中國邊政》，77 期，民國 71 年 3 月。

48. 烏占坤，〈邊疆經濟概況〉，收入《邊疆論文集》（第二冊），台北：國防研究院印行，民國 53 年 1 月。

49. 康樂，〈唐代前期的邊防〉，刊於《台大文史叢刊》，台北：台灣大學，民國 68 年。

50. 孫馳，〈慶緣寺壁畫中的山林景物及其展現的明代陰山風貌〉，刊於《內蒙古文物考古》，呼和浩特：1995 年 1～2 月號。

51. 許倬雲，〈漢代家庭的大小〉，收入《清華學報慶祝李濟先生七十歲論文集》，新竹：清華大學，民國 56 年。

52. 陳仲安，〈六鎮臆説〉，刊於《文史》，第 14 輯，北京：中華書局，1982 年 7 月。

53. 陳寅恪，〈府兵制前期史料試釋〉，收入《中研院史語所集刊》，7-3，民

國 37 年 11 月。

54. 陳學霖，〈北魏六鎮叛亂之分析〉，刊於《崇基學報》，2 卷 1 期，民國 51 年。

55. 張遐民，〈外蒙古的自然環境〉，收入《俄帝侵略下的外蒙古》，台北：蒙藏委員會編印，民國 53 年 8 月。

56. 張繼昊，〈北魏王朝創建歷史中的白部和氏〉，刊於《空大人文學報》，6 期，民國 86 年 5 月。

57. 傅樂成，〈突厥大事紀年〉，刊於《幼獅學報》，1～2 期，民國 48 年 4 月。

58. 傅啟學，〈西漢與匈奴的和戰〉，刊於《台大社會科學》，9 期，台北：台灣大學，民國 48 年 7 月。

59. 傅樂成，〈唐代夷夏觀念的改變〉，刊於《大陸雜誌》，25 卷 8 期，民國 51 年 8 月。

60. 傅樂成，〈西漢文景時代政情之分析〉，刊於《台大歷史學報》，5 期，台北：台灣大學，民國 67 年 6 月。

61. 黃文弼，〈前漢匈奴單于建庭考〉，收入《匈奴史論文選集 1919～1979 年》，出版不詳。

62. 黃寬重，〈從塢堡到山水寨〉，收入《中國文化新論社會篇・吾土與吾民》，台北：聯經出版社，民國 82 年 6 月。

63. 黃麟書，〈漢武障武考〉，刊於《珠海學報》2 期，香港：珠海書院，1964 年。

64. 勞榦，〈漢代的西域都護與戊己校尉〉，收入《中研院史語所集刊》28，台北：1956 年 12 月。

65. 勞榦，〈漢代的軍用車騎和非軍用車騎〉，收入《簡牘學報》，11 期，台北：民國 74 年 9 月。

66. 鄒達，〈五胡的軍隊〉，《大陸雜誌》，6 期 8 卷，民國 45 年 7 月。

67. 雷家驥，〈從戰略發展看唐朝節度體制的創建〉，收入《張曉峰先生八秩榮慶論文集》，簡牘學報第八期。

68. 雷家驥，〈論唐與東突厥陰山會戰〉，刊於《歷史月刊》，9 期，台北：民國 77 年。

69. 雷家驥，〈從漢匈關係的演變略論屠各集團復國的問題〉，收入《東吳大學文史學報》（慶祝九十周年校慶特輯），台北：民國 79 年 3 月。

70. 雷家驥，〈趙漢國策及其一國兩制下的單于體制〉，收入《中正大學學報》，3 卷 1 期，人文部分，嘉義：中正大學，民國 81 年 10 月。

71. 雷家驥，〈後趙的文化適應及其兩制統治〉，收入《中正大學學報》，5 卷 1 期，人文部分，嘉義：中正大學，民國 83 年。

72. 雷家驥，〈慕容燕的漢化統治與適應〉，收入《東吳大學文史學報》，1 期，台北：民國 84 年。

73. 雷家驥，〈氐羌種姓文化及其與秦漢魏晉的關係〉，收入《中正大學學報》，6 卷 1 期，人文部分，嘉義：中正大學，民國 84 年。

74. 雷家驥，〈漢趙時期氐羌的東遷與返還建國〉，收入《中正大學學報》，7 卷 1 期，人文部分，嘉義：中正大學，民國 85，頁 191～223。

75. 雷家驥，〈前後秦的文化、國體、政策與其興亡的關係〉，收入《中正大學學報》，7 卷 1 期，人文部分，嘉義：中正大學，民國 85，頁 225～79。

76. 逯耀東，〈試釋論漢匈之間的甌脫〉，刊於《大陸雜誌》，32 期 1 卷，台北：民國 55 年 1 月。

77. 管東貴，〈漢代處理羌族問題的辦法的檢討〉，刊於《食貨》，2 卷 3 期，台北：民國 61 年 6 月。

78. 管東貴，〈漢代的屯田與開邊〉，收入《中研院史語所集刊》45，台北：民國 62 年 10 月。

79. 管東貴，〈漢代的田的組織與功能〉，收入《中研院史語所集刊》48，台北：民國 66 年 12 月。

80. 管東貴，〈漢初經略北疆的國力結構〉，收入《總統　蔣公逝世周年紀念論文集》（中研院院刊），台北：中研院，民國 65 年。

81. 管東貴，〈戰國至漢初的人口變遷〉，收入《中研院史語所集刊》50，民國 68 年 12 月。

82. 管東貴，〈漢於武帝時期扭轉北疆情勢的原因分析〉，發表於「國際中國邊疆學術會議」（政大主辦），台北：民國 73 年 4 月。

83. 趙尺子，〈蒙古的心臟地〉，刊於《中國邊政》，19 期，台北：民國 56 年 9 月。

84. 趙克堯，〈論魏晉南北朝的塢壁〉，收入《歷史研究》（第六期），台北：民國 79 年。

85. 蔣君章，〈邊疆地理概述〉，收入《邊疆論文集》，第一冊，台北：國防研究院，民國 53 年 1 月。

86. 蕭啓慶，〈北亞游牧民族南侵各種原因檢討〉，刊於《食貨》，復刊，卷一，民國 61 年 3 月。

87. 謝劍，〈匈奴社會組織的初步研究〉，收入《中研院史語所集刊》40，台北：民國 58 年 1 月。

88. 謝劍，〈匈奴政治制度的研究〉，收入《中研院史語所集刊》41，台北：民國 58 年 6 月。

89. 關錯曾，〈兩漢的羌族〉，刊於《政大學報》14 期，台北：民國 55 年 12 月。

90. 嚴鈴善，〈隋煬帝東征高麗與隋代之國運〉，刊於《復興崗學報》，11 期，台北：民國 62 年 6 月。

91. 嚴耕望，〈北魏軍鎮制度考〉，收入《中研院史語所集刊》34-1，台北：民國 51 年 11 月。

92. 羅香林，〈唐代天可汗制度考〉，刊於《新亞學報》，1 卷 1 期，香港：1955 年 8 月。

四、外文專書及論文

（一）外文專書

（1）日　文

1. 川勝義雄，《魏晉南北朝》，收入《中國の歷史》3，講談社，1974（昭和 49，以下僅記公元）。

2. 山本隆義，《中國政治制度の研究》，東京大學東洋史研究叢刊之十八，1968 年。

3. 內田吟風，《北アジア史研究——鮮卑、柔然、突厥篇》，同朋社，1970 年。

4. 布目潮渢・栗原益男，《隋唐帝國》，收入《中國の歷史》4，講談社，1977 年。

5. 田村實造，《中國史上の民族移動期——五胡・北魏時代の政治よ社會》，京都：創文社，1985 年 3 月 25 日。

6. 平岡武夫，《唐代の行政地理》，京都：京都大學人文科學研究所，1955 年。

7. 岡崎文夫，《魏晉南北朝通史》，弘文堂，1954 年。

8. 前田正名，《平城の歷史地理學的研究》，東京：風間書局，1979 年。

9. 築山治三郎，《唐代政治制度の研究》，大阪：創元社，1967 年。

（2）英　文

1. Bertrand Russel. *Power：A new social analysis*, London：George Allen & Unwin Ltd. Sixth Impression., 1948 年。涂序瑄譯《權力論——新的社會分析》，台北：國立編譯館，正中書局，1960 年 3 月。

2. Carl Stephenson, *Mediaeval History*, 台北：皇家圖書有限公司影印，1968（1 版）。

3. Cyril E. Robinson。*A Story of Rome* 台北：新月圖書有限公司影印（5 版），1970。

4. Ch. V. Langlois and Ch. Seignobos *Introduction to the Study of History,*

translated by G.G.Berry, 1898.

5. David Easton, *A Framework for Political Analysis.* Englewood Cliffs, N. J. 1965.

6. F. J. Turner, *The Significance of the Frontier in American History.*（"The making of American History." Book1.）, New York：1950.

7. Hans. J. Morgenthau and Kenneth W. Thompson, *Politics Among Nations*, New York：Knopf , 1985.

8. Helmuth von Moltke, *Gesammelte Schriffen und Denkwurdigketen.*（8 vols, Berlin, 1891～93）；*Militarische Werke.*（17 vols, Berlin, 1892～1912）.

9. J. David Singer, *Inter-Nation Influence：A Formal Model*, in James N. Rosenau, ed., *Internation-al Politics and Foreign Policy*, New York：The free Press, 1969.

10. J. Holmgren, *Empress Dowager Ling of the Northern Wei and the T'o-pa Sinicization Question* , Papers on Far Eastern History18, 1978.

11. Karl.A. Wittfogel and Feng Chia –sheng, *History of Chinese Society.* Liao, Philadelphia, 1949.

12. Martin N. Marger. *Race And Race Ethnic Relations：American And Global Perspectives.* Chapter 3：Techniques of Dominance Prejudice and discrimination, Wadsworth Inc., California, USA., 1985.

13. Michael Haas, *International Subsystems： Stability and Polarity.* , American Political Science Review, 64.1970.

14. Otto J. Maenchen-Helfen, *The World of The Huns：Study in Their History and Culture.*, University of California Press／Berkeley／Los Angeles／London ／1973.

（二）外文論文

1. 川本芳昭，〈北魏太祖的部落解散與高祖的部落解散〉，收入《佐賀大學教養部研究紀要》，14 期，1982 年。

2. 小林惣八，〈武帝對外政策——衛青、霍去病的匈奴政策〉，收入《駒澤史學》，19 期，1972 年。

3. 古賀昭岑，〈關於北魏的部落解散〉，刊於《東方學》，59 期，1980 年。

4. 田村實造，〈游牧王國の發展と衰亡〉，收入《中國征服王朝の研究》，京都：東洋史研究會，1967 年。

5. 田村實造，〈唐帝國的世界性〉，收入《史林》，52 卷 1 期，1969 年。

6. 西嶋定生，〈6～8 世紀的東亞〉，收入《岩波講座日本歷史》2（舊版），1962 年。

7. 谷川道雄，〈武川鎮軍閥的形成〉，收入《東洋史研究》，名古屋大學，1982

年 8 月。

8. 松永雅生，〈北魏太祖之離散諸部〉，收入《福岡女子短期大學紀要》，8 期，1974 年。

9. 前田正名，〈北魏平城時代のオルド沙漠南緣路〉，收入《東洋史研究》，31～2，東京：1972 年。

10. 窟敏一，〈東亞歷史像如何構成？〉，刊於《歷研》276，1963 年。

11. 護亞夫，〈突厥與隋唐兩王朝〉，收入《古代トルユ民族史研究》1，山川出版社，1967 年。

（三）翻譯著作

1. 向達譯，《斯坦因西域考古記》（Sir. Aurel Stein 原著 "On Ancient Central—Asian Tracks"），台北：中華書局，民國 63 年 3 月

2. 耿昇譯，《古代高昌王國物質文明史》（莫尼克‧瑪雅爾 Monique Maillard 原著，1973），北京：中華書局，1995 年 3 月。

3. 馬克斯，《資本論》（第一卷），北京：人民出版社，1953 年。

4. 國防部聯合作戰研究督察委員會譯印，《戰爭藝術大師》，台北：民國 54 年 7 月

5. 陸軍總部譯印，《約米尼‧克勞塞維茲與史利芬》，台北：民國 46 年 11 月。

6. 鈕先鍾譯，《戰爭藝術》（Jomini 原著 "Summary of the Art of War"），台北：軍事譯粹社，民 43 年。

7. 楊鍊譯，《張騫西征考》（桑原騭藏原著），台北：台灣商務印書館，民 55 年 8 月。

8. 陳韜譯，《史學方法論》（E. Bernheim 原著 "Lehrbuch der historichen Methode"），台北：台灣商務印

9. 書館，民國 61 年 6 月。

10. 馮承鈞譯，《西突厥史料》（沙畹，Edouard Chavannes 原著），台北：台灣商務印書館，1964 年 4 月

11. 馮承鈞譯，《多桑蒙古史》（多桑原著），上、下冊，台北：商務印書館，1963 年 10 月。

12. 黃煥文譯，《大軍學理》（即《戰爭論》，克勞塞維茲 Von Clausewitz Karlm 原著 "On War."，edited by Micheal Howard and Peter Paret. Princeton，N.J。）中譯本：分上下冊，台北：台灣商務印書館，民國 70 年 10 月。

13. 鄭欽仁譯，〈征服王朝〉（村上正二原著），刊於《食貨月刊》，第十卷，第 8，9 期，抽印本（上），台北：民國 69 年 12 月。

14. 魏英邦譯，《草原帝國》（Rene' Grousset 原著 "L'empire Des Steppes

Attila, Gengis-Khan, Tamerlan." Paris, 1939. 英譯本：Count Yorck von Wartenburg. "Atlas Accompany Napoleon as A General." , West Point, N.Y., 1942.8），西寧市：青海人民出版社，1996 年 10 月。

五、軍事書籍

1. 《大軍指揮要則》，三軍大學戰爭學院，台北：民國 62 年 3 月 22 日蔣緯國將軍授課講義，未出版。

2. 三軍大學戰史編纂委員會（李震主編）《中國歷代戰爭史》（第 3 冊），台北：黎明文化事業公司，民國 81 年。

3. 中國人民解放軍廣州軍區司令部，《中國中國古代戰爭史·兩晉、南北朝、隋唐部分分冊》，收入《中國軍事百科全書》，北京：軍事科學出版社，1992 年 10 月。

4. 中國人民解放軍廣州軍區司令部，《中國中國古代戰爭史·先秦、秦漢、三國部分分冊》，收入《中國軍事百科全書》，北京：軍事科學出版社，1993 年 9 月。

5. 中國歷代戰爭史編纂委員會（三軍大學，李震主編）《中國歷代戰爭史》（第 4～8 冊），台北：黎明文化事業公司，民 52 年

6. 中國軍事史編寫組，《兵略》，收入《中國軍事史》，北京：解放軍出版社，1988 年 3 月。

7. 中國軍事史編寫組，《兵法》，收入《中國軍事史》，北京：解放軍出版社，1988 年 6 月。

8. 中國軍事史編寫組，《兵壘》，收入《中國軍事史》，北京：解放軍出版社，1991 年 2 月。

9. 中華戰略學會《武經七書》，台北：中華戰略學會景印，民國 77 年 10 月 20 日。

10. 程廣中，《地緣戰略論》，北京：國防大學出版社（中國軍事學博士文庫），1999 年 1 月。

11. 李則芬，《中外戰爭全史》（1～3 冊），台北：黎明文化事業公司，民國 74 年 1 月。

12. 武國卿，《中國戰爭史》（1～5 冊），北京：金城出版社，1992 年 8 月。

13. 范健，《大軍統帥之理論與例證》，台北：國防部作戰參謀次長室，民國 58 年 8 月

14. 許保林 王顯臣，《中國古代兵書雜談》，北京：解放軍出版社，1983 年 12 月。

15. 鈕先鍾，《西方戰略思想史》，台北：麥田出版，民國 84 年。

16. 軍事博物館編（袁偉主編），《中國戰典》（上、下兩冊），北京：解放軍出版社，1994 年 12 月

17. 軍事博物館編（袁偉主編），《國軍軍事思想》，國防部，台北：民國 67 年 4 月 5 日。

18. 軍事博物館編（袁偉主編），《國軍統帥綱領》，國防部，台北：民國 74 年 1 月 1 日。

19. 《陸軍作戰要綱—聯合兵種指揮釋要》（上、下冊），陸軍總部，桃園龍潭：民國 80 年 6 月 30 日

20. 實踐學社，《毛奇戰史》，台北：民國 48 年 11 月。

21. 實踐學社，《拿破崙戰史》，台北：民國 50 年 8 月。

22. 傅樂成，《魏晉南北朝戰史》，收入《中國戰史論集》，台北：中華文化出版事業委員會，民國 43 年。

附錄：軍語釋義

（　　）內數字為該軍語在本文中粗體字加「　　」號之頁數：

戰爭：（頁 1）

    國家或集團國家間、大軍與大軍間之武裝衝突行為。

地障：（頁 2）

    地理上的天然與人為障礙，包括山脈、不可徒涉之河流、湖泊、海洋與氾濫污染地區、要塞、他國國境線等。

作戰：（頁 2）

    一切武裝行動之統稱。從本研究牧族單方面、小兵力之劫掠行為，到大兵團區分數階段之攻守對抗，均可稱之為「作戰」。

地障作戰：（頁 2）

    指通過地障之作戰而言，亦即「**跨地障作戰**」（3）；但雖不通過地障，但戰略行動受地障影響之作戰，亦屬之。

戰略：（頁 3）

    為建立力量，藉以創造與運用有利狀況之藝術，俾得在爭取所望目標時，能獲得最大之成功公算與有利效果。戰略依階層由上而下分有：一、建立與運用「同盟國力量」以爭取「同盟目標」之「**大戰略**」（3）；但「大戰略」通常基於某大國「**國家戰略**」（3）之需求而產生。二、建立與運用「國力」以爭取「國家目標」之「國家戰略」；「國家戰略」之下，又區分政治、經濟、心理、軍事四大戰略。三、建立與運用「武力」以爭取「軍事目標」之「**軍事戰略**」（3）。四、運用「野戰兵力」以從事決戰

而爭取「戰役目標」之「**野戰戰略**」（3）。所有戰略之關係，概爲「對上支持、對下指導」。

戰術：（頁3）

　　乃在戰場（或預想戰場）及其附近，運用戰力，創造與運用有利狀況之藝術，俾得在爭取作戰目標或從事決戰時，能獲得最大成功公算與有利效果。

戰鬥：（頁3）

　　軍隊在戰場上，受戰術指導，運用戰具與戰技，與敵直接搏鬥的行爲。

戰法：（頁3）

　　泛指軍隊在爭取戰略、戰術、戰鬥目標時，所使用以發揮戰力之方法。

戰具：（頁3）

　　即作戰工具，包括具有機動、指揮、連絡、打擊、運輸功能之馬匹。

地形：（頁3）

　　指地面之天然形狀，包括山脈、平原、河流、湖泊等。

地貌：（頁3）

　　指地形外貌所呈現之景況，如森林、草地、沼澤、漠地等。

地緣：（頁3）

　　指因地理位置與環境，對其他地區所產生之關係而言。將這種關係運用在戰略之上，即爲「地緣戰略」（geostrategy），簡稱「**地略**」（4）。

戰略（性）地障：（頁3）

　　具有相當寬度與縱深之地理、天然地形與人爲地物，足以影響大軍戰略行動，而使其產生不同「戰略行動方案」者。

守勢作戰：（頁3）

　　戰略階層用語，簡稱「**守勢**」，指大軍抵抗敵之進攻，確保地域安全，相機決戰或依狀況「反擊」或「持久」之作戰行動。在戰術階層，稱爲「防禦」。

大軍或野戰大軍：（頁3）

　　爲作戰地區中，戰略階層軍隊或野戰部隊之概稱。由此延伸，凡大軍以上層次、雙方面之武裝衝突，始可稱之爲「戰爭」。

反擊：（頁3）

　　大軍在守勢作戰中，所實施之戰略層級「有限目標」攻勢行動。

作戰線：（頁4）

　　爲從作戰基地至戰略目標間，律定大軍行動方向之基準線，包括水、陸交通系統與海、空航線等在內之地域交通網，爲一「帶狀空間」與「面」的概念。

戰略機動：（頁7）

　　大軍於完成戰略集中後，根據戰略構想，形成有利態勢之運動。

補給線：（頁7）

　　從基地至前方陣地間，大軍作戰所需之各種軍品、補充兵員前送、傷患人員與損壞裝備後送醫療、保養所使用之交通路線（包括陸路、水路與空運）。

前進軸線：（頁7）

　　亦稱「**作戰軸線**」，指大軍主力前進所使用之路線，包含在「作戰線」中。

作戰基地：（頁7）

　　簡稱「基地」，爲軍隊發起作戰與補給之起點，乃大軍戰力之策源地。依其位置，通常區分爲「**後方基地**」、「**前進基地**」（102）與「**敵後基地**」三種。

戰場：（頁8）

　　軍隊一次會戰或決戰，兵力與火力（戰術性）所及的區域。

戰爭指導：（頁9）

　　爲爭取所望戰略目標，決策者對戰爭準備與遂行所策頒之計畫與行動指示。

戰略判斷：（頁9）

　　乃大軍指揮官針對全般戰略態勢所作之狀況分析與推斷，並據以策訂「至當戰略行動方案」。

戰略構想：（頁9）

　　爲完成戰略任務而策定之大軍行動指導綱要，是戰略計畫之基礎，應包括目的、兵力、時間、空間、手段等內容。在戰術階層，則稱「作戰構想」。

戰略態勢：（頁9）

　　指對抗大軍於某一時空下，其相對部署與行動在戰略上所產生之利弊形勢而言；其要素概有雙方兵力、兵力位置、補給線、持續與統合戰力、

作戰地區地形特性等，是吾人就國家戰略或軍事作戰觀點，評論戰爭與野戰用兵得失之主要依據。

決心：（頁9）

基於任務，大軍指揮官對某階段作戰之行動方案；完整之「決心」，包括人、時、地、物、如何、為何六大內容，為戰略構想之基礎。其正確而有最大成功公算者，稱為「至當決心」（160）。

補給線作戰：（頁9）

凡與「補給線」建立、維護或破壞（對方）有關之作戰，均謂之。

內線作戰：（頁9）

居「中央位置」，對兩個或兩個以上方向之敵作戰，謂之「內線作戰」。但在一個地障之末端，橫的連絡線較短，而對一個方向為該地障分離及橫的連絡線較長之兩個或兩個以上之敵兵團作戰時，亦屬之。

外線作戰：（頁9）

從兩個或兩個以上方向對中央位置之敵作戰。但從一個方向使用兩個或兩個以上為地障隔離之兵團，對在該地障末端橫的連絡線較短之敵軍作戰時，亦屬之。

地障作戰：（頁9）

「地障」是影響作戰「行動方案」的重要因素；而凡與地障有關，或受地障影響之作戰，都謂之「地障作戰」。

角形基地：（頁9）

指大軍所擁有的兩個或兩個以上、能對敵軍造成戰略包圍態勢之基地或進攻方向而言。

戰場經營：（頁11）

乃對預想作戰地區，先期實施工事構建與交通、後勤等整備，建立「戰爭面」，以使大軍在未來該地區之戰爭中，能獲得必要支援與行動自由，而居於有利態勢。

整備：（頁11）

依據戰略構想及武力戰之需求，整建儲備所望戰力之行動過程。

持續戰力：（頁11）

指大軍持續作戰之能力，與基地、補給線與作戰時間具有關連性。

統合戰力：（頁11）

大軍各不同軍、兵種、單位戰力之總合。

會戰：（頁 11）

為戰役過程中，大軍在某一期程或方面作戰之總稱；概區分戰略集中、機動、展開、攻勢或守勢決戰、反擊或追擊、鞏固或退卻等階段之行動。一期會戰，通常可包括一至數次（地）之相關決戰。大軍「會戰」之地區，稱為「**會戰地**」（11）。

防禦：（頁 11）

是所有防衛敵軍進攻作戰行動之統稱，包括戰略上的守勢作戰與戰術上的防禦作戰（戰鬥）。就兵力部署與作戰方式言，有「機動防禦」與「陣地防禦」兩種；就戰鬥精神言，有不超越防線出擊之「消極防禦」與反擊式有限目標攻勢（即守勢決戰）之「積極防禦」兩種。

遭遇（戰）：（頁 11）

兩軍對進，或一方運動、一方靜止時，所產生之預期與不預期戰鬥；通常敵情不明，其戰鬥要領為：先敵展開、先敵佔領要點與先敵發起攻擊。

追擊：（頁 11）

軍隊對退卻敵軍尾隨攻擊之統稱，概有「戰略追擊」與「戰場追擊」兩種。

退卻：（頁 11）

大軍後退脫離第一線之行動，包括主動撤退、持久（遲滯）作戰、脫離戰鬥等。

交通線：（頁 12）

大軍作戰所需之交通路線，包括「補給線」與「連絡線」。

地形要點：（頁 12）

戰術用語，指在戰場或其附近，對戰術行動具有影響之地形或地物而言。

戰略要域（點）：（頁 12）

戰略用語，指在爭取戰略目標之全過程中，對戰略行動具有重大影響，而為攻者所必取（經），守者所必固之重要地域而言。

決戰：（頁 18）

指大軍在戰場內之主力對決；或雖非主力對決，但其結果對戰局具有決定性影響者，亦屬之。但不論決戰、會戰或戰役，亦可以「作戰」概稱之。

擊敗、擊潰、殲（擊）滅：

指兩軍交戰，戰勝一方所獲戰果之程度而言。若戰敗一方之戰力並未殘破，其指揮系統猶在，可經由整頓與補充，恢復再戰能力時，謂之「**擊敗**」（28）；若戰敗一方戰力已殘破，其指揮體系亦瓦解或喪失功能，若干時間內無法恢復再戰能力時，謂之「**擊潰**」（43）；但若戰敗一方有生戰力被擊滅，或因戰敗而完全喪失行動能力，而由戰勝一方任意處置時，謂之「**殲滅**」（18、98）。

地物：（頁 20）

指人為建物，包括城鎮、道路、港口、水庫、防禦工事等。

戰役：（頁 22）

大軍某一時期或階段作戰，全過程之總稱；通常包括一次以上或數方面之相關會戰。

兵團：（頁 24）

為作戰地區中，對大軍兵力部署或在運用上之通稱；如主力兵團、右翼兵團、鄰接兵團、支隊兵團等。

攻勢作戰：（頁 24-25）

戰略階層用語，簡稱「攻勢」，指大軍主動尋求與敵決戰之積極行動。在戰術階層，則為「攻擊」（11）。其方式概有「迂迴」、「包圍」、「突穿」與「正面攻擊」四種。但「攻擊」也是一切主動進攻行動之統稱。

集中：（頁 25）

戰略用語。大軍為爭取某項戰略目標，向所望之地區運動，以完成有利之戰略整備與部署，亦稱「**戰略集中**」。

逆襲：（頁 25）

軍隊於防禦戰鬥中，對突入陣地之敵，使用預備隊將其殲滅，並恢復陣地之戰鬥。

集結：（頁 25）

戰術用語。小部隊基於作戰使命，在所望地區完成集合，俾利戰鬥行動之展開。

戰略分進：（頁 56）

大軍由「戰略機動」狀況，進入「戰略展開」位置之行動過程。

戰略持久：（頁 74）

大軍爲保存戰力或規避決戰，所採取的一種以空間換時間之退卻或遲滯作戰行動，以求逐次消耗敵軍戰力，或導向有利之戰略態勢後，再與敵決戰。通常爲支作戰或擁有廣大空間（或戰略縱深）之劣勢兵團所採用。

（戰略）展開：（頁 91）

大軍於完成戰略集中或戰略機動後，爲實施預想之決戰，在全程戰略構想指導下，各部隊進入最有利作戰位置準備戰鬥之部署行動。

連絡線：（頁 91）

部隊與部隊間相互連繫與支援所使用之橫向交通路線，有時亦可與補給線互用。

接近路線：（頁 99）

戰術上之「情報」用語，汎指對方戰鬥部隊在戰場附近之前進路線。

戰略縱深：（頁 100）

是一種能確保作戰時行動自由與應變彈性的「空間」觀念。在一場會戰中，大軍爲發揮有形戰力於極致，必須講求「力」、「空」、「時」三者之緊密結合，故無論攻守，均須適當具備之。攻勢作戰時，主要在維持基地至第一線之安全距離及大軍戰略機動、集中與展開時之足夠空間，以充分發揮統合戰力。守勢作戰時，除須維持基地至第一線之安全距離外，尚應考量前進警戒部隊、主抵抗陣地、預備隊配置與持久、脫離或轉取攻勢所需之必要空間，以爭取主動與確保部隊安全。

防禦地區：（頁 102）

大軍在守勢作戰中，須固守與確保之地區，通常包括（前進）警戒（或遲滯）地區（或陣地）、主（抵抗）陣地帶（或拘束打擊地區）、後方地區三部分。

前進警戒陣線（地）：（頁 102）

守勢或防禦作戰時，向前派出警戒兵力所佔領之陣線（地），其目的在早期預警、增加縱深與遲滯敵行動。

後方地區：（頁 104）

攻勢（擊）時第一線部隊後方，或守勢（防禦）時主陣地帶後緣，大軍部署預備隊、構築預備陣地與配置輜重之地區。

戰爭面：（頁 104）

對預想戰爭地區之人、地、物等資源，根據國家或軍事戰略所望目標，

予以編組掌握，使構成有利之戰略或作戰環境；此環境，即謂之「戰爭面」。

戰略翼側：（頁 105）

指大軍作戰正面上靠近補給線之翼側而言；應使之安全，決戰時尤然。

翼側：（頁 106）

兩翼之側也，指大軍兵力部署或作戰線靠近兩翼之側背而言。

突穿：（頁 106）

攻勢大軍貫穿敵陣地（線）之全縱深，造成其分離之作戰行動。

序戰：（頁 106）

戰役（會戰）發起，兩軍接觸之第一次作戰行動。

作戰正面：（頁 111）

指大軍完成展開，準備與敵戰鬥時，第一線部隊面對敵方所佔之寬度。

被迫：（頁 111）

爲本文中常見之情態用語，是指大軍作戰時必須被動追隨敵之意志行動，本身並無自由可言之不利狀況。

本隊：（頁 167）

軍隊行縱隊機動時，主力位置所在。

戰略包圍：（頁 169）

大軍將敵拘束於某一地區，能從兩個或兩個以上方向，向敵取攻勢之態勢與行動。

種能部隊：（頁 183）

具有某種作戰經驗與能力之種子部隊，是延續戰力之基礎。

預備隊：（頁 207）

大軍作戰時，爲保持彈性作爲，在第一線後方所控制之預備兵力，通常可作爲反擊（逆襲）、追擊、擴張戰果、接替第一線戰鬥或掩護退卻之用。

數地持久：（頁 207）

利用廣大戰略縱深，設定兩個以上抵抗陣地，以空間換取所望時間與戰果之持久作戰。

一地持久：（頁 207）

在某一地域內，利用工事、障礙與反擊（或逆襲），以爭取所望時間與目的之持久作戰。

攔截點：（頁 207）

大軍欲截斷敵軍退路或其補給線時，所選擇翼側截擊之點。

特遣隊：（頁 213）

臨時編組、負有特殊作戰任務之加強營級部隊，特指兵種協同之機動性兵力而言。

戰術包圍：（頁 214）

軍隊已拘束敵於戰場之內，而能從兩個或兩個以上方向，向敵發起攻擊之狀況與行動。

戰場會師：（頁 214）

指外線大軍作戰時，從戰略包圍到戰術包圍的全過程與結果。

戰略追擊：（頁 236）

守勢大軍對退卻敵軍所實施之追擊，通常須逸出戰場；又稱「縱隊追擊」，為守勢作戰「反擊」時機之一。

主力兵團：（頁 237）

大軍作戰，區分數個作戰方面時，其主力方面之統稱。

支隊兵團：（頁 237）

大軍作戰，區分數個作戰方面時，其主力兵團以外之方面，皆謂之。

徵候：（頁 240）

情報用語，指敵軍採取某種可能行動之徵兆，是情報判斷之重要依據。

佯攻：（頁 240）

在攻勢作戰中，以欺敵或有利主力方面進展為著眼，未賦予目標之局部行動。

戰鬥情報：（頁 249）

指由第一線部隊在與敵接觸或戰鬥過程中所發現之情報，通常可視為最有價值之第一手情報資料。

戰術追擊：（頁 249）

防禦部隊對退卻敵軍所實施之追擊，通常不逸出戰場；又稱「戰術追擊」，亦可依狀況轉換成「戰略追擊」。

戰略情報：（頁 257）

凡具戰略價值，可供戰略判斷及指導參考之情報資料。

急行軍：（頁 265）

為行軍方式有常行軍、急行軍與強行軍三種。急行軍為減少休息，增快速度之行軍，通常用於爭取時間之接敵運動。

主作戰：（頁 266）

大軍若同時在兩個以上方面實施相關作戰，其「主力兵團」方面之作戰行動，稱為「主作戰」。

支作戰：（頁 266）

上述狀況，大軍「主力兵團」之外的一部（通常指總兵力三分之一以下）或有力一部（通常指總兵力三分之一強至二分之一弱）之「支隊兵團」，其方面之作戰，是謂「支作戰」。通常「支作戰」之目的，是在使「主作戰」方面有利。

戰鬥隊：（頁 282）

臨時編組、負有特殊作戰任務之加強連級部隊。

抵抗（陣線、地帶）：（頁 303）

為整個守勢陣線或防禦編組之主體，是遂行守勢作戰或防禦戰鬥的核心地區。